城市旧居住区更新
综合评价研究

汪平西　著

东南大学出版社
SOUTHEAST UNIVERSITY PRESS

·南京·

内容提要

城市旧居住区作为城市最基本的生活单元，一直以来都是城乡规划学研究的重点方向，尤其是2020年初，突如其来的新型冠状病毒肺炎疫情严重威胁人类的生命健康，而居住环境对于疫情发展的影响又至关重要。为此，如何紧随国家政策，把握旧居住区更新机遇，探索后疫情时代的旧居住区更新策略显得尤为重要。

本书将评价学的基本理论和方法引入到旧居住区更新评价研究中，构建了层次化的旧居住区更新综合评价框架。随后，针对现有旧居住区更新事前、事后评价中存在的问题，运用层次分析、模型分析、模糊评价等量化方法研究旧居住区更新，进而为旧居住区更新前后的问题诊断、更新时序选择、更新策略制定等提供必要的判定依据。最后，本书以"评价"为基础，分别从整体层面、物质空间层面和社会空间层面提出了旧居住区更新的规划路径。

本书适合城乡规划学、建筑学、城市经济学、城市社会学及相关领域的专业人员和城市管理者阅读参考。

图书在版编目（CIP）数据

城市旧居住区更新综合评价研究 / 汪平西著 . —南京：
东南大学出版社，2020.12
　ISBN 978-7-5641-9163-4

　Ⅰ.①城… Ⅱ.①汪… Ⅲ.①居住区－旧城改造－综
合评价－研究－中国 Ⅳ.① TU984.12

中国版本图书馆 CIP 数据核字（2020）第 226731 号

Chengshi Jiujuzhuqu Gengxin Zonghe Pingjia Yanjiu
书　　名：城市旧居住区更新综合评价研究
著　　者：汪平西
责任编辑：丁　丁

出版发行：东南大学出版社　　　　　　社址：南京市四牌楼 2 号（210096）
网　　址：http://www.seupress.com
出 版 人：江建中

印　　刷：江苏凤凰数码印务有限公司　　排版：南京凯建文化发展有限公司
开　　本：787mm×1092mm　1/16　　印张：16　　　字数：401 千
版 印 次：2020 年 12 月第 1 版　2020 年 12 月第 1 次印刷
书　　号：ISBN 978-7-5641-9163-4　　定价：68.00 元

经　　销：全国各地新华书店　　　　　发行热线：025-83790519　83791830

前言

近年来，随着我国城市化水平的不断提高，城市空间向外扩张的压力持续增加；但在中央政府"18亿亩耕地红线"的刚性要求下，城市空间增长方式必将逐渐从"外延扩张型"转向"内涵增长型"。在此时代背景下，旧城更新将成为未来我国城市空间增长方式转型的重要举措；相应地，旧居住区更新必然成为这一转型过程中的重要议题。

针对以往旧居住区更新理论和实践过程中存在的问题，本书拟将评价学的基本理论与方法引入旧居住区更新研究中，进而构建层次化的旧居住区更新综合评价框架；从使用者需求和价值取向的视角，构建旧居住区更新前和更新后的指标体系与方法，在此基础上提出旧居住区更新的规划路径。

本书包括三个部分。第一部分，基础研究部分，包括绪论、第一章、第二章。绪论阐述本研究的背景与意义，对现有的国内外相关研究成果进行综述和归纳，明确本书的研究目标、研究内容、研究方法以及研究框架。第一章对我国旧居住区更新的发展历程进行梳理，在此基础上剖析我国旧居住区更新的主要特征、存在问题及其原因。第二章从更新的动因、更新的目标、更新的评判标准三个横向维度对旧居住区更新相关理论进行重点解析，以期对旧居住区更新综合评价框架构建和更新规划路径提出提供一定的理论支撑。第二部分，核心研究内容部分，包括第三章、第四章、第五章、第六章。第三章在对评价的基本理论以及旧居住区更新评价相关内容剖析的基础上，构建我国旧居住区更新的综合评价体系，并对评价的程序、评价标准、指标体系以及权重赋值进行了详细介绍；第四章构建我国旧居住区更新的现状评价体系和评价模型，并以南京市秦淮区三个旧居住区为例进行实证研究；第五章借助使用后评价的基本原理与方法，以"使用者需求和价值取向"为出发点，构建我国旧居住区更新的使用后评价体系，并以合肥市西园新村为例进行实证研究；第六章为本书研究成果的具体转化，基于前文的研究，分别从整体层面、物质空间层面、社会空间层面提出我国旧居住区更新的规划路径。第三部分，结语与展望部分，即第七章，对本书的主要研究成果进行总结，指出本书的创新之处，并为下一步研究提出展望。

汪平西

2020年10月于南京

目录

绪论

0.1 研究背景与意义

0.1.1 研究背景

（1）实践的需要：我国当前城市旧居住区更新的迫切需要

城市空间增长方式逐渐从"外延扩张型"转向"内涵增长型"。近年来，我国城市化水平不断提高，表现为以经济的快速增长和地域扩张为主要特征。据相关研究预测，2020 年中国城市化水平将达到 56%~58%，并且未来 20 年，我国仍将会保持适当速度的城市化[①]。按照世界城市化发展的一般规律，当一个国家城市化水平处在 30%~40% 时，城市发展将达到一个高峰期，城市和空间结构也将发生重大调整和迅速变化，一种新的城市景观和格局将会出现[②]。快速城镇化引发了我国城市土地需求量的急剧增加，近年来，国家对 18 亿亩耕地红线进行严格控制，使城市发展方式逐渐转向旧城更新，意味着我国城市未来的增长方式也将逐步从外延扩张型向内涵增长型过渡。在此背景下，棚户区改造作为旧城更新的重要组成部分被提上日程，并被列为政府的重要年度计划。据住建部发布消息称，截至 2018 年 10 月底，全国棚户区改造已开工 577 万套，占年度总目标的 99%，完成总投资约 15 000 亿元。2018 年 5 月召开的国务院常务会议也明确提出，实施 2018 年至 2020 年 3 年棚户区改造攻坚计划，再改造各类棚户区 1 500 万套。此外，国务院常务会议还明确提出加大中央财政补助和金融、用地等的支持，兑现改造约 1 亿人居住的城中村和棚户区的承诺。会议还认为，棚户区改造是体现以人民为中心发展思想的重大民生工程，是推动新型城镇化的重要举措。

据相关研究表明，伴随高速的城市化进程，旧城更新将日益成为我国城市发展的重要主题[③]，通过旧城更新等手段促进城市建成区自身的结构调整、功能优化、效率提升也将逐渐成为当前政府工作的重点，相应的旧居住区更新也必将成为未来城乡规划工作的重要组成部分。

"和谐社会、关注民生"成为城市规划建设的指导思想。中共十九大明确提出加强社会建设，必须以改善民生为重点，坚持在发展中保障和改善民生，保证全体人民在共建共享发展中有更多获得感；《国家新型城镇化规划（2014—2020）》也对民生问题提出了更高的要求，规划提出优化城市规模和结构，有序推进旧居住小区综合整治，危旧住房和非成套住房改造，全面

---

① 阳建强.城市化中后期城市中心的功能转型与空间重构：以常州旧城中心区为例 [J].城市规划学刊，2013（5）：87-93

② 阳建强.西欧城市更新 [M].南京：东南大学出版社，2012：1-2

③ 阳建强.西欧城市更新 [M].南京：东南大学出版社，2012：1-2

改善和提升人居环境等一系列重要举措。此外，2018 年 5 月召开的国务院常务会议也明确指出，棚户区改造是体现以人民为中心发展思想的重大民生工程，是推动新型城镇化的重要举措。

可以看出，以上报告和会议都将"社会和谐"和"民生"问题放在了首要位置，在构建和谐社会的过程中，居住和谐首当其冲。构建和谐社会就必须做到居者有其屋，而要做到居者有其屋，最重要的就是妥善解决低收入人群的居住问题。旧居住区中的居民大多收入水平较低，他们的生活及居住现状越来越受到社会的普遍关注。现行的旧居住区更新实行后，大多数原居民被驱逐出该区域，从而引发了一系列的社会问题。因此，对旧居住区更新进行研究并提出合理的更新规划策略，也是构建和谐社会的重要方面。

当前，我国城市旧居住区面临众多的现实问题。1）城市整体环境方面：旧居住区一般位于城市的老城区，区位条件优越，旧居住区住宅建筑物质性老化和功能性老化严重，内部环境的脏乱差与周边代表城市形象的高楼形成强烈对比，宛如现代化城市中的一个个孤岛，严重影响城市整体形象的提升。2）居民生活方面：绝大部分旧居住区建设于 1960—1990 年代之间，由于受当时计划经济的影响和物资的缺乏，部分旧居住区户均建筑面积偏小，部分住宅户均面积甚至在 8～15 m^2 之间[①]，内部设施简陋，甚至很多旧居住区缺乏独立的厨卫设施，居住环境较差，已经严重影响居民的居住生活质量。3）住宅方面：由于建设年代久远和限于当时的经济、社会发展以及建造技术的限制，因居住面积不足而导致居民私自搭建现象较多，住宅内部结构损坏严重，再加上建筑自身的物质性老化，部分住宅基本处于危房的境地，旧居住区居民时刻在为自己的生存问题担忧。4）公共设施配套方面：大部分旧居住区缺乏完善的雨水设施、污水设施以及环卫设施，甚至部分居民为了一己需求私自改造下水道，生活污水就近排放。由于缺乏管理，居民的日常生活垃圾随意堆放。5）社会问题：人口密度高，老龄化严重。旧居住区内主要分布有本地居民的老龄人口和以往来城务工的外地临时租住人口，而条件较好的家庭或有能力的年轻人基本都在城区购买商品房，居住空间分异、极化以及居住隔离现象明显。此外，由于种种原因导致旧居住区人口素质普遍偏低，居民收入不稳定，邻里意识淡薄，大部分旧居住区处于城市管理的盲区或社区无力进行管理，内部社会问题复杂。6）经济问题：旧居住区内居民的经济收入以非正规经济收入为主。本地居民通过出租房屋获得一定的经济来源，外地居民则由于缺乏专业技术，主要从事临时工或从事相关服务业获得一定的经济收入。

（2）理论的缺乏：城市旧居住区更新理论有待完善和补充

有关旧居住区更新的研究一直是城乡规划学、城市经济学、城市社会学等学科关注的前沿课题。城市经济学更多偏重于从宏观层面对旧居住区更新的经济运行方式和土地利用模式进行研究，将更新与土地二次开发相结合，探讨市场经济下的适宜更新方式，但缺乏对旧居住区可持续发展以及更新过程中社会问题的关注；城市社会学主要侧重于微观层面对旧居住区更新过程中如何看待和处理居民问题，研究多偏重于居民安置、弱势群体利益保障以及更新导致的城市空间分异等社会问题。旧居住区是一个复杂的巨系统，旧居住区更新涉及经济、社会、生态、文化保护等诸多层面，城市社会学缺乏从宏观层面对旧居住区更新的经济、环境等宏观层面的研究；城市规划虽然能够通过对旧居住区局部地段的分析，形成对旧居住区中微观尺度的

[①] 数据来源：笔者于 2013 年参与的《南京市秦淮区总体规划（2013—2030）》中的旧城更新专题研究时，对秦淮区范围内的旧居住区进行了全面细致的调研。调研发现，秦淮区旧居住区户均建筑面积普遍偏低，部分户均建筑面积在 8～15 m^2 之间。

物质、社会、经济等问题的关注，但内容更多集中在对更新机制的探讨，研究方法也以定性研究为主。

为此，本书将评价学的基本原理与方法引入旧居住区更新之中，将评价活动贯穿于旧居住区更新前和更新使用后两个过程，通过构建旧居住区更新综合评价体系，可定量化标示旧居住区更新的必要性以及对更新使用后状况进行合理评估。同时，以"评价"为媒介提出我国未来旧居住区更新的具体规划路径。此外，以"评价"为媒介对旧居住区更新展开研究，一方面可以将旧居住区更新理论与实践进行衔接，另一方面也可以实现对旧居住区更新理论的进一步补充和完善。

0.1.2　研究意义

（1）理论意义：以评价为主线构建旧居住区更新的理论新框架

1）本研究将评价学的基本原理与方法引入到旧居住区更新领域。就评价行为的本身而言，是主体对客体满足主体需要程度的主观价值判断，通过这种以价值判断为核心的研究方式有助于从根本上厘清居民的需求、价值取向与旧居住区更新的辩证关系。为此，本书以居民需求和价值取向为核心，以评价为主线来构建旧居住区更新的理论新框架。

2）采用科学方法探索旧居住区前的现状评价以及更新使用后评价应包含的指标体系以及权重的设置，建立起旧居住区更新的评价模型。

3）综合评价模型、方法较多，但针对旧居住区更新，特别是我国与国外在经济、社会、政治方面存在明显差异背景下的旧居住区更新评价模型、方法较少，本研究恰好可以对国内居住区更新评价领域的不足进行补充和完善。

（2）现实意义：以评价为基础推进旧居住区更新决策科学化

1）以评价为媒介，以"使用者需求和价值取向"为旧居住区更新出发点，一方面可定量化标示旧居住区存在的现实问题，另一方面也为城市规划管理部门实施旧居住区更新的问题诊断、时机判断、更新方式选择提供必要的判定依据。

2）通过旧居住区更新综合评价模型的构建，为政府管理部门在实施旧居住区更新前提供综合有效的评价工具，从中发现旧居住区存在的重要问题及未来更新的重要方向，从而有效解决旧居住区衰退问题。

3）通过对旧居住区更新前、更新使用后所暴露出的问题做出科学合理的评价，根据现存问题和居民的现实需求，可为下一轮的规划方案编制和规划策略的提出提供依据和支撑，进而使旧居住区更新工作能够科学、理性、规范和高效地进行。因此，评价学的方法可作为推动旧居住区更新工作科学化理性化的重要技术途径，在实践中以"评价"为基础可推进旧居住区更新决策的合理化和科学化。

0.1.3　概念界定

本书涉及3个核心概念，分别为社区（居住社区）、住区、居住区。在行文之前，笔者首先需要对以上3个核心概念进行阐释，继而研究"旧居住区"的内涵和范畴。简言之，"社区"的概念来源于社会学领域，而住区、居住区则来源于城乡规划学科范畴。其中："居住区"是城乡规划学科中的规范用语,"住区"按一般理解是居住区的简称。

（1）居住区

1）社区

社区是随着社会发展和社会实践逐步跃入研究者的视野,德国著名社会学家费迪南·滕尼斯（F. Tonnies）于1887年在《社区与社会》（Community and Society）一书中首次提出了"社区"的概念。滕尼斯认为:"社区是指具有相同价值取向的同质人口所组成的彼此关系密切、相互帮扶、守望互助、富有人情味的社会关系和社会团体。"1933年,以费孝通先生为首的燕京大学青年学生在翻译美国社会学家帕克（R. Park）的著作时,第一次将"Community"一词译为"社区",意在强调这种社会共同体是存在于一定的地域范围之内[①]。广义上的社区包含从农村到城市中所有类型的社区,如:居住社区、文化社区、商业社区等,而城乡规划学科中的城市"社区"主要是指城市中的"居住社区"。同济大学赵民教授在《社区发展规划:理论与实践》一书中将城市社区定义为:"城市社区是指聚居在某一特定区域、具有共同的利益诉求、居民之间相互帮助,并配有相应服务体系的社区群体,是城市中的一个人文空间复合单元"[②]。

由此可见,我们通常所讲的"居住社区"与"城市住区"在概念上略有差别,即"居住社区"更多的是强调社区群体（社会共同体）概念,意在突出其社会人文属性,而"城市住区"则强调的是一种地域空间概念,意在突出其物质空间属性。

2）住区

"住区"这一概念最早出现在日本,到1970年代末,我国学者才开始从日本引入"住区"这一概念,同济大学朱锡金教授是我国最早提出"住区"这一概念的学者之一。虽然"住区"在当前城市规划界还不是一个法定概念,但在学术界和日常生活中已得到广泛使用。简单说,"住区"是指人类生活的聚居地。目前我们所谈的住区一般具有广义和狭义两种概念。

广义上的"人类住区"是泛指城市、乡村以及维持人类一切生存活动所需要的物质或非物质的一切与之相关的社会整体,大到人类赖以生存的地球,小到一个社区或建筑。从世界人居报告和世界人居大会的议题中也可以看出,人类住区发展涉及与人类居住有关的一切经济、社会、环境等活动,如:住房供应、社会保障、配套设施、环境治理、城市管制等。

狭义上的"城市住区"一般特指城市中的一定地域范围内,具有一定规模（包括用地规模和人口规模）的居民在居住生活过程中形成的具有特定物质空间环境设施、社会文化以及相似的生活方式等特征的生活共同体。其规模可大可小,通常我们所说的居住区、居住小区以及居住组团都可以说是不同尺度的城市住区。

3）居住区

我国《城市居住区规划设计规范（2016）》将"居住区"定义为:"泛指不同居住人口规模的居住生活聚居地和特指被城市干道或自然分界线所围合,并与居住人口规模（3 000~50 000人）相对应,配建有一整套较完善的、能满足该区居民物质与文化生活所需的公共服务设施的居住生活聚居地"[③]。由此可见,城市居住区与城市住区在概念上是有一定的差别的,主要体现在

① 沙颂.社会学概论［M］.北京:中国经济出版社,1999
② 赵民,赵蔚.社区发展规划:理论与实践［M］.北京:中国建筑工业出版社,2003
③ 中华人民共和国住房与城乡建设部.城市居住区规划设计规范 GB 50180—2018［S］.北京:中国建筑工业出版社,2016

城市居住区在城市规划中是一个具有法定的、用地功能的单一性以及具有一定人口规模的概念。相比之下，住区则不强调人口规模的等级化以及用地功能的单一性，而泛指以一定方式分割的（道路、河流、用地权属、行政界线等）、具有明确空间范围的居住地域。

需要说明的是，本书中将无数次使用"居住区"这一概念以及由此引申出的"旧居住区"，其含义类似于狭义上的"城市住区"这一概念，不强调其规模大小和用地功能的单一性，而泛指具有明确空间范围的、具有特定物质空间环境设施、社会文化以及相似的生活方式的集中居住地域。

（2）旧居住区

"旧居住区"一词的关键在于"旧"，表面意思可译为"旧"的住区。何谓"旧"，根据《辞海》中对"旧"的定义主要有以下三点：1）陈旧，过时，与新相对，如旧式、旧俗；2）从前的、原先的，如旧居、旧址、新仇旧恨；3）过去的时光、过去的朋友，如故旧、念旧等[①]。

本书中"旧居住区"一词中的"旧"，主要是指"陈旧、过时、年代久远"的意思，同时又含有与"居住区"的主要功能相对应的特定内涵。本书的"旧居住区"主要是指：建造时间较长，在功能上已经不能满足当代人们日益增加的实际生活需求；在结构上原有旧空间的结构难以适应发展变化要求，导致其内部组织会系统发生停滞甚至瘫痪；在物质形态上具有结构破损、腐朽，设施陈旧简陋，无法再行使用的居住建筑集中成片的区域[②③]。

随着居住区使用年限的增加，其初始功能状态受到物质性、经济性、社会性等多种因素影响而产生的"综合性陈旧"，已难以继续满足居民的日常居住需求。这种需求又可以分为物质性老化、功能性衰退和结构性衰退三种情形[④⑤]：

一是物质性老化。任何房屋结构和设施都有其耐用年限，随着时间的推移，建筑物和设施常常会变得破损、腐朽，设施陈旧，无法再进行使用，致使旧居住区自然老化，再加上当时设计本身的不合理、不完善（如缺乏独立的厨卫设施），造成居民日常使用上的不便。

二是功能性衰退。空间的功能承载着人类活动的类型和日常生活内容，当空间的功能特性难以满足人们日益增加的需求时，合理的空间容量往往会被突破，导致空间内的供给设施造成巨大的使用压力和超强度的负荷，从而出现空间整体的能效下降，引起空间的功能性衰退。

三是结构性衰退。空间结构在合理的使用条件下，内部存在相对的稳定性和平衡性，可以自身进行反馈与调节，能够自我维持原有的内在秩序性和关联性。但随着经济发展和社会结构的变化，人们对空间结构也会产生新的要求，老旧空间结构无法适应时代的发展和人们的需求，其内部组织会发生停滞甚至瘫痪，从而导致结构性的衰退。

这里需要说明的是，所谓的"旧居住区"也只是一个相对性和时段性的概念，随着时间的推移，"新居住区"也会迈入"旧居住区"行列，这是历史发展的必然结果，是不以人的意志为转移的。

① 舒新城．辞海（索引本，第六版）[M]．上海：上海辞书出版社，2009
② 阳建强．现代城市更新 [M]．南京：东南大学出版社，1999
③ 徐明前．上海中心城旧住区更新发展方式研究 [D]．上海：同济大学，2004
④ 阳建强．现代城市更新 [M]．南京：东南大学出版社，1999
⑤ 杨儒．基于社会交往的既有住区公共空间更新策略研究：以重庆市主城区为例 [D]．重庆：重庆大学，2017

0.2　国内外旧城更新研究述评

伴随中国快速城镇化和改革开放进程的不断深化和发展，中国的旧城更新具体实践和理论研究已经走过近 40 年，特别是在 2000 年以后，更是实现了从局部到全域、从浅层空间描述到深度理论架构的历史性跨越，形成了丰厚的文献积累。

0.2.1　样本选取与样本描述

（1）样本选取

本书选取国内外有关城市研究的核心期刊以为载体，以"城市（旧城）更新／住区更新"为主题检索出的文献为分析对象，通过对检索出与主题有关的文献进行搜集、整理和分析，进而对国内外旧城更新研究进行述评。

在国外期刊选择上，笔者主要选取 *Landscape and Urban Planning*、*Journal of Urban Economics*、*Cities*、*Urban Geography*、*International Journal of Urban and Regional Research* 等 11 本影响因子大、具有较高学术权威和较大国际影响力的期刊（表 0-1），很多城市规划、城市研究和城市管理方面最具影响力的研究都曾在这些期刊上刊登。在国内期刊的选择上，笔者主要选取城市规划类和综合地理类，且被业界所公认的核心期刊，其中城市规划类的期刊有：《城市规划》《城市规划学刊》《国际城市规划》《规划师》《现代城市研究》《城市发展研究》；综合地理类的期刊有：《地理学报》《地理研究》《经济地理》《人文地理》《地理科学》，共计 11 本中文核心期刊。选取以具有较高影响力和代表性的城市规划类和综合地理类期刊作为文献搜索的载体，可以充分反映现有中国"旧城更新"研究的进展和水平。

表 0-1　2013 年城市研究类期刊影响因子排序

城市研究类期刊排序	期刊名称	影响因子	被引用频次	特征因子分数	国家
1	*Landscape and Urban Planning*	2.606	6 203	0.009 7	荷兰
2	*Journal of Urban Economics*	1.888	3 094	0.010 85	美国
3	*Cities*	1.836	1 296	0.002 01	英国
4	*Urban Geography*	1.746	923	0.002 03	美国
5	*International Journal of Urban and Regional Research*	1.625	2 169	0.005 55	英国
6	*Journal of Planning Literature*	1.522	408	0.000 62	美国
7	*Journal of the American Planning Association*	1.489	1 725	0.002 84	美国
8	*Journal of Planning Education and Research*	1.383	815	0.001 75	美国
9	*Urban Studies*	1.33	4 896	0.009 48	英国
10	*Journal of Urban Affairs*	1.298	673	0.001 34	美国
11	*Urban Affairs Review*	1.293	1 019	0.002 55	美国

资料来源：作者根据相关研究整理绘制

（2）样本描述

根据上文所列期刊，分别使用 Web of Knowledge 和中国知网（CNKI）论文检索工具对上述 11 本英文核心期刊和 11 本中文核心期刊按"主题"进行文献检索（检索时间为：2018 年 7 月 23 日），检索的时间跨度为：2000 年 1 月 1 日至 2017 年 12 月 31 日。

首先，使用中国知网（CNKI）论文检索工具对上述 11 本中文核心期刊按主题词（城市更新、旧城更新、住区更新）分别进行文献检索，共检索出符合以上主题的文献为 959 篇。其中：城市规划类期刊论文 912 篇，综合地理类期刊论文 47 篇。在文献分布上，《城市规划》刊登的论文 303 篇，位居榜首，其次是《规划师》，刊登的论文 213 篇。

其次，使用 Web of Knowledge 检索工具检索前文所列的 11 本英文核心期刊，分别以 "urban renewal+ urban regeneration"① 为主题词进行检索。得到以 "urban renewal + urban regeneration" 为主题词的文献共计 252 篇，其中关于中国 "旧城（城市）更新" 的文献 53 篇，所涉及的研究方向有：城市经济学、城市地理学、城市生态学、城市规划学、公共管理学等多个研究方向。

由图 0-1 可知，2000—2017 年间，与 "urban renewal（regeneration）" 有关的论文总体上呈现逐年增长的趋势，尤其是 2008 年以后，论文数量显著增长。2000—2017 年间，在获取的 252 篇论文中，涉及中国议题的有 53 篇，占 21.03%，且作者多为华人学者，说明 2000 年以后旧城更新问题逐渐受到国内外相关学者的关注和认可。

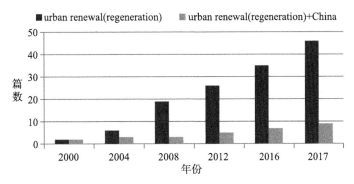

图 0-1 有关旧城更新和中国旧城更新历年英文核心期刊文献数量（2000—2017 年）
资料来源：作者根据 CNKI 数据库整理绘制

0.2.2 国内旧城更新研究进展

（1）国内旧城更新研究的方向

基于以上检索出的 959 篇中文核心期刊文献，笔者将当前旧城更新研究方向归纳为以下几个方面：1）旧城调查评价；2）旧城项目实践分析；3）旧城的规划设计与保护；4）国内外相关研究述评；5）旧城更新自身规律的总结；6）旧城更新对城市发展的影响；7）旧城更新与治理等 7 个方面。具体信息见表 0-2。

---

① urban renewal 的确定性表述源自 1954 年的《美国住宅法修订案》(The Housing Act of 1954)，其后部分学者陆续将城市更新译为 urban regeneration。为使检索的论文更为全面，故笔者分别采用 "urban renewal" 和 "urban regeneration" 为主题词进行文献检索。

表 0-2　国内主要研究方向的数据统计（单位：篇）

文献信息		主要研究方向							
年代	总数	调查评价	项目评议	规划与保护	研究述评	规律总结	对城市发展影响	更新与治理	其他
2000—2005	162	18	23	28	10	26	15	26	16
2006—2010	327	28	61	52	22	35	32	45	52
2011—2015	389	22	78	65	29	46	52	62	35
2016	81	4	21	22	6	7	5	11	5
合计	959	72	183	167	67	114	104	144	108

资料来源：作者根据 CNKI 数据库整理绘制

1）旧城调查评述

对旧城的调查与评价研究是旧城更新研究的基础性工作，也是认知旧城、理解旧城的基础性工作。关于旧城的调查评价，往往借鉴人口学、建筑学和城市规划相关的基础理论与研究范式，在研究内容上主要集中在旧城空间区位、空间肌理、人口构成、经济结构、发展意愿、公共基础设施等方面，相对全面地对旧城加以系统性的调研，为后续的规划研究和项目实践打下了坚实的基础。随着旧城调研和认知的深入，此类文章数量逐渐减少，逐渐弱化和凝练成为后续深入研究的一个重要组成部分。

就具体内容而言，旧城空间逐步限定在传统的城市空间，这类空间一般具有以下特征：拥有相对较早的文化遗产和历史建筑、人口老龄化日趋严重、人口密度较高[1][2]；建筑多集中建设于 1950—1980 年代之间，旧城空间总体面积相对较小，土地使用以居住用地为主，并夹杂工业、商业等其他用地，产权结构复杂多元，建筑质量和空间结构相对较差[3]；道路密度相对较高，但交通条件较差且无法适应当下和未来的城市发展诉求。旧城空间肌理地域性明显，与所处自然环境融入密切[4][5]。此外，公共空间营造相对匮乏，私密性较差，基础设施和公共服务设施无法跟上城市的发展步伐[6]。居民在旧城更新中表现出较大的热情，希望能够通过政府或企业引导的拆迁行为，提升住区品质，改善居民生活，但也有相当数量的群体希望保留住区的邻里关系和浓郁的历史文化遗迹[7]。"旧城调查评述"部分文献计量统计见表 0-3 所示。

① 程晓曦. 混合居住视角下的北京旧城居住密度问题研究 [D]. 北京：清华大学，2012
② 郭广东，黄清跃. 旧城改造中人口合理容量研究：以福建安溪县老城区为例 [J]. 福建工程学院学报，2006，4（3）：318-322
③ 张杰，庞骏. 频繁调控与失效中的旧城土地制度反思 [J]. 城市发展研究，2008（2）：92-98
④ 蒋群力. 旧城居住区空间肌理初探 [J]. 建筑学报，1993（3）：6-10
⑤ 刘晶. 旧城空间肌理控制体系研究 [D]. 北京：北京建筑工程学院，2012
⑥ 戴慎志. 旧城基础设施规划与建设对策 [C]// 中国城市规划学会. 中国城市规划学会 2002 年年会论文集. 北京：中国城市规划学会，2002
⑦ 刘勇. 旧住宅区更新改造中居民意愿研究 [D]. 上海：同济大学，2006

表 0-3 "旧城调查评述"部分文献计量统计（单位：篇）

方向	空间区位	空间肌理	人口构成	经济结构	发展意愿	公共设施	土地使用
数量	2	6	4	2	5	7	6

资料来源：作者根据 CNKI 数据库整理绘制

2）旧城更新项目评议

此类论文一般是以具体案例为支撑，行文整体逻辑呈现"理论阐述＋项目介绍"的模式，其中前者多是某一研究视野和基础理论的概念性模式介绍，后者则是上述理论在具体项目中的实际应用。在行文过程中多以"旧城更新"为核心关键字词，在题目中也多以"某某更新为例"或"某某改造为例"等副标题出现。就具体内容而言，旧城更新项目评议性论文多与其他大类研究相融合，具体涉及 3 类细分研究方向：1）类型旧城空间更新，如北方平原型、南方丘陵型[①②]、居住主导型和产业主导型[③④]、公共空间[⑤⑥]、公共服务与基础设施更新等[⑦⑧]。2）特定导向更新，比如城市大事件（如世博会、博览会等）、旅游发展[⑨]、文化产业[⑩]、新兴业态[⑪]等。3）系统整体分析，如旧城更新规划、空间布局、评价体系等。其中最典型的案例研究当属北京菊儿胡同、798 项目、上海新天地、田子坊和南京老门东等五个旧城更新项目，相关研究也多达百篇。其中：吴良镛先生基于北京菊儿胡同项目提出了著名的"有机更新"理论[⑫]，上海新天地开启了旧城商业保护性开发的先河[⑬]，上海田子坊和北京 798 开启了"自下而上"旧城更新的新模式[⑭⑮]，南京老门东更新更是让旧城更新从精英团体走向社会公众[⑯]。

虽然此类研究较多，但更多的只是发挥介绍和宣传相关旧城更新实际案例，促进人们更加深入地认知旧城更新形式与实质，辅助性地提供引证资料。整体内容层面更多的都是借用某一相关理论描述或解释具体旧城更新实践，缺乏系统性的分析和论证过程，在理论构建上相对欠

① 郝瑞生 . 我国北方大中型历史文化名城中旧城居住区更新研究 [D]. 北京：北京建筑大学，2015
② 王毅 . 南京城市空间营造研究 [D]. 武汉：武汉大学，2010
③ 曲蕾 . 居住整合：北京旧城历史居住区保护与复兴的引导途径 [D]. 北京：清华大学，2004
④ 黄斌，吕斌，胡垚 . 文化创意产业对旧城空间生产的作用机制研究：以北京市南锣鼓巷旧城再生为例 [J]. 城市发展研究，2012，19（6）：86-90
⑤ 侯晓蕾，郭巍 . 关注旧城公共空间·城市微空间再生 [J]. 北京规划建设，2016（1）：57-63
⑥ 黄健文 . 旧城改造中公共空间的整合与营造 [D]. 广州：华南理工大学，2011
⑦ 崔琪 . 历史街区平房区公共服务设施配套研究：以北京旧城为例 [C]// 中国城市规划学会 . 中国城市规划学会 2013 年年会论文集，2013
⑧ 黄涛 . 条块分割管理制度下的旧城基础设施更新问题 [J]. 山西建筑，2009，35（10）：8-10
⑨ 马晓龙，吴必虎 . 历史街区持续发展的旅游业协同：以北京大栅栏为例 [J]. 城市规划，2005，29（9）：49-54
⑩ 樊华，盛鸣，肇新宇 . 产业导向下存量空间的城市片区更新统筹：以深圳梅林地区为例 [J]. 规划师，2015，31（11）：110-115
⑪ 庄建伟，相秉军 . 传承优秀文化复兴传统产业：苏州历史文化名城转型发展的重要环节 [J]. 城市规划，2014，38（5）：42-45
⑫ 吴良镛 . 北京旧城与菊儿胡同 [M]. 北京：中国建筑工业出版社，1994
⑬ 张明欣 . 经营城市历史街区 [D]. 上海：同济大学，2007
⑭ 孙施文，周宇 . 上海田子坊地区更新机制研究 [J]. 城市规划学刊，2015（1）：39-45
⑮ 孙萌 . 后工业时代城市空间的生产：西方后现代马克思主义空间分析方法解读中国城市艺术区发展和规划 [J]. 国际城市规划，2009，24（6）：60-65
⑯ 刘青昊，李建波 . 关于衰败历史城区当代复兴的规划讨论：从南京老城南保护社会讨论事件说起 [J]. 城市规划，2011，35（4）：69-73

缺。此外，在对旧城更新评价方面，也仅仅停留在定性层面的评价，缺乏从定量层面进行深入系统的研究。"旧城更新项目评议"研究文献计量统计见表0-4。

表0-4 "旧城更新项目评议"研究文献计量统计（单位：篇）

方向	类型规划				特定导向更新				整体分析		
	地域性	土地利用	开放空间	基础设施	重大事件	文化旅游	文化产业	新兴业态	更新规划	空间布局	更新评价
数量	3	2	3	5	6	3	2	3	2	4	6

资料来源：作者根据CNKI数据库整理绘制

3）旧城更新规划与保护

在人本主义和市场经济崛起的双重背景下，一方面旧城的历史文化价值逐渐凸显，另一方面传统旧城更新的无序开发也刺激了新的更新理念和思维的提出，这两点都激发了在更新过程中对旧城传统文化和邻里关系的关注。从学界相关论文发表数量来看，此类论文约占总检索出论文数量的25%。在面对旧城更新中对历史建筑、传统文化与邻里关系大肆破坏的现实，需要学界从理论构建、规划指引、案例借鉴和有机更新四个方面正确处理好更新与保护的关系。

旧城更新规划设计与保护类相关研究往往都与项目评议类论文相结合，是基于某单个体案例和多个案例的横向和纵向的经验归纳与总结，旨在向从业人员传递旧城更新理念与保护技术方法。虽然是基于单个案例得出相关结论，但最后都基本上落实到更新规划的原则和方法指导层面，为旧城更新在城市设计层面构建起理论框架，同时也为更新规划实践提供相关案例支撑，有助于不同类型规划设计与保护理念方法的交流、传递和碰撞。但是，此类文章也往往在案例的选择上和视角的选取上有很大的主观性，基本上都是基于某一特殊视角或特殊背景条件下加以研究。

4）国外经验分析与借鉴

国外相对较早的旧城更新历程和相对完善的城市更新理论对处于后发状态的中国具有强烈的警示和指引作用，吸引了大批学者加以研究，成果也非常丰富，具体来说可以分为以下3个方面（表0-5）：

① 国外旧城更新发展历程的总结。李艳玲认为二战后美国更新经历三大历史阶段[1]。李和平[2]和董玛力[3]等认为美国城市更新经历了"清除贫民窟—福利色彩的社区更新—市场导向的旧城再开发—社区综合复兴"四大阶段。胡毅则进一步指出西方城市住区更新实践经历了1930年代的私人住房被社会住房取代—1970年代市场导向的更新及住房私有化—1980年代末的邻里复兴—2000年以来住房与社会融合等四大历史发展阶段[4][5]。

① 李艳玲.对美国城市更新运动的总体分析与评价[J].上海大学学报（社会科学版），2001，18（6）：77-84
② 李和平，惠小明.新马克思主义视角下英国城市更新历程及其启示：走向"包容性增长"[J].城市发展研究，2014，21（5）：85-90
③ 董玛力，陈田，王丽艳.西方城市更新发展历程和政策演变[J].人文地理，2009，24（5）：42-46
④ 胡毅.对内城住区更新中参与主体生产关系转变的透视：基于空间生产理论的视角[J].城市规划学刊，2013（5）：100-105
⑤ 胡毅，张京祥.中国城市住区更新的解读与重构：走向空间正义的空间生产[M].北京：中国建筑工业出版社，2015

② 国外旧城更新理论发展的历史性阐述。李建波和张京祥、赵民等在旧城更新实践的基础上，进一步回顾了国外城市理论发展历程，论证并阐述了当前中国实行渐进式更新的必要性，同时要以产业化、公众参与重塑旧城在经济和社会上的双动力，避免对旧城传统社会结构和经济发展动力的破坏[1][2]。

③ 对国外旧城更新案例的分析评议。通过对国外优秀的详细介绍，阐述国外在旧城更新过程中的经验和教训，以正面引导的方式，修正国内旧城更新发展方向。郭巧华通过对纽约苏荷区更新过程的梳理，指出了公众参与在旧城更新工作中的重要性，认为只有通过群众智慧才能更有效地实现各方利益的平衡，进而推进更新项目有序发展[3]。甘欣悦则以美国纽约高线公园复兴为例（图 0-2，图 0-3），提出以保护为前提的现代性规划设计思路，以及融合多元互通的沟通交流机制是实现旧城空间活化的重要基础[4]。

表 0-5 "国外经验分析与借鉴"部分文献计量统计（单位：篇）

方向	更新发展历程的总结	更新理论发展的阐述	具体更新案例的评议
数量	11	10	38

资料来源：作者根据 CNKI 数据库整理绘制

图 0-2 新旧建筑展现综合景观　　　　　　图 0-3 公共开敞空间

资料来源：作者拍摄

5）旧城发展规律总结

此部分研究是旧城更新理论研究的重点，也是旧城更新研究趋向理性化、科学化的重要表现。国内对旧城发展规律的研究主要结合多元理论构建起某一视角的旧城发展理论，例如：系统论、生命周期论、产业发展论、人口发展论、空间结构论、基础设施论和人居环境学等基础性理论（表 0-6）。

陈秉钊从系统论和辩证法的视角指出旧城更新是一个系统性过程，需要兼顾保护与更新、

---

① 李建波，张京祥.中西方城市更新演化比较研究［J］.城市问题，2003（5）：68-71

② 赵民，孙忆敏，杜宁，等.我国城市旧住区渐进式更新研究：理论、实践与策略［J］.国际城市规划，2010，25（1）：24-32

③ 郭巧华.从城市更新到绅士化：纽约苏荷区重建过程中的市民参与［J］.杭州师范大学学报（社会科学版），2013，35（2）：87-95

④ 甘欣悦.公共空间复兴背后的故事：记纽约高线公园转型始末［J］.上海城市规划，2015（1）：43-48

环境效益与生态效益、近期利益和长远目标等多重目标[1]。徐珊珊从生命周期论出发，认为城市是一个复杂的有机体，在城市发展过程中也会出现地区的功能性老化，需要通过适当的更新方式实现旧城新陈代谢与发展。康红梅、张伟、康建博和邵玉宁分别从基础设施、产业发展和人口发展的视角，指出旧城生成与演化是基础设施老化、产业空间转移和人口代际转移的结果[2]~[5]。顾朝林等从城市空间结构视角出发，指出城市空间结构呈现从集聚到扩散的时空特征，老城的首位度也随之逐渐降低[6]。吴良镛进一步融合了人与环境的动态关系，从人居环境的视角指出老城空间发展是人与环境双向互动老化的过程，在更新的过程中需要注重人与环境的动态耦合作用[7]。

表 0-6　"旧城发展规律"研究文献计量统计（单位：篇）

方向	系统论	生命周期论	产业发展论	人口发展论	空间结构论	基础设施论	人居环境学
数量	8	4	16	8	10	8	6

资料来源：作者根据 CNKI 数据库整理绘制

6）旧城更新对城市发展影响

当前无论是学术界还是普通民众都对旧城更新的态度呈现出爱恨交叉的双重矛盾。一方面，从生态论和系统的角度出发，城市发展被认为是一个有机体，不断经历着更新、改造的新陈代谢过程[8]。当城市发展到一定阶段，城市更新就成为城市自我调节机制中的重要环节，也是城市突破某些发展瓶颈，开拓新的发展空间的有效手段，实现城市整体层面的职能空间更加合理[9][10]。同时，从经济和功能的角度出发，城市更新也确实满足了快速城镇化过程中人们对更好的生活环境和更完善的功能设施的向往[11]，并通过科学合理的旧城改造项目，避免了城市空间浪费和城市蔓延的发生[12]，更新地区居民也在城市更新中快速受益[13][14]。另一方面，传统以物质为中心的城市更新方式，给旧城生态文化基底带来了严重破坏，甚至造成城市文脉的断裂[15]。同时，大规模推倒重建式的城市更新方式与巨大社会的资本的相互裹挟，也让以改善民生为重点的更新工程沦为上层阶层挤压中下阶层的"绅士化"的工具，造成日趋严重的社会分化与空间分异[16]。而且，

① 陈秉钊.旧城更新中的辩证观和系统论 [J].城市规划汇刊，1996（4）：1-4
② 康红梅.城市基础设施与城市空间演化的互馈研究 [D].哈尔滨：哈尔滨工业大学，2012
③ 张伟.西方城市更新推动下的文化产业发展研究：兼论对中国相关实践的启示 [D].济南：山东大学，2013
④ 康建博.工矿城市社区空间老化与人口老龄化的相关性研究 [D].徐州：中国矿业大学，2015
⑤ 邵玉宁.老龄化浪潮下城市居住区更新策略探讨：由日本适老化团地再生引发的思考 [C]// 中国城市规划学会.中国城市规划年会论文集，2016
⑥ 顾朝林，甄峰，张京祥.集聚与扩散：城市空间结构新论 [M].南京：东南大学出版社，2000
⑦ 吴良镛.人居环境科学导论 [M].北京：中国建筑工业出版社，2001
⑧ 袁晓勐.城市系统的自组织理论研究 [D].长春：东北师范大学，2006
⑨ 黄慧明.1949年以来广州旧城的形态演变特征与机制研究 [D].广州：华南理工大学，2013
⑩ 孙晓飞.快速发展时期的大城市中心城区更新规划研究：以天津市中心城区为例 [D].天津：天津大学，2010
⑪ 阳建强，杜雁，王引，等.城市更新与功能提升 [J].城市规划，2016，40（1）：99-106
⑫ 蒋涤非，龚强，王敏.紧凑城市理念下的"三旧"改造模式研究：以湛江市为例 [J].东南学术，2013（6）：77-83
⑬ 李涛，许寅安."双轨制"垄断与城乡间土地征收拆迁补偿差异研究 [J].经济理论与经济管理，2013（8）：24-33
⑭ 闵一峰.城市房屋拆迁补偿制度的经济学研究 [D].南京：南京农业大学，2005
⑮ 程大林，张京祥.城市更新：超越物质规划的行动与思考 [J].城市规划，2004，28（2）：70-73
⑯ 李志刚，吴缚龙.转型期上海社会空间分异研究 [J].地理学报，2006，61（2）：199-211

受增量思维的局限，旧城空间发展是土地财政的又一次充分展现，虽然能够暂时性地解决经济问题，但却不利于城市的可持续发展[①]。其研究文献计量统计见表0-7。

表 0-7 "旧城更新对城市发展影响"研究文献计量统计（单位：篇）

方向	优点探索			不足挖掘				
	职能功能	城镇化	经济发展	生态环境	历史文脉	居住分异	土地财政	公共空间
数量	9	32	25	21	16	24	18	15

资料来源：作者根据 CNKI 数据库整理绘制

7）旧城更新与社会治理

随着深度城镇化的推进和旧城更新工作的全面铺开，旧城更新相关研究也不再停留在简单的、局限于物质空间的城市建设与更新层面，而是倾向于从公众参与、制度流程、新信息技术的应用、地方特色和邻里关系的保护等方面展开旧城更新与治理的综合性工作，相关社会性、政治性和理论性的思考也随之逐渐增多。

首先，在理论构建上受马克思主义空间地理学影响，空间不再简单地视为静态的物质构造，而是动态的空间三元辩证，是"（社会）空间是（社会）生产［(Social) space is a (social) product］"，旧城更新过程是包涵了物质空间和社会空间二元的剧烈变动和重构[②]。

其次，旧城更新的过程必然面临经济分配、社会公正、参与机制和公共设施建设等内容。受土地权属和房屋归属等历史因素的影响，面对巨大的更新利益，地方居民、开发商（市场）和政府三者之间爆发了巨大的更新土地补偿和利益分配间的博弈[③④]。但在旧城更新中地方居民往往无法参与到实质性层面的旧城过程中，更多的是一种被动式的信息告知，同时需要承受巨大的政治压力和资本压力，特别是"维稳"与"保增长"的异化理解下，旧城更新作为促进城市经济发展的重要方式，资本与权力往往能更加容易形成"增长联盟"进一步挤压民众的生存空间[⑤]，同时也进一步地激发了居民意识的觉醒[⑥]。伴随居民社会的形成与发展，在《物权法》等相关法律的保护下，地方居民也逐渐开始保护自己信息获取和利益分配的权力，表达旧城更新的目标在于公平与正义，并希望通过空间正义和对现有制度的调整以实现社会公平正义[⑦⑧⑨⑩]。而且，在城市更新过程中，要注重人群结构的多样性，特别是贫困阶层、孩童和老人等弱势群体，注重其在不同类空间的日常性使用[⑪⑫]。其研究文献计量统计见表0-8。

① 赵燕菁.土地财政：历史、逻辑与抉择［J］.城市发展研究，2014，21（1）：1-13
② 何鹤鸣.旧城更新的政治经济学解析［D］.南京：南京大学，2013
③ 冯玉军.权力、权利和利益的博弈：我国当前城市房屋拆迁问题的法律与经济分析［J］.中国法学，2007（4）：39-59
④ 邵慰.城市房屋拆迁制度研究：新制度经济学的视角［D］.大连：东北财经大学，2010
⑤ 胡娟.旧城更新进程中的城市规划决策分析［D］.武汉：华中科技大学，2010
⑥ 陈浩，张京祥，林存松.城市空间开发中的"反增长政治"研究：基于南京"老城南事件"的实证［J］.城市规划，2015，39（4）：19-26
⑦ 何舒文，邹军.基于居住空间正义价值观的城市更新评述［J］.国际城市规划，2010，25（4）：31-35
⑧ 张京祥，胡毅.基于社会空间正义的转型期中国城市更新批判［J］.规划师，2012，28（12）：5-9
⑨ 邓智团.空间正义、社区赋权与城市更新范式的社会形塑［J］.城市发展研究，2015，22（8）：61-66
⑩ 陈晓虹.日常生活视角下旧城复兴设计策略研究［D］.广州：华南理工大学，2014
⑪ 徐建.社会排斥视角的城市更新与弱势群体：以上海为例［D］.上海：复旦大学，2008
⑫ 严若谷，闫小培，周素红.台湾城市更新单元规划和启示［J］.国际城市规划，2012，27（1）：99-105

表 0-8 "旧城更新与社会治理"研究文献计量统计（单位：篇）

方向	公众参与	土地补偿	权力变迁	制度经济	土地产权	空间生产	邻避效应	增长联盟	老龄化	正义空间	自组织
数量	54	21	4	32	12	9	3	9	12	8	4

资料来源：作者根据 CNKI 数据库整理绘制

（2）国内旧城更新研究的特征

1）文献的数量特征

文献数量可在一定程度上反映某领域的研究热度。从旧城更新相关文献历年分布来看，国内对旧城更新的相关研究论文数量总体呈现逐年上升的趋势，尤其是核心期刊论文数量增长速度最快，2013 年达到顶峰（图 0-4）。2013 年以后开始有所下滑，可能有以下原因：其一，数据库尚未完全收录最新的研究文献；其二，旧城更新研究领域的研究可能进入瓶颈期，创新点缺乏或正在酝酿之中，导致相关文献数量有所递减。

总体来说，论文数量的显著增长，说明国内学者越来越意识到旧城更新问题的严重性和快速城市化背景下对旧城更新研究的必要性和紧迫性。对于以上以"旧城更新"为载体的 959 篇文献，在政府—市场—社会三者之间的不同组合之下，文献的作者运用了不同的研究视角和分析方法，使旧城更新研究的内涵与外延变得日益丰富。

2）研究领域属性特征

根据当前现有研究成果可知，国内研究者不再局限于试图建立一个"大而全"的旧城更新理论体系或笼统地提出旧城更新规划原则和方法，研究内容变得更为发散，切入点更多。959 篇文献涉及的领域从早期的建筑学、城市规划学、环境生态学逐渐扩展到社会学、制度经济学、公共管理学等众多学科领域。

从研究时段上来看，2000 年以前，文献对旧城更新的关注点主要集中在提升居民居住质量或对某一特定地段更新的研究；2000—2005 年间对传统街区更新过程中的历史文化保护等研究逐渐活跃，成为该领域的研究热点；2006 年以后，文献更多关注的是旧城更新中的公众参与、社会公平、更新制度建构、可持续更新等方面，旧城更新规划实践也由单纯的物质环境改善规划转向社会规划、经济规划和物质环境规划相结合的综合性更新规划转变。

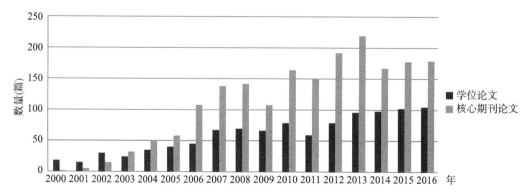

图 0-4 历年旧城更新研究文献数量（2000—2016 年）
资料来源：作者根据 CNKI 数据库整理绘制

3）研究方法特征

国内对旧城更新的研究多以定性分析、静态研究为主，2000 年以后随着社会调查方法的引入和地理信息系统（GIS 技术）的应用，定量研究的成果也逐渐丰富起来。10 多年来，旧城更新的研究方法实现了较大的突破：由早期的旧城更新经验、更新方法归纳总结的研究发展到定性和定量研究相结合。为提高旧城更新的科学性，越来越多的学者应用城市经济学、城市社会学、统计学、GIS 技术等对旧城更新进行量化研究。如邓堪强采用问卷调查、定量测定的方法构建了旧城更新的经济可持续性、社会可持续性、环境可持续性三个维度的评价指标体系，构建了旧城更新"拆、改、留"三种更新模式的可持续评价模型，并分别采用了层次分析法和模糊评价法对具体案例进行了实证研究[①]。程晓曦以北京旧城居住密度为研究对象，分析了北京旧城人口密度与空间密度面临的问题，借鉴了国外密度空间坐标（Spacemate）分析方法，探索了旧城人口密度和空间密度分析和控制的方法[②]。

总体而言，我国对旧城更新的研究主要以定性研究为主。相比之下，国外则十分注重社会调查（问卷、访谈、电话等）、数理模型、量化分析、GIS 技术等研究方法在旧城更新研究中的应用。从研究跨越的时间限度看，大部分的研究主要立足于横向的静态研究方法，即在某一时间点对旧城的某一典型区域进行研究，而采用纵向动态研究方法的文献相对较少。

4）共引作者关系特征

共引作者图谱一定程度上可以清晰地表征某研究领域的权威学者。根据朱轶佳[③]等采用知识图谱可视化软件 Cite Space 软件[④]对我国旧城更新领域相关文献的共引作者关系进行了研究（图 0-5）。研究发现：旧城更新相关文献共引作者之间并未形成联系度较为紧密的网络特征，相反呈现出一定的离散状态，局部区域形成一定的聚类分布。由此可以说明，我国学术界对旧城更新尚未形成一致的共识基础。从文献作者背景分析，城市规划学、建筑学等专业学科背景的学者居多，这与国外的知识图谱存在较大反差。根据统计，东南大学阳建强教授成为共引频数最多的作者，达到 52 频次，说明其在旧城更新领域发挥了重要贡献和具有一定的权威性。此外，南京大学张京祥、同济大学的赵民、清华大学的方可等多位学者也获得了较高的共引频数，说明了以上学者对旧城更新理论与实践的发展起到了积极的推动作用。

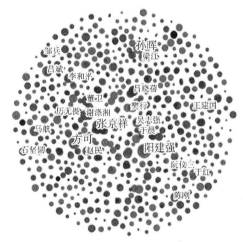

图 0-5　中文文献共引作者的知识图谱
资料来源：朱轶佳，李慧，王伟.城市更新研究的演进特征与趋势［J］.城市问题，2015（9）：30-35

① 邓堪强.城市更新不同模式的可持续性评价：以广州为例［D］.武汉：华中科技大学，2011
② 程晓曦.混合居住视角下的北京旧城居住密度问题研究［D］.北京：清华大学，2012
③ 朱轶佳，李慧，王伟.城市更新研究的演进特征与趋势［J］.城市问题，2015（9）：30-35
④ 2005 年美国德雷塞尔大学信息科学与技术学院教授陈超美及其团队将科学知识图谱引入我国并创建了知识图谱可视化软件 Cite Space，该软件迅速得到了学术界的广泛认可与运用。

（3）国内旧城更新研究存在的问题与建议

首先，从人与社会全面发展的视角出发进行的研究成果较少，尤其是对更新实施后使用者的满意度的研究成果有待进一步完善与提升。旧城更新的最终目标是使更新后的旧城更加符合人类社会发展的需求，人与社会全面发展才是旧城更新的最终目的。目前大多数旧城更新的研究主要专注于更新前的居民意见的搜集与更新过程中的公众参与，而对更新实施后的"结果性"评价鲜有涉及。

其次，缺乏理论深度和原创性理论构建。大多数关于旧城更新的研究，无论是旧城认知还是旧城更新研究都更多的是借鉴或依托于国外专业相关理论，在理论的构建上，特别是第一性原理或基础理论的构建上特别匮乏，流于国外理论的引进、套用和简单验证与评论，缺乏基于地方旧城更新的理论创建。

最后，在数据获取和调研层面。国内研究在初期更多的是以定性的描述为主，重点通过对旧城现状和旧城更新的定性描述来阐述相关观点，缺乏相关定量研究。尽管在 2006 年以后的研究中，定量研究开始明显增加，但总体而言，定量研究的整体层次不高，无法明确地区分或判定相关性和因果性，对后期的理论研究和具体项目实践无法起到应有的作用与价值。此外，在调研的过程中，缺乏多维度的样本统计，往往更多地侧重于相对容易的数据获取或地方政府统计资料。

针对以上问题，本书建议：1）进一步加强对多元主体的调研工作，获取不同背景群体对旧城更新的思维方式和行为逻辑。2）在充分的基础调研上，综合定量调研和定性分析，通过定量分析揭示旧城更新中重要因素的数理关系、相关性指标体系与规划设计工具，以期实现旧城更新理论体系的计量化和理论化。3）旧城更新的最终目标是实现人与社会的全面发展。在此背景下，旧城更新应在注重公众参与的同时，也应加强对旧城更新使用后的"结果性"评价。

0.2.3 国外旧城更新研究进展

（1）国外旧城更新研究方向

基于上文检索出的 252 篇英文核心期刊文献，笔者将当前有关"urban renewal+urban regeneration"的研究归纳为以下几个方面：1）旧城更新的认知与反思；2）旧城更新与可持续发展；3）旧城更新的综合评价；4）旧城更新的模式；5）旧城更新的管制与治理。具体文献信息详见表 0-9。

表 0-9 国外文献主要研究方向统计数据（单位：篇）

文献信息		主要研究方向					
年代（年）	总数	旧城更新的认知与反思	旧城更新与可持续发展	旧城更新的综合评价	旧城更新的模式	旧城更新的管制与治理	其他
2000—2005	59	6	12	10	10	17	4
2006—2010	54	7	13	8	7	15	4
2011—2015	53	6	15	18	4	7	3
2016—2017	86	3	25	21	14	23	0

资料来源：作者根据 CNKI 数据库整理绘制

1) 对旧城更新的认知与反思

二战以后，经济转型带来的产业重构和产业竞争力衰退是旧城衰落的重要原因，此时期旧城更新主要是通过激活地区资源、发展基础设施、吸引投资和改善居住环境等手段来提高旧城的竞争力和促进经济增长 [1][2]。不可否认，竞争力是旧城经济增长的源泉，但单一维度的竞争力提升却会加重社会的隔离和不公平 [3]。随着 1970 年代可持续发展理念的全球性流动和人本思想的觉醒，人们开始认真反思"旧城更新""可持续发展"和"增长第一"的三维关系。有学者认为"可持续发展只是政府部门提出的一句漂亮的口号，在实践中可持续发展和旧城更新却是两条不相交的'平行线'"[4][5][6]。例如，Kotze 对亚历山德拉四个地区进行了城市更新计划成功率的感知研究，认为城市更新计划在为居民提供公共服务时具有时效性，如卫生设施、供水及电力、房屋、健康设施及教育等方面 [7]。Treu 通过对意大利典型小城镇的研究发现，城市更新是市区不安全感来源之一，即城市更新会影响居民的安全认知 [8]。

2) 旧城更新与可持续发展

旧城更新评价开始成为促进旧城更新理论发展的重要驱动力，特别是随着新技术、新方法和新思维的出现，跨学科的相关研究都开始融入旧城更新研究中。尤为突出的是可持续发展思维的全面注入，旧城更新研究也开始围绕经济、社会和环境三方面展开。以住房为例，住房政策对城市区域可持续发展既有积极影响也有消极影响 [9]。一方面，住房是居民的家，对他们生活和幸福感质量起着至关重要的作用。另一方面，住房的各个方面都会对环境和生态系统起到重要消极影响。尽管住房和更新成为相对消极的话题，Cathy 讨论了住房在改善城市竞争力方面的作用，但更新所引发的"绅士化"和社会空间分异问题也层出不穷 [10]。然而，Winston 概述了可持续住房的关键特征，包括位置、设计、施工、使用和再生 [11]。一些学者仅仅关注社会和经济方面，如 Baing 和 Wong 通过评估住房市场、住宅密度、人口增长和经济剥夺对英国最贫困地区城市住

① Robertson K A. Pedestrianization strategies for downtown planners: skywalks versus pedestrian malls [J]. Journal of the American Planning Association, 1993, 59(3): 361–370

② Kotze N, Mathola A. Satisfaction Levels and the community's attitudes towards: Urban renewal in Alexandra, Johannesburg [J]. Urban Forum, 2012, 23(2): 245–256

③ Sassen S. The state and the new geography of power [J]. Global Dialogue, 1999, 1(1): 78–88

④ Leonardi R. Regional development in Italy: social capital and the Mezzogiorno [J]. Oxford Review of Economic Policy, 1995, 11(2): 165–179

⑤ Gibbs D. Urban sustainability and economic development in the United Kingdom: exploring the contradictions [J]. Cities, 1997, 14(4): 203–208

⑥ Couch C, Dennemann A. Urban regeneration and sustainable development in Britain: The example of the Liverpool Ropewalks Partnership [J]. Cities, 2000, 17(2): 137–147

⑦ Kotze N, Mathola A. Satisfaction levels and the community's attitudes towards urban renewal in alexandra, Johannesburg [J]. Urban Forum, 2012, 23(2): 245–256

⑧ Treu M C. Urban conditions impacting on the perception of security. A few Italian case studies [J]. City Territory and Architecture, 2016, 3(1): 1–13

⑨ Winston N. Regeneration for sustainable communities? Barriers to implementing sustainable housing in urban areas [J]. Sustainable Development, 2010, 18(6): 319–330

⑩ Cathy G. Housing: Underpinning sustainable urban regeneration [J]. Public Money & Management, 1996, 16(3): 15–20

⑪ Winston N. Regeneration for sustainable communities? Barriers to implementing sustainable housing in urban areas [J]. Sustainable Development, 2010, 18(6): 319–330

宅棕地开发的影响进行了研究 ①。另一部分学者采用社会人口和发展应用数据分析了住房、家庭和住房投资的特征和趋势 ②。小部分文章分析了环境对旧城更新的影响，如 Collier 对大曼彻斯特州更新项目的长期变化是如何影响当地的气候和空气质量进行分析 ③。Pugh 对英国一块占地面积约 6.6 公顷的案例进行研究，以探讨旧城更新对空气质量的影响 ④。

3）旧城更新的综合评价

国外学者对旧城更新的综合评价的研究主要围绕"可持续性"（包括经济可持续性、社会可持续性和环境可持续性）这一视角展开。尽管众多学者都是通过建立指标体系的方法对旧城更新的可持续性进行研究，但在评价指标体系的构建上，产生了很大的冲突，Sanson 认为当前的旧城更新评价体系仅是对"好"与"坏"的判断，但大多数基于指标的评价没有指出旧城更新的差异缘何而存在 ⑤。Sungnam 对此做出了解释，认为评价者需要建立经济、社会状况基准，以便于过程和绩效可以被准确地测度。对于旧城更新项目而言，合适指标的选取非常困难。同样，环境复杂性、社会经济问题使不确定性骤然增加，在评价过程中，哪些指标可用于可持续性评价，以及指标权重如何确定等还缺乏一致的意见 ⑥。Langstraat 认为，从总体上看城市更新以期达到经济、社会或环境方面的改善，但现在尚没有达成一致的城市更新可持续评价模型。Langstraat 借鉴了 Hemphill 等提出的指标体系并做了必要修改，评价了英国利兹市东岸更新项目的城市更新绩效 ⑦。Potter 解释评价者需要以评价基础性指标体系为依据，对于具有不确定、无法获取或无法量纲化计量的指标数据应该多加以系统性记录和阐述，指出具体的比较性指标体系 ⑧。针对指标选取，Hemphill 等则倾向于层次模型、德尔菲法以及多准则分析技术获取具体的参考性指标，并进一步确定指标体系的原则性，提出科学性、技术性、易识别性、灵活性、可度量性等五大指标选取原则 ⑨。基于以上研究，Lee 提出了以政府主导的城市更新项目可持续发展评价体系，该体系包括经济、社会和环境三个层面的共计 17 个指标体系 ⑩⑪，Colantonio 和 Forouhar 更是具体指出现行城市更新政策与实践中的社会可持续性：包括人口变迁年龄、迁移、

① Baing A S, Wong C. Brownfield residential development: What happens to the most deprived neighbourhoods in England? ［J］. Urban Studies, 2012, 49(14): 2989–3008

② Randolph B, Freestone R. Housing differentiation and renewal in middle-ring suburbs: The experience of sydney, australia ［J］. Urban Studies, 2012, 49(12): 2557–2575

③ Collier C G. The role of micro-climates in urban regeneration planning ［J］. Municipal Engineer, 2011, 164(2):73–82

④ Pugh T A M, Mackenzie A R, Davies G, et al. A futures-based analysis for urban air quality remediation ［J］. Proceedings of the Institution of Civil Engineers–Engineering Sustainability, 2012, 165(1): 21–36

⑤ Sanson A, Hemphill S A, Smart D. Connections between temperament and social development: A review ［J］. Social Development, 2004, 13(1): 142–170

⑥ Sungnam Park. The social dimension of urban design as a means of engendering community engagement in urban regeneration ［J］. Urban Design International, 2014, 19(3): 177–185

⑦ Langstraat J W. The urban regeneration industry in leeds: Measuring sustainable urban regeneration performance ［J］. Earth and Environment, 2006(2): 167–210

⑧ Potter J. Evaluating regional competitiveness policies: insights from the new economic geography ［J］. Regional Studies, 2009, 43(9): 1225–1236

⑨ Hemphill L, Berry J, McGreal S. An indicator-based approach to measuring sustainable urban regeneration performance: Part1, conceptual foundations and methodological framework ［J］. Urban Studies, 2004, 41(4): 725–755

⑩ Lee G K L, Chan E H W. A sustainability evaluation of government-led urban renewal projects ［J］. Facilities, 2008, 26: 526–541

⑪ Lee G K L, Chan E H W. Evaluation of the urban renewal projects in social dimensions ［J］. Property Management, 2010, 28(4): 257–269

流动，教育与技能、就业、健康与安全、住房与环境健康、身份、阶层与文化感受、参与、许可与可及、社会融合与凝聚力、福利、幸福与生活质量等方面[①②]。

4）旧城更新的模式

基于对传统更新模式负面效应的反思，带来了西方发达国家近二十年来旧城改造实践的和理论的发展。在实践中，人们一开始期望通过旧城改造的改变消除房地产开发为导向的改造模式带来的负面影响。因此，国外各大城市相继出现了许多不同导向的旧城改造探索，如：文化导向（Culture-lead）的旧城改造，主要是针对创意产业、旅游业等以文化为依托的产业发展为目标进行的改造设计；重大事件（如大型运动会）导向（Event-lead）的旧城改造；娱乐导向（Entertainment-lead）的旧城改造和零售导向（Retail-lead）的旧城改造等。

旧城更新往往是以城市重大事件为契机，通过规模性基础设施和公共服务设施的再配建，助力于城市品牌再造、竞争力提升和社会、经济环境综合改善，成为促进城市和区域发展的重要战略[③④]。但是这些大型项目建设往往是以单纯促进经济增长为目的的房地产开发为导向，可能会加重社会的不公平和空间分异[⑤⑥]，如：何深静等在对2011年广州亚运会期间的三个旧城更新项目进行跟踪研究后发现，这场快速、效果显著的、由重大事件导向的下旧城更新，在物质层面上一定程度地改善了当地居民的居民环境和生活质量，但在社会层面（居住空间分异、居民社会经济地位下降、社会网络和邻里关系破坏等）对社区居民造成了较大的负面影响[⑦]。与之相比，扎根于社区的小型更新项目更加受到居民的欢迎[⑧]。

同时，在城市发展和城市更新的过程中，对旧城的职能和空间定位也因时而易、因势而变，主要体现在：从过去以工业、制造业为主的重型经济转向为以旅游、文化为主的轻质型经济，从人口居住空间的核心区转为城市居住空间的补充，从土地开发利用的主要区域转为以保护和修复为主的区域。相对应的，旧城更新模式也呈现出重大事件（如大型运动会）导向（Event-lead）、娱乐导向（Entertainment-lead）和零售商业服务业导向（Retail-lead）等三种更新模式。

5）旧城更新的管制与治理

此类论文已经成为当前旧城更新领域研究的前沿和重点。国外的旧城更新理论研究已经从初步的描述转为体制机制的综合性评述，通过旧城更新事件和过程的评议来促进地方在管理结

① Colantonio A, Dixon T. Urban regeneration & social sustainability: Best practice from European cities [M]. Oxford, UK: Wiley-Blackwell, 2010

② Forouhar A, Hasankhani M. Urban Renewal mega projects and residents' quality of life: evidence from historical religious center of mashhad metropolis [J]. Journal of Urban Health, 2018, 95(2): 232-244

③ Mishra S A, Pandit R K, Saxena M. Urban regeneration and social sustainability of indore City [M]// Understanding Built Environment. Singapore: Springer Singapore, 2016: 109-124

④ Gold J R, Gold M M. Olympic cities: regeneration, city rebranding and changing urban agendas [J]. Geography Compass, 2008, 2(1): 300-318

⑤ Trono A, Zerbi M C, Castronuovo V. Urban regeneration and local governance in italy: three emblematic cases [M]// Local Government and Urban Governance in Europe. Cham: Springer International Publishing, 2016, 171-192

⑥ Wolfram M. Assessing transformative capacity for sustainable urban regeneration: A comparative study of three South Korean cities [J]. Ambio, 2019, 48(5): 478-493

⑦ 何深静, 刘臻. 亚运会城市更新对社区居民影响的跟踪研究：基于广州市三个社区的实证调查 [J]. 地理研究, 2013, 32 (6): 1046-1056

⑧ Nisha B, Nelson M. Making a case for evidence-informed decision making for participatory urban design [J]. URBAN DESIGN International, 2012, 17(4): 336-348

构、管理模式、法制监督和工作流程等方面的内容。同时，就研究对象而言，因为所处环境、发展目标、更新模式等的不同，政府、市场、社会和个人等多元利益相关方的利益博弈也各不相同，形成了不同的旧城更新和治理模式。特别是近 10 年间，国外学界和官方机构都在旧城更新的管制和治理上进行了大量的研究与探讨，涉及发展联盟、政治联盟、伙伴关系和社区发展等方面内容[1][2][3][4]。其中影响较大的当属城市政体理论（Urban Regime Theory），Bülent Batuman[5]概念性地形成了"自上而下"（Top-down）和"自下而上"（Down-top）两大主要旧城更新治理模式。但是随着 1980 年代初以来，公私合作伙伴关系（Public-Private Partnership）的形成和发展，特别是随着互联网技术的出现，人们表达自身观点越发容易，也激发这新一代年轻人敢于表达自己的更新意愿和诉求[6]，发表自己对所在住区未来发展的独特看法，旧城更新治理模式开始变得更加复杂化、多元化和地方化。

在当前多元化的城市发展背景下，社会包容已成为旧城更新的一个重要目标。当讨论实现可持续旧城更新时，不可避免地会遇到"社区参与"或"公众参与"的问题。Park 通过审查组织成员国的旧城复兴政策和方案，得出改善公共计划、促进可持续发展、参与当地社区协调等是解决城市问题的关键[7]。然而，公众参与在旧城更新过程中并不一定会获得支持，可能会使旧城更新陷入困境。为了改善公众的参与程度，Cinderby 提出一种创新的参与式 GIS 方法，旨在克服这些群体所经历的障碍[8]。

（2）国外旧城更新研究启示

西方国家在旧城更新理论建构和具体更新实践方面所取得的成绩非常值得我们学习，基于上述研究方向和成果的分析，也为我们在国内旧城更新方面的研究与实践带来更多深刻的启示。

1）对人的需求的关注。无论是物质空间建设还是经济社会发展，旧城更新的最终目的都应该是满足于人的需要，适应人的尺度。旧城更新更应该作为各方诉求的平台，应注重地方居民和社群组织在旧城更新中的利益诉求、发展表述，同时应结合社区经济、企业家精神，通过市场、政府和个人的多元主体合作构建新的城市空间。

2）保护与发展并重。旧城更新不能简单彻底拆除，而应该对不同类型的遗产加以保护、改造，感受空间要素中历史文化的沉积，明确建筑、人和环境之间的互动统一关系，对不适合当

① Mendoza-Arroyo C, Vall-Casas P. Urban neighbourhood regeneration and community participation: an unresolved issue in the barcelona experience［M］// M² Models and Methoddogies for community Engagement. Singapore: Springer Singapore, 2014: 53–68

② Rismanchian O, Bell S. Evidence-based spatial intervention for the regeneration of deteriorating urban areas: A case study from Tehran, Iran［J］. URBAN DESIGN International, 2014, 19(1): 1–21

③ Boisseuil C. Governing ambiguity and implementing cross-sectoral programmes: urban regeneration for social mix in Paris ［J］. Journal of Housing and the Built Environment, 2019, 34(2): 425–440

④ Cete M, Konbul Y. Property rights in urban regeneration projects in Turkey［J］. Arabian Journal of Geosciences, 2016, 9(6): 1–11

⑤ Batuman B, Erkip F. Urban design: or lack thereof: as policy: the renewal of bursa doğanbey district［J］. Journal of Housing and the Built Environment, 2017, 32(4): 827–842

⑥ Cornelius N, Wallace J. Cross-sector partnerships: city regeneration and social justice ［J］. Journal of Business Ethics, 2010, 94(1): 71–84

⑦ Park S. The social dimension of urban design as a means of engendering community engagement in urban regeneration［J］. URBAN DESIGN International, 2014, 19(3): 177–185

⑧ Cinderby S. How to reach the "hard-to-reach": The development of participatory geographic information systems (P-GIS) for inclusive urban design in UK cities ［J］. Area, 2010, 42(2): 239–251

前和未来发展的地区加以现代化整治，而对相对较好和历史价值较高的地区则做保护性处理。

3）旧城更新范式的转变。旧城更新模式应该以产权和信用为依托，避免大尺度、大规模的推倒重建模式，应该转向小规模、分阶段的旧城更新，发挥居民家庭的自主性和社区的凝聚性，通过渐进式的更新模式重塑旧城发展气息。

4）旧城更新目标多元化。旧城更新目的认知应该由过去单一的经济增长和物质空间的营建，转向为经济、社会、环境以及物质空间的综合性人居环境发展规划，关注旧城的可持续发展、综合竞争力提升，避免单一目标的更新。

5）法制完善化和流程的体制化。以旧城更新为平台和契机，强调旧城更新在规划、建设和运营的过程性、连续性和法定性，从价值理性、工具理性和社会公正的角度深化旧城更新理论和实践层级，以制度性的假设保障和维护旧城更新的系统性。

0.2.4　国内外旧城更新研究反思

（1）空间认知的反思：从静态物质空间到社会空间

在不同的发展阶段，人们对空间的认知也发生了翻天覆地的变化，空间的内涵与外延也在不断地演进和发展，进而形成了传统地理学和新地理学两大学术流派，并产生了空间几何学、人文空间、激进的空间与空间的生产等四大空间思想[1][2]。

空间几何学发源于 19 世纪的区位理论，主要探讨空间的形式法则，如克里斯塔勒的正六边形中心地理论、韦伯的三角形模型理论等，借助于经济学、管理学和数学来发展地理学理论，受之影响，忽视了空间的个体性、空间与政治和社会之间的关系，更多的是一种"物化"（Fetishism）的空间理论[3]。基于对个体的人和集体的人发展变化的关注与思考，在批判空间几何学的基础上，形成了人文空间，强调在历史、社会、经济、居民日常行为等多维要素中综合思考其与地理间的关系，空间不仅仅是建筑内部所围合的实体空间，也是象征的空间，是社会政治、居民日常需求和精神寄托的场所[4][5][6][7]。启发于马克思主义关于空间的批判性思考，列斐伏尔（Henri Lefebvre）、大卫·哈维（David Harvey）、索加（Edward W. Soja）[8] 等人构建了新马克思主义空间理论，深刻指出"（社会的）空间是（社会的）产物"，空间是在"空间实践、空间再现和再现的空间"三元逻辑中形成和发展[9]，"空间不是绝对的空间，而是一种社会活动的载体"，空间也有"绝对的空间、相对的空间和关联性空间"的区别与联系[10][11]。

① 叶超. 人文地理学空间思想的几次重大转折［J］. 人文地理，2012，27（5）：1-5
② 斯蒂芬·P. 赖斯，吉尔·瓦伦丁. 当代地理学要义：概念、思维与方法［M］. 萨拉·L. 霍洛韦编. 黄润华，译. 北京：商务印书馆，2008
③ Quaini M. Geography and marxism［M］. Oxford: Blackwell, 1982
④ Tuan Y F. Geography, phenomenology, and the study of human nature［J］. Canadian Geographer, 1971, 15(3): 181-192
⑤ Tuan Y F. Humanistic geography［J］. Annals of the Association of American Geographers, 1976, 66(2): 266-276
⑥ 段义孚. 人文主义地理学之我见［J］. 地理科学进展，2006，25（2）：1-7
⑦ Nikolay A S. Tikunov V S. The Geographical Size Index for Ranking and Typology of Cities［J］. Geographical Review, 2019, 81(1): 1-17
⑧ Soja E W. Thirdspace: Journeys to Los Angeles and other real-and-imagined places［J］. Capital & Class, 1998, 22(1): 137-139
⑨ Lefebvre H. The production of space［M］. Oxford: Wiley-blackwell, 1992
⑩ Harvey D, Braun B. Justice, nature and the geography of difference［M］. Oxford: Wiley-blackwell, 1996: 268-271
⑪ Khorasani M, Zarghamfard M. Analyzing the impacts of spatial factors on livability of peri-urban villages［J］. Social Indicators Research, 2018, 136(2): 693-717

空间思维范式的转变重塑了人们对旧城和旧城更新的再认识。对于空间从纯粹物质空间到人文空间再到批判空间，从静态的地理投影到动态的三元融合，刺激了人们对空间的认知，也改变了人们对旧城的理解，进而对旧城更新的理解也更加深入透彻。旧城更新不仅仅是简单空间的转变，更是地方社会、政治、经济、人与环境的多元互动，是一个庞大而复杂的综合体[①]。同时，从历史发展层面，相对衰老的旧城也不再被视为城市污点，而是视为城市发展的初期阶段和发展基石，其承载的是一个城市的历史、人文、想象和共同体的凝聚，虽然旧城空间本身的土地价值在城市扩张中相对稀释，但是其所代表的城市精神更显得弥足珍贵[②]。

（2）更新视角的反思：从宏观城市与政府到微观社区和个人

第二次世界大战以后，在凯恩斯主义和现代建筑思潮的全面影响下，以《1937年住宅法》和《1954年住宅法修订案》为依托，以美国为代表的西方政府开启了"自上而下"的大规模清除贫民窟运动，在原址上全面新建公共住房，以刺激经济发展和满足人们对住房的需求[③]。但是这种"自上而下"的推倒重建的更新方式，并没有触及城市衰败的深层社会和经济根源，只是将贫困人群变相地从一个地区转移到另一个地区。

针对如上弊病，简·雅各布斯（Jane Jacobs）和刘易斯·芒福德（Lewis Mumford）分别撰文《美国大城市的死与生》和《城市发展史：起源、演变与前景》予以强烈批判，前者认为"城市的本质是多样性，是居民构成了城市的本体"[④][⑤]，后者则从历史出发，提出"城市不只是建筑物的群集，它更是各种密切相关并、相互影响的各种功能的复合体——它不单是权力的集中，更是文化的归极"[⑥]。可以说，城市的本质在于文化，而且它能储存、传承和创造文化，不同的文化又使城市彰显独特的魅力。

在以上学者研究的基础上，更多的旧城更新实践与研究开始从企业家精神、日常生活、时间-空间行为、认知空间等微观层面对旧城更新予以研究。在旧城更新的主体构建上，指出政府的不足，宣扬新自由主义，提倡本地居民的集体智慧和公共参与。旧城更新也开始从过去的大规模、激进式更新的非理性阶段，逐渐步入强调渐进式更新和关注弱势群体权益的理性阶段（表0-10）。

改革开放距今约40年，在快速城市化的背景下，国内之前大规模的城市扩张和旧城更新已经难以为继，且大规模的拆迁建设也都没有成功的先例[⑦]，更多的城市建设已从增量发展转化为存量发展的阶段[⑧]。而且，之前"宽马路、稀路网"的道路结构不仅破坏了旧城原有的空间肌理，更加剧道路拥堵，让便捷和谐的邻里关系、街道公共空间沦为枯燥而危险的机器空间[⑨]。在对城市发展基础的认知上，开始进一步明确市场主体和自组织的蓬勃生命力，注重以旧城中人的诉求和感受为旧城更新规划建设的重要参考。在城市发展组织的构成中，转变之前柯布西耶似的

① 唐历敏.人文主义规划思想对我国旧城改造的启示[J].城市规划汇刊，1999（4）：1-3

② 石崧，宁越敏.人文地理学"空间"内涵的演进[J].地理科学，2005，25（3）：3340-3345

③ 张祥智."有机·互融"：城市集聚混合型既有住区更新研究[D].天津：天津大学，2014

④ 简·雅各布斯.美国大城市的死与生：纪念版[M].金衡山，译.南京：译林出版社，2006

⑤ 方可.简·雅各布斯关于城市多样性的思想及其对旧城改造的启示：简·雅各布斯《美国大城市的死与生》读后[J].国际城市规划，2009，24（S1）：177-179

⑥ 刘易斯·芒福德.城市发展史：起源、演变和前景[M].宋俊峰，倪文彦，译.北京：中国建筑工业出版社，2016

⑦ 吴良镛.关于北京市旧城区控制性详细规划的几点意见[J].城市规划，1998，22（2）：3-5

⑧ 赵燕菁.存量规划：理论与实践[J].北京规划建设，2014（4）：153-156

⑨ 周岩，王学勇，苏婷，等.街区制与封闭社区制规划的对比研究[J].道路交通与安全，2016，16（4）：18-23.

点、线、面空间划分，转向以社区为中心的有机生物学认知：人不仅生活在城市之中，更与所在社区紧密相连，一个个健康的社区才能形成健康的城市①。综上，基于过去传统城市化发展弊端的反思和新的更新理念、思维模式的提出，旧城更新开始由传统的"精英式"主导模式下移到居民和社区组织②。

表 0-10　旧城更新理论演变历程

分类	第一代理论	第二代理论	第三代理论
时代界限	1920—1960 年代	1960—1990 年代	1990 年代至今
理论基础	工具理性	程序理性、价值理性	发展理性，共生理性
更新特征	大规模的清除贫民窟	社区邻里更新	社区综合复兴
主要内容	旧城更新工作的科学性，物质空间规划建设的方法和技术	旧城更新目的与过程的公平性，保障城市多样性、社会公平性	以旧城更新为平台，综合性解决经济、社会、人文等发展问题，形成社会共识

资料来源：作者绘制

（3）更新价值的反思：从经济效率到社会公平公正

从上表可以看出，在 1960 年代以来，西方社会在旧城更新的过程中已经不再简单地关心纯粹物质空间的营建，满足人们的在交通、教育、居住等基础性的生产生活需要，开始更加深刻地思考旧城更新中人的公平性和公正性，并逐步发展形成了倡导性规划③、公正城市④、公众参与⑤、新都市主义⑥等理论。其中倡导性规划和公众参与，都是强调在城市发展规划和发展过程中，要高度重视公众的话语权，聆听来自底层的声音，避免让公众成为"沉默的大多数"。而公正城市和新都市主义，都是基于当下城市发展的问题，提出新的城市发展方向，强调城市的公正性和可持续性。在宏观的城市公正性研究基础上，西方学者还进一步细化内容到具体可操作层面，如探究城市蔓延与旧城衰败的关系⑦、城市蔓延对女性等弱势群体通勤的影响⑧、公共卫生与旧城更新的关系⑨等，进而提出城市基础设施和公共服务的均等性⑩、居住空间分异⑪等社会公

① 洪亮平，赵茜.走向社区发展的旧城更新规划：美日旧城更新政策及其对中国的启示 [J].城市发展研究，2013，20（3）：21-24

② 徐建.社会排斥视角的城市更新与弱势群体：以上海为例 [D].上海：复旦大学，2008

③ Davidoff P. Advocacy and pluralism in planning [M] // A reader in planning theory. Amsterdam: Elsevier, 1973(12): 277-296

④ Harvey D. Social justice and the city [M]. Georgia: University of Georgia Press, 2009

⑤ Abbott S. Social capital and health: The role of participation [J]. Social Theory & Health, 2010, 8(1): 51-65

⑥ Calthorpe P. The next American metropolis: Ecology, community, and the American dream [M]. New York: Princeton Architectural Press, 1993

⑦ Gálvez Ruiz D. Developing an index to measure sub-municipal level urban sprawl [J]. Social Indicators Research, 2018, 140(3): 929-952

⑧ Crane R, Chatman D G. Traffic and sprawl: Evidence from US commuting, 1985 to 1997 [M].California: University of Southern California, 2003

⑨ Cecchini M, Zambon I. Urban sprawl and the 'olive' landscape: Sustainable land management for 'crisis' cities [J]. GeoJournal, 2019, 84(1): 237-255

⑩ Smith S R. Social services and social policy [J]. Society, 2007, 44(3): 54-59

⑪ Long H L. Themed issue on "land use policy in china" published in land use policy [J]. Journal of Geographical Sciences, 2014, 24 (6): 1198

正问题。

在"不患寡而患不均"的民族性中，国内关于社会公平问题的研究也伴随于旧城更新的始终，同时也在不断审视和借鉴美国等发达国家在旧城更新中的经验和教训[①]，并对划拨地块[②]、集体产权等公共资源的私有化、贵族化[③]进行了研究。旧城更新利益分配不均[④⑤]、发展联盟构建[⑥]、当前发展与未来发展[⑦]和历史保护与发展[⑧]等问题提出了强烈批判，并给出相应的解决之道[⑨]，提出旧城更新应该保障原居民的社会关系、保留传统文化和空间肌理，避免以"绅士化"为旗号将旧城化为千城一面的新城[⑩]。

0.2.5　国内外研究总结

本章节通过对国内外旧城更新领域的文献加以系统性的综述分析，洞悉国内外前人的研究成果和思维脉络，总结当前的趋势领域和热点话题，并介绍了当下在理论构建和具体实践中的问题，进而明确本书的研究方向和研究重点，同时基于对国内外旧城更新研究进展分析明确本书关注的视角，可以总结出以下几点：

（1）差距

从国内外旧城更新研究进程来看，国内研究相对滞后，并与发达国家尚存在一定的差距。第一，受城市经济水平较高和城市化进程较早等比较优势的影响，国外在旧城更新方面的研究相对中国明显较早。第二，在研究的内容上，国外研究更加注重旧城更新的发展规律，并加以具体模型化和量化，而国内则更多的是基于项目实践的浅层性理论构建，缺乏对旧城更新发展规律的深度研究。第三，在具体概念和理论的构建上，国外更加注重不同概念之间的内涵与外延，完善相关领域的法律法规，但国内尚无明晰的概念，也未对旧城更新做出确定性的法理定义。第四，就研究的系统性而言，国外的研究工作量相对饱满，理论深度和广度比较理想，注重不同学科之间深度融合。而国内研究虽然体量相对较大，但往往具有很强的类同性，很多观点都相对建立在不充分的案例与数据分析之上。

（2）趋势

在认知层面，旧城是一个拥有深厚社会经济、融合历史、人文和环境的复杂巨系统，这点已得到国内外学者、大众和政府的普遍共识。旧城更新不仅仅是对物质空间的简单再造，更是对附着其上、深含其内的人与环境的重塑，这是一个双向的复杂动态过程。在研究方法上，依托于大数据的发展和计量革命的冲击，定量化研究已经成为国际旧城更新的主流，而且新技术、新方法也层出不穷、越来越多。在研究内容上，除了对旧城更新中的道路、交通、建筑

① 罗思东.战后美国城市改造对社会公正的侵蚀 [J].城市问题，2004（1）：66-69
② 黄晓燕，曹小曙.转型期城市更新中土地再开发的模式与机制研究 [J].城市观察，2011（2）：15-22
③ 冯立，唐子来.产权制度视角下的划拨工业用地更新：以上海市虹口区为例 [J].城市规划学刊，2013（5）：23-29
④ 卢源.论旧城改造规划过程中弱势群体的利益保障 [J].现代城市研究，2005，20（11）：22-26
⑤ 任绍斌.城市更新中的利益冲突与规划协调 [J].现代城市研究，2011，26（1）：12-16
⑥ 张京祥，殷洁，罗小龙.地方政府企业化主导下的城市空间发展与演化研究 [J].人文地理，2006，21（4）：1-6
⑦ 万艳华，卢彧，徐莎莎.向度与选择：旧城更新目标新论 [J].城市发展研究，2010，17（7）：98-105
⑧ 曲蕾.居住整合：北京旧城历史居住区保护与复兴的引导途径 [D].北京：清华大学，2004
⑨ 程大林，张京祥.城市更新：超越物质规划的行动与思考 [J].城市规划，2004，28（2）：70-73
⑩ 邱建华."绅士化运动"对我国旧城更新的启示 [J].热带地理，2002，22（2）：125-129

等静态物质空间规划与设计外，更多的研究开始涉足于经济、社会、环境、制度等多元动态视角，将宏观的城市经济、社会、技术等发展与个体性的日常活动相结合，形成立体性多元化的研究体系。

（3）问题

首先，受限于国内在土地制度、法律制定、管理方式和市场化进程等方面的局限，国外某些方面的研究也只能作为参考和借鉴，而不能照搬照抄。其次，国内在旧城更新方面的规划建设还处于快速发展阶段，强调自上而下的"工具性"规划，缺乏更为广泛的依托于普通群众的"价值性"规划。再次，在人文环境的构建上，中国有自己明显的独特性，在旧城更新理论地方化和中国化的进程中，国内还只是刚刚开始，很多概念和理论需要进一步界定、发展，中国的"城市更新"之路还需要进一步探索①。

综上所述，伴随着全球化和城镇化进程的发展，旧城更新研究无论是在国内还是国外都是现在和未来的研究重点，特别是在新型城镇化背景下，国内对旧城更新的研究更加具有现实意义。本书遵循提出问题、分析问题、解决问题的基础思路，以"居民需求"和"价值取向"为出发点，结合城市社会学、环境心理学、统计学等相关学科，初步构建旧居住区更新的综合评价框架，并以"评价"为基础提出未来我国旧居住区更新的规划路径，以弥补当前旧城更新相关理论研究的不足。

0.3 研究目标与内容

0.3.1 研究目标

（1）从旧居住区当前面临的实际问题出发，综合城市社会学、环境心理学、评价学、统计学等相关学科，深刻剖析当前我国城市旧居住区存在的现实问题，寻找形成问题的根源。

（2）以问题为导向，通过构建旧居住区更新的综合评价框架，寻求解决问题的方法。

（3）以评价为媒介，提出未来我国旧居住区更新的具体实施措施和规划路径。

0.3.2 研究内容

以评价为媒介，分别构建旧居住区更新前的现状调查与评价、更新使用后评价框架，探讨我国旧居住区现状存在问题以及更新使用后存在的问题，并以此为基础提出未来我国旧居住区更新的规划路径。为此，本书从以下几个方面展开重点研究：

（1）对我国城市旧居住区更新现状与问题进行系统分析。首先对我国旧居住区更新的历程进行梳理，在此基础上归纳和总结我国旧居住区更新的主要特征、存在问题以及产生问题的原因。

（2）旧居住区更新综合评价体系的构建：包括评价的具体内容、意义、技术方法、评价的程序、评价标准、评价指标构成、权重分配等。在深入分析国内外旧居住区更新评价标准制定的基础上，提出适合我国国情的旧居住区更新综合评价体系，从而对大量发生的旧居住区更新工作提供决策建议和技术支撑。

---

① 张平宇.城市再生：我国新型城市化的理论与实践问题［J］.城市规划，2004，28（4）：25-30

（3）根据前文对旧居住区更新评价内涵、内容的剖析，将旧居住区更新综合评价分解为几项重要的分项评价单元：旧居住区更新前的现状评价、更新中的规划评价以及更新使用后的评价，但由于专业自身的限制，本书只对更新前的现状评价和更新使用后评价的具体评价策略与内容进行了重点研究。

（4）评价应用技术与具体策略研究：包括根据不同的要求制定评价内容、选择评价路线和评价方法，并结合访谈、问卷调查、实地调查、文献研究、层次分析、模糊评价等多种技术手段增加评价的科学性和有效性，从而使得旧居住区更新综合评价体系在应用中更具操作性和可行性。

（5）旧居住区更新评价理论与方法的实证研究。笔者分别选取了南京市和合肥市的多个具有一定代表性的旧居住区进行评价的实际案例研究，通过这些案例从调研、记录、分析、数据统计、实施评价等全过程的深入剖析，系统还原了旧居住区更新综合评价的过程，在此过程中评价技术的选取、指标体系的构建、数据的采集与分析，乃至最终评价结果的得出，需以以上几点研究内容作为基础和支撑，以实现从理论到实践的应用转化，从实证层面解决旧居住区更新的评价问题。

0.4　研究方法与框架

0.4.1　研究方法

（1）实地调查研究

对我国重要城市尤其是南京市的旧居住区进行了全面的实地考察，与当地规划部门人员座谈，并进行大众问卷调查和访问调查，从而发掘我国城市旧居住区存在的主要问题及其原因。

（2）文献研究法

系统考察国内外旧城更新评价相关的理论、方法和技术，借鉴国外相对成熟的旧城更新评价理念、技术和方法，结合我国实际情况，从而总结出具有较强技术适应性和操作性的城市旧居住区更新综合评价理论与体系。

（3）系统分析法

基于多学科的视角，以开放的系统概念，从评价标准、指标、方法、技术等多个层次，对旧居住区更新进行整体性、系统性的评价研究，试图建立一体化的旧居住区更新综合评价体系。

（4）多学科分析法

旧居住区更新是一项复杂的综合系统，不仅涉及旧居住区的物质空间，还与城市的经济、社会以及个人的日常行为等密切相关，因此对其研究需要综合多个学科的理论和方法。本书综合运用了城市经济学、城市社会学、行为学、评价学、统计学等多个学科的理论和方法，以期更加全面、深入地剖析旧居住区更新的相关问题。

（5）统计分析法

采用 SPSS 17.0、YAHHP 11.0、MATLAB 7.0、EXCEL 2010 等数理统计分析软件，结合多元统计分析、模糊数学和层次分析法等多种技术手段，对调查问卷所获得的一手数据进行平均值分析、相关分析、因子分析等，探求定性与定量相结合的评价方法，从而更加科学准确地考察城市旧居住区更新前和更新使用后的现实状况。（见图 0-6）

0.4.2　研究框架（图 0-6）

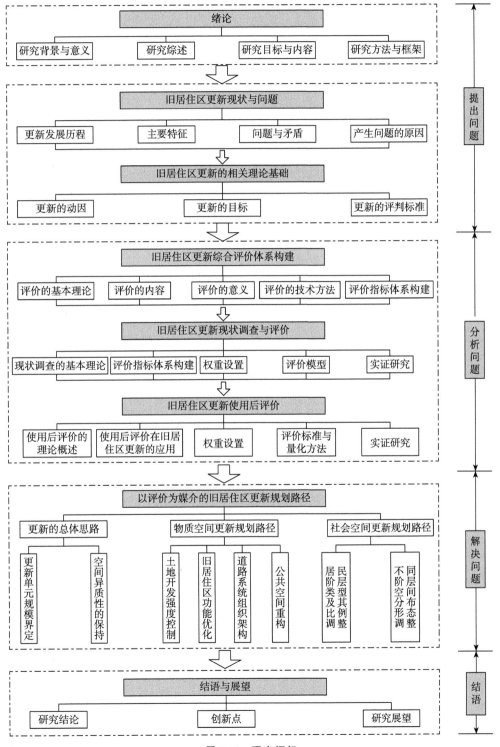

图 0-6　研究框架

资料来源：作者绘

第一章　中国城市旧居住区更新的现状与问题

　　自 1949 年新中国成立以来，我国住宅与居住区规划建设事业取得了举世瞩目的成就。尤其是改革开放近 40 年中，随着我国经济持续、健康、快速的发展，住宅与居住区规划建设突飞猛进，呈现出高速发展的态势。总体而言，1970 年代以前，我国的城市发展以中央集权规划和对共产主义价值观倾向的发展政策为主导，城市建设贯彻了"重生产、轻消费，先生产、后生活的"的指导思想，而把住宅建设视为一种纯粹消费性资源的非生产性建设投资。1978 年以后，随着改革开放政策的全面实施，我国的经济建设取得了突破性进展，住房建设也不例外。住房建设由计划经济时期的消费性领域向生产性领域转变，住房建设得到了一定的发展，然而计划经济时期的福利分房制度导致的住房供应不足矛盾依旧十分突出。1998 年颁布的《国务院关于进一步深化城镇住房制度改革加快住房建设的通知》在制度上建立了住房市场化体制，开始停止住房实物分配，全面实行住房分配商品化、货币化，住房成为一种消费品正式进入市场，住房开始成为具有交换价值的商品，住宅产业也开始成为城市新的消费热点和经济增长点，住宅产业化被提上日程。进入 21 世纪，全面的住房制度改革使我国的城市住房逐步实现了私有化、货币化，住房的分配体制也由原来的再分配体制向市场体制转变，同时国家建立和完善以经济适用住房为主的多层次住房供应体系，国家住房保障制度的日趋完善进一步推动了我国城市住区的发展。

　　总体而言，当下的旧居住区更新方式和更新产生的结果并不是由单一要素造成的，具有一定的历史维度，旧居住区更新总是与其所处的社会政治、经济发展和文化水平存在着内在的统一。为此，本章将对我国城市旧居住区更新的发展历程进行回顾和梳理，以充分了解我国旧居住区更新的历史背景，它将呈现出不同于西方旧居住区更新的政治制度背景和结果（表 1-1）。在此基础上，进一步剖析当前我国旧居住区更新存在的主要问题和矛盾，以及旧居住区更新产生问题的原因。

表 1-1　中西方旧居住区更新对比

国家	中国	西欧国家
1930—1980 年代		
相似性	公共住房比例上升，由国家负责投资建设，满足人民基本居住要求	
差异性	国家资本十分匮乏 单位为主的住房建设与分配 生产居住的混合——苏联模式	原始资本积累丰富 政府建设和分配大量的社会住宅 居住与就业的功能分区——柯布西耶的功能主义

国家	中国	西欧国家
1980—2000 年代		
相似性	住房市场的兴起于自由主义政策	
差异性	市场化改革 住房严重短缺 试图以市场方式解决住房短缺问题 社会主义市场经济体制改革的一部分	新自由主义政策 住房短缺解决 市场方式刺激经济发展 减轻国家财政负担
2000 年代以后		
相似性	市场化引起的居住空间分异	
差异性	以收入分异为主 因房价上涨过快引起的政策改变 以住房建设和住房市场化为主	以种族分异为主 社会住房与私人住房分异引起的社会融合制度 以金融、补贴方式等软政策改变为主

资料来源：作者根据相关资料整理绘制

1.1 我国旧居住区更新的发展历程

居住区是城市环境中最大的建设内容，是人类赖以生存的物质基础，它包含了人类社会、经济和历史文化等特征，同时又对社会经济发展和文化传承起着引导和制约作用，并直接影响人类社会文明的发展。可以说，城市居住区是城市物质形态、社会、经济、文化和生态环境的重要组成部分，旧居住区更新和发展总是与其当时所处的社会经济、政治和文化水平存在着密切联系。新中国成立后，我国开始了近40年曲折漫长的旧居住区更新运动，到1990年代以后才以空前的规模和速度展开。根据我国计划经济时期以及转型中的社会主义市场经济体制下城市建设与规划机制特点，将我国旧居住区更新发展历程划分为以下四个阶段。

1.1.1 计划经济时期的旧居住区更新（1949—1978 年）

（1）为工业生产服务的住房建设

新中国成立初期，我国城市住宅主要面临的是住房短缺问题。从 1953 年开始，在苏联的经济和技术援助下，中国围绕第一个五年计划开始了社会主义工业化和计划经济体制的建立过程，并在这一时期奠定了新中国城市住宅发展的两个基础：城市住宅建设服务于工业化的基本政策和向苏联城市住宅建设模式学习的方针。限于当时国力、财力等多重因素的制约，国家主要集中人力、物力和财力用于工业建设，采取了"重点建设、稳步前进"的城市建设总方针。在恢复生产的初期，为控制除工业生产以外的建设成本，国家把国民收入的绝大部分用于工业再生产，城市建设贯彻"重生产、轻消费，先生产、后生活"的思想，住宅建设被确定为消费资料的生产，属于基本建设中的一种纯粹耗费资源的非生产性建设投资。而在重工业优先发展的政策指引下，国家要求消费让位于生产，以达到集中力量和资源快速发展重工业来带动整个国民经济的目的。为此，作为非生产性建设投资，这一时期的住宅建设在国民经济中一直处于次要地位（图 1-1）。

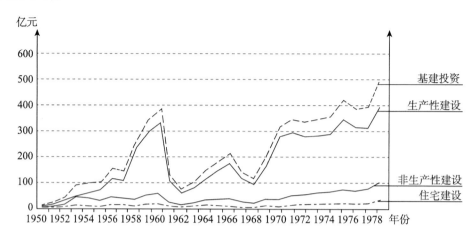

图 1-1 基建投资、生产性建设、非生产性建设与住宅投资变化关系
资料来源：作者根据《中国城市统计年鉴》整理绘制

随着生产资料私有制的社会主义改造的基本完成，中国跨越了"历史上最深刻的一次社会变革"。同时，由于受到"一五"时期经济建设成就的鼓舞和"左"倾意识形态的影响，中国经济建设迈入"大跃进"时期和随后的经济调整时期（1961—1965 年）。在 1958—1965 年间，中国城市住宅建设投资在基本建设投资中的地位进一步下降，住宅建设投资只占基建总投资的 4.82%，远远低于"一五"期间 9% 的水平。随着 1961 年经济调整工作的启动，城市基本建设投资开始大幅减少，到 1962 年，住宅建设投资也降到了 1955 年以来的最低水平。此后，在国民经济逐步恢复的情况下，住宅建设投资开始逐步回升，到 1964 年住宅建设投资已基本恢复到 1957 年的投资水平（图 1-2）[①]。

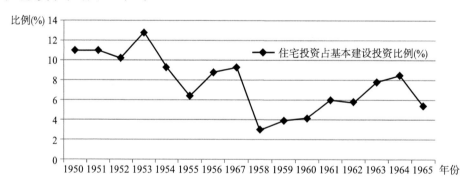

图 1-2 住宅投资占基本建设投资比例
资料来源：作者根据《中国城市统计年鉴》整理绘制

改革开放初期，我国的住房供给继续沿袭计划经济体制下的福利分房体系。但福利分房体系中的公房租金低、租不养房等问题使得城镇住房建设规模难以扩大、居住条件难以改善，严重影响城镇居民的生活质量[②]。针对这一问题，国家提出发挥中央、地方、企业和个人四个方面积极性的方针以减轻国家负担，增加住宅投资。自此，住房由先前国家是主要投资主体转变为

国家、单位和个人共同投资，住房投资主体的转变带来了住房建设方式的变化——单位自建住房的出现，住房分配体系由"国家福利制"向"单位福利制"转变，形成了以"单位"为主体住房建设和分配体制。但由于各单位之间的区位、效益的差异性，单位制住区之间形成了一定的居住空间分异（图1-3）。

图1-3 某城市单位制独立地块的结构特征

资料来源：作者绘制

（2）计划经济时期的单位制社会：集体化的生产、居住空间

在弄清楚计划经济时期单位是如何组织居民的生产、生活以及资源配置之前，我们有必要弄清楚"单位制"的概念，"单位制"到底是什么？李猛认为："单位制是一种特殊组织，是国家进行社会治理、社会整合和资源分配的组织形式，它承担着专业分工、居民生活保障以及社会治理与控制等多重功能"①。刘天宝等认为："单位制是计划经济时期国家在城市构建中以实现共产主义和国家现代化为目标的基本工具，其外在表现为'城市基本单元'，主要体现在组织管理、单位生产和居民生活等方面"②。总体来说，学者们均承认了在计划经济时期"单位制"所具备的社会管理、社会生产以及居民生活保障等基本功能。

计划经济时期的中国城市，单位是城市空间的基本组成单元，而住房作为国家生活物资再分配体系中最具代表性的福利品，基本由单位提供，单位几乎是城市居民住房的唯一来源。在住房制度改革前的传统分配体制下，住房的获得主要由个人的职称等级、政治表现、工龄和家庭情况等因素所决定③。从个人需求视角而言，"要房子，找单位"几乎成为当时居民获得住房的唯一渠道④。由于土地无偿划拨形式的存在，单位空间的土地被无偿使用，市场经济下的级差地租效应和居住空间分异在当时难以奏效和呈现。

此外，"工业化优先发展"的城市发展战略内生出与之相适应的资源计划配置和毫无自主权的微观经营制度：土地的无偿划拨、决策和分配权力的高度集中等⑤。在这种体制下，各个单位、企业负责建设各自的职工住宅，土地由地方政府无偿划拨，单位内部成立专门的机构来负责职工住房的建设与分配。按照这种单位与地方"条块分割"的投资与分配机制，导致每个单位无论其规模大小，都要建立一套基本的生活配套设施，以满足单位职工的基本生活需求。因此，单位不再仅仅是城市社会中的独立经济单元，同时也是一个自给自足的生活单位。居民可以足不出户就可以获得日常生活的必需品，以保证基本的物质、文化生活供给，整个城市就由一个个的"单位社会"组成。可以说，单位将生产、消费、资源配置等纳入一个具有界定空间的地域空间单元内，个人完全依附于单位，无法从单位以外获得其他资源。由此，"生产型城市"通过单位将生产者与生产空间捆绑在一起，单位制将单位与生产、消费和资源分配捆绑在一起（图1-4）。与今天作为商品和消费品的住房相比，计划经济时期由单位分配的住房是作为当时配套生产的一种公共福利品存在，住房空间也仅仅具备使用价值，住房条件也仅

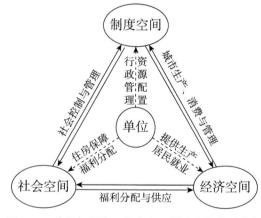

图1-4　单位与经济、社会空、制度空间关系分析
资料来源：作者根据相关资料绘制

①　李路路，苗大雷，王修晓.市场转型与"单位"变迁再论"单位"研究［J］.社会，2009，29（4）：1-25
②　刘天宝，柴彦威.地理学视角下单位制研究进展［J］.地理科学进展，2012，31（4）：527-534
③　Zhou X G, Meon P. Explaining life chances in China's economic transformation: A life course approach［J］. Social Science Research, 2001, 30(4): 552-577
④　商俊峰.改革的困点与兴奋点：三波九折话房改［M］.珠海：珠海出版社，1998
⑤　林毅夫，蔡昉，李周.中国的奇迹：发展战略与经济改革［M］.上海：上海三联书店，1999

仅是满足居民生活的最基本需求。

（3）以物质更新和产权更新并重的旧居住区更新方式

新中国成立初期，由于受到战争的破坏、国力不足以及生产型城市的确立等因素的共同影响，这一时期我国城市居住区更新主要体现在以下两个方面：一是"重新建、轻维修、见缝插针"式的物质型更新；二是新中国成立后实施产权更新的住房社会主义改造。

新中国成立后以物质型更新为主的旧居住区更新方式。解放初期，由于受到战争的影响，城市基础设施损坏严重、经济基础薄弱，人民生活不堪困苦，"居住条件改善和城市环境整治"成为当时城市建设的第一要务[①]。这一时期，我国大城市的旧居住区更新也仅仅是对面积较大的棚户区和危房进行更新。与此同时，在国家实行"人民住宅人民建"和"自己动手丰衣足食"指导思想方针下，我国大部分城市的危旧房改造也仅仅是以个人为主的小面积拆除、整治，政府采取相关政策和资金补助来鼓励居民自我修房；在基础设施建设方面，则是以"线"性为主进行拆旧补新。"见缝插针""零打碎敲"成为这一时期全国各城市旧居住区更新的主要方式，而新建的住房则是以低标准要求建设的"干打垒"住宅，其表现形式以"简易楼"和抢建的"工人新村"为主（图1-5，图1-6）。以上海市为例，1957年住房建设总面积比1950年增加了480多万平方米，其中工人新村住房面积就占了57.3%[②]。

图1-5　南京市秦淮区某地块简易楼　　**图1-6　南京市红旗无线电厂地块工人新村**
资料来源：作者拍摄

除物质型更新外，产权更新也成为新中国成立后住宅更新的主要内容。新中国成立后我国实施了以产权为主的住房所有制改造，就产权来说，这一时期城市住房分为单位、房管局、私人三种所有制：单位仅对本单位职工进行住房实物福利分配；房管局主要负责对社会人员提供住房并收取少量租金，以保证低收入群体居者有其屋。住房的私有化改造只允许私有住房的所有者保留若干居住房间，其余房间国家通过"赎买"的方式进行统一租赁，逐步实现住房私有产权向公有产权转变。为此，城市中的私人产权住房逐年下降，房管局和单位公有产权住房数量逐年上升。受住房公有化改造和单位制度的双重影响，原有老城核心地段住房主要由房改房、单位住房以及房管局的公有住房三部分组成。据相关部门统计，到1990年代末全面实施住房制度改革前，75%的家庭居住在公房内（包括单位和房管局出租的住房）[③]。

①　阳建强，吴明伟.现代城市更新［M］.南京：东南大学出版社，1999

②　蔡德容.中国城市住宅体制改革研究［M］.北京：中国财政经济出版社，1987

③　Huang Y Q. The road to homeownership: A longitudinal analysis of tenure transition in urban China (1949—1994)［J］. International Journal of Urban and Regional Research, 2004, 28(4): 774–795

1.1.2 改革开放初期的旧居住区更新（1978—1998年）

（1）住房建设由消费领域向生产领域转变

新中国成立30年间，由于国民经济建设和住房政策上的各种失误，我国城市居民的居住水平总体偏低。改革开放后，我国国民经济建设得到快速全面的发展，住房建设也不例外，然而计划经济时期的福利分房制度导致的住房供给不足问题依旧十分突出。在此形势下，为了破解城市住房供给不足这一困局，1978年邓小平在中央召开的城市住宅建设会议讲话中提出："解决住房问题能不能路子宽些，譬如：鼓励合作建房、允许私人建房、对低收入家庭发放住房补贴等一系列措施"。1980年邓小平提出关于住房改革的问题，由此正式拉开了我国住房制度改革的序幕，成为新时期住房制度的分水岭[①]。此后，邓小平在《关于建筑业和住宅问题》中再次指出："需要提高建筑业在国家经济发展中的地位，建筑和住房建设不只是由国家投资的消费领域，同时也可以为国家增加财政收入、增加积累的一个重要产业部门"，扭转了计划经济以来一直将住宅建设视为消费领域而非生产领域的看法。邓小平关于住宅改革问题的公开表态，一方面推动单位和国家加大对住房的投资力度，另一方面也促使政府从其他途径探索住房制度改革的方向。

（2）住房商品化的萌芽与试验

改革开放初期，住房严重短缺成为当时突出的社会问题且受到人们的普遍关注，住房制度改革是政府解决住房严重短缺问题的唯一出路。在1980年代初期邓小平提出有关住房制度改革的宏观背景下，开启了我国住房商品化的萌芽与试验。根据Wang[②]、陈艳萍[③]和吴亚非[④]等学者的研究，我国住房制度改革大约经历了以下5个阶段：

1）第一阶段：公房出售或补贴出售试点阶段（1980—1985年）。国家、单位和个人各出资1/3购买住房，居民购买的仅仅房屋的"使用权"和"继承权"，居民无权将住房在市场上进行销售。

2）第二阶段：以提高住房租金为突破口的综合配套改革试点阶段（1986—1990年）。这一阶段主要根据各城市自身情况，因地制宜地采取多种形式提高公有制住房的租金和对公共租房的私有化。

3）第三阶段：以公房出售为重点和住房制度建设阶段（1991—1993年）。国家正式提出了住房商品化、分配货币化、租金市场化的改革方向，住房制度改革由试点城市逐渐走向全国，同时公房出售成为这一时期的重点。

4）第四阶段：住房公积金、安居工程、住房制度全面推进阶段（1994—1997年）。这一时期提出建立与社会主义市场经济体制相适应的住房制度，并明确提出住房制度改革的具体内容。

5）第五阶段：住房商品化、市场化改革全面推进阶段（1998年至今）。意味着传统住房制度的终结和与社会主义市场经济相适应的、新的住房制度的建立和完善。

---

① 蔡易恬.1979年至今广州市住区空间序列研究［D］.广州：华南理工大学，2013

② Wang Y P, Murie A. Social and spatial implications of housing reform in China［J］. International Journal of Urban and Regional Research, 2000, 24(2): 397–417

③ 陈艳萍，赵民.我国城镇住房制度改革及政策调控回顾与思考：基于经济、社会、空间发展的综合视角［J］.城市规划，2012，36（12）：19–27

④ 吴亚非，郭庆汉.住房制度改革的回顾与反思［J］.社会科学动态，1999（11）：3–5

（3）私人资本开始向旧居住区更新领域渗透和房地产业的兴起

改革开放初期，虽然国家鼓励和支持私人资本投资住房建设领域，但由于初期私人资本积累少，旧居住区更新依旧是以公共资本为主导。然而仅仅依靠国家投资，常常会面临更新标准低、更新速度缓慢、资金供应不足等诸多问题。旧城通常是人口密度大、建筑密度高、基础设施供应不足、用地权属复杂的区域，高昂的更新成本促使旧居住区更新由旧城内部向旧城外部转移，特别是1949年以后的"见缝插针"式的更新方式，给旧居住区更新带来了严重制约。为此，1984年颁布的《城市规划条例》首次明确提出旧城改造的基本方针："加强维护、合理利用、适当调整、逐步改造"，旧城区更新改造的重点主要是棚户区、危旧房片区以及基础设施简陋或损坏以及环境污染严重的地区。例如，1983年11月南京市政府提出"城市建设要实行老城改造和新区开发相结合，以老城改造为主"的城市建设方针①，旧居住区更新才正式被纳入城市建设当中。与此同时，随着住房制度改革的不断推进和深化，旧城居住区在一些住房市场化的试验地区也逐步向私人资本开放②。例如：1987年深圳首次公开拍卖某一地块五十年的土地使用权，这是中国首次将土地使用权作为资产进入市场进行买卖，由此开创了土地使用权有偿进入市场的先河③。又如，福州市1988—1993年出让国有土地751幅，其中属于旧城更新的项目就有462幅，占比62%④。

1.1.3　市场经济时期的旧居住区更新（1998—2010年）

（1）房地产业成为城市经济发展的增长点

1998年7月，在前一阶段住房制度改革实践的基础上，国务院发布《关于进一步深化住房制度改革加快住房建设的通知》，标志着新的住房政策开始全面实施，我国住房制度开始进入商品化、市场化和社会化的历史新阶段。与此同时，亚洲金融危机爆发，对亚洲经济，尤其是对我国经济产生了严重影响，为保证国民经济持续、健康发展，中央要求把住房市场培育成新的经济增长点。中央要求进一步加大对住宅建设的投资，同时通过财政支出结构调整、旧的福利分房制度改革等手段，增加城镇居民对住房的有效需求，提高居民的住房支付能力，一方面满足城镇居民对住房的迫切需求，另一方面可以有效推动整个国民经济的持续健康发展。中央的一系列举措进一步推动了住房分配的市场化改革，"加快住房建设，促进住宅产业成为新的经济增长点"被明确为这一时期住房制度改革的主要内容。图1-7表明了改革开放以来，住房发展为具有交换价值的商品，而旧居住区更新则成为价值转换的重要手段。

这一时期的住房制度改革的主要内容有：1）停止住房福利分配，实行住房分配的市场化、货币化；2）出售公有住房，减轻单位和政府的经济负担；3）建立住房金融体制，明确商业银行可发放个人商品住房贷款；4）实行廉租房、经济适用房和商品房等多重住房供应体系。

① 李侃桢，何流.谈南京旧城更新土地优化 [J].规划师，2003，19（10）：29-31
② 胡毅，张京祥.中国城市住区更新的解读与重构：走向空间正义的空间生产 [M].北京：中国建筑工业出版社，2015
③ 刘玲玲，冯懋男.分税制下的财政体制改革与地方财力变化 [J].税务研究，2010（4）：12-17
④ 耿慧志.论我国城市中心区更新的动力机制 [J].城市规划汇刊，1999（3）：27-31

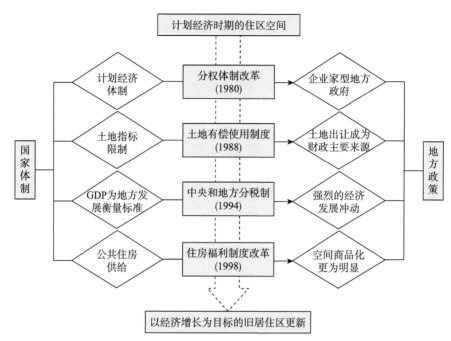

图1-7　转型期的旧居住区更新形成机制
资料来源：作者绘制

在这一过程中，单位尤其是国有企业被视为住房改革的重点，成为首当其冲的实践主体，改革的具体内容包含公房出售、建立住房公积金和住房管理社会化等。住房被国家从集中化和垄断化的体制中释放出来，在属性上发生了根本性的变化，即：从过去的住房"国家和单位所有"转变为"个人所有"。在新的住房体制下，住房成为一种商品，用市场化、社会化的方式供人们自由选择，通过市场调节，增加住房供给量来满足人们不断增长的居住需求，并充分发挥市场在住房资源配置中的作用。可以说，这一时期住房建设投资对国民经济的持续增长发挥了重要作用，然而伴随城市住房需求的持续增长，住房价格也在不断飙升（表1-2）。

表1-2　城镇住房供应和住宅价格变化一览表

年份	城镇竣工住宅面积（亿㎡）	商品住宅竣工面积（亿㎡）	商品住宅平均销售价格（元/㎡）	商品住宅平均价格上涨（%）
1998	4.76	1.41	1 854	3.58
1999	5.59	1.76	1 857	0.16
2000	5.49	2.06	1 948	4.90
2001	5.75	2.46	2 017	3.54
2002	5.98	2.85	2 092	3.72
2003	5.50	3.38	2 197	5.02
2004	5.69	3.47	2 608	18.71
2005	6.61	4.37	2 937	12.61

续表

年份	城镇竣工住宅面积 （亿㎡）	商品住宅竣工面积 （亿㎡）	商品住宅平均销售价格 （元／㎡）	商品住宅平均价格上涨 （％）
2006	6.30	4.55	3 119	6.21
2007	6.88	4.77	3 645	16.86

资料来源：作者根据《中国统计年鉴》和《固定资产投资统计年鉴》整理

（2）以旧居住区更新为手段的房地产开发愈演愈烈

随着土地改革和住房私有化，我国城市房地产业迅速发展，以房地产开发为导向的旧城更新愈演愈烈，并逐渐发展成为城市再开发的主导模式。新中国后成立后，首先是初期"见缝插针"式的建设方式导致老城区功能衰败和用地混杂；其次是"一五"期间建设的"工人新村"也日渐衰退，物质和功能上也难以满足居民日益增长的居住需求；再次，"大跃进"时期以低标准要建设的一大批质量低劣、不适于使用的干打垒住宅；最后，1990年代以后，由工业化和快速城市化引发的城市人口剧增，大量外来人口聚集的城市边缘区环境日益恶化。以上四种建设方式为住房市场化改革后的大规模旧居住区更新提供了前提，国有资本、中外合资、民营资本等纷纷涉足以逐利为目的的旧居住区更新，其带来的后果是：其一，原有旧居住区在更新后，原居民、原居民的生活方式以及传统文化被彻底取代；其二，以房地产开发为导向的旧居住区更新往往只注重纯粹的物质更新而忽视了社会更新和原居民的参与，更新引发的社会问题频出；其三，以房地产为导向的旧居住区更新往往导致城市中出现一些新的居住空间类型，如封闭社区（Gated Community）发展成为大部分城市主流的居住模式，而廉租房、经济适用房则分布在城市边缘地带，这些居住空间类型进一步加剧了城市居住空间分异。以南京为例，宋伟轩、袁雯、黄莹等人分别采用问卷调查、田野调查、拆迁改造数据和GIS分析对南京市主城区的新建居住社区进行了实证研究，结果表明南京市城市社会空间结构呈现"圈层"与"扇形"两种模式，同时有单中心向多中心发展的趋势，并且随着大量封闭社区的崛起导致城市社会空间破碎化严重[①②③]（图1-8）。

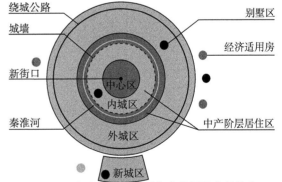

图1-8　南京市主城区居住空间圈层分异结构
资料来源：宋伟轩，吴启焰，朱喜钢.新时期南京居住空间分异研究[J].地理学报，2010，65（6）：685-694

1.1.4　旧居住区更新的价值转向（2010年以后）

全面的住房制度改革使我国的城市住房体系逐步实现了商品化、社会化，住房的分配体制也

① 宋伟轩，吴启焰，朱喜钢.新时期南京居住空间分异研究[J].地理学报，2010，65（6）：685-694
② 袁雯，朱喜钢，马国强.南京居住空间分异的特征与模式研究：基于南京主城拆迁改造的透视[J].人文地理，2010，25（2）：65-69
③ 黄莹，黄辉，叶忱，等.基于GIS的南京城市居住空间结构研究[J].现代城市研究，2011，26（4）：47-52

由计划经济时期的福利分配制向全面的市场体制转变，同时建立了保障性住房和商品性住房的双重住房供应体系[①]。作为中国渐进式改革的重要组成部分，城镇住房全面社会化、商品化和市场化改革，对于促进房地产业及其相关行业市场化发育以及改善城镇居民的居住条件等起到了极大的作用。然而，我们在肯定住房市场化改革所取得巨大成就的同时，也应该看到住房市场化改革过程中所出现的种种问题与弊端，如：房价持续走高、住房供需结构错位、居民财富差距加大、居住空间分异等。从表 1-3 商品住宅新开工面积数据中可以看出，从 1998—2003 年间，保障性住房在商品住房中的比重较高，而从 2004 年开始保障性住房比重呈现下降的趋势，显化了纯市场定价的商品住房价格的实际走势，这也是导致商品住房平均价格快速上涨的重要原因之一。此外，从表 1-4 中的数据可以看出，中国商品住房竣工面积涨幅较小而平均价格上涨幅度逐年增加，在住房需求快速增长中，住房供应能力不足与住房价格快速上涨相伴相生。

表 1-3　1998—2007 年保障性住房开工面积占住宅新开工面积比重

年份	住宅新开工面积（万 m²）	其保障性住房新开工面积（万 m²）	保障性住房比重（%）
1998	16 637.5	3 466.4	20.83
1999	18 797.5	3 970.4	21.12
2000	24 401.2	5 313.3	21.77
2001	30 532.7	5 796.0	18.98
2002	34 719.4	5 279.7	15.21
2003	43 853.9	5 330.6	12.16
2004	47 949.0	4 257.5	8.88
2005	55 158.1	3 513.5	6.37
2006	64 403.8	4 379.0	6.80
2007	78 795.5	4 810.3	6.10

资料来源：作者根据《中国统计年鉴》整理

表 1-4　1998—2007 年商品住宅及保障性住房价格变化

年份	商品性住房平均销售价格（元）	保障性住房价格（元）	商品住宅平均价格上涨（%）	保障性住房平均价格上涨（%）
1998	1 854	1 035	3.58	−5.65
1999	1 857	1 093	0.16	5.60
2000	1 948	1 202	4.90	9.97
2001	2 017	1 240	3.54	3.16
2002	2 092	1 283	3.72	3.47

---

① 胡毅，张京祥.中国城市住区更新的解读与重构：走向空间正义的空间生产［M］.北京：中国建筑工业出版社，2015

年份	商品性住房平均销售价格（元）	保障性住房价格（元）	商品住宅平均价格上涨（%）	保障性住房平均价格上涨（%）
2003	2 197	1 380	5.02	7.56
2004	2 608	1 482	18.71	7.39
2005	2 937	1 655	12.61	11.69
2006	3 119	1 729	6.21	4.45
2007	3 645	1 754	16.86	1.47

资料来源：作者根据《中国统计年鉴》整理

1.2　我国旧居住区更新的主要特征

从我国旧居住区更新的历程来看，其演变的特征与当时的经济、社会体制变革存在着紧密的联系。随着我国住房分配制度、经济体制以及所有制结构等方面的重大变革，我国旧居住区更新的发展趋势、出发点、参与者、更新方式均发生着巨大变化。总体来说，新时期我国旧居住区更新的主要特点主要表现为：

1.2.1　更新趋于全面、综合、整体、系统、可持续发展

旧居住区更新由简单修缮向全局谋划转变。新中国成立初期的旧居住区更新往往由于住宅老化破损严重，多是由个人承担更新责任，对家庭住房进行翻新建设，但由于不同更新主体对建筑的认知和审美的差异性，单独更新的住宅与居住区内其他建筑存在一定的差异，旧居住区整体风貌受到影响。同期，由于城市建设发展滞后等原因，公共设施更新往往会被忽视。当前，旧居住区更新以居住区的现状条件为基础，以各方利益的平衡为出发点，站在更为宏观的视角处理旧居住区更新问题，包括居住区风貌统一、公共设施建设、历史文化延续、邻里关系维护等。

公众参与旧居住区更新成为常态，更新不再是政府或开发商单独主导。随着经济发展，市场在社会整体发展中的地位不断提升，更新工作多元化成为必然趋势，市场为更新提供更为专业的技术咨询，更为客观地平衡协调各部门之间的利益关系。同时，随着居民知识储备量的日益提高以及他们对住房产权的认识，他们对更新有着独到的认知，公众的监督、参与使得旧居住区更新更为整体、全面。

更新程序更为完善，整体进程更为系统。计划经济时代由于物质要素缺乏、国家政策要求、政绩需要等因素的影响，更新工作缺乏系统的评估依据，旧居住区更新表现颇为片面。当前，城市规划整体发展迅速，相关法律、规章也日臻完善，更新工作从计划到实现各个环节层层把关、充分论证，从而确保项目的顺利实施以及各方利益的平衡。

更新进程逐步减缓，强调更新的长远影响。2000年以前，旧居住区多是采用推倒重建的更新方式，很多旧居住区从建设到更新时间较短，有的仅数十年；频繁的拆建工作直接造成资源

的巨大浪费，并给居民日常生活带来严重不便。2000 年以后，随着城市化发展进程的减缓，城市空间结构也日趋成熟，更新方式逐渐由大规模拆除重建向谨慎、渐进式更新方式转变，更新更加强调对现有设施的再利用，在此基础上逐步调整与完善，通过拉长更新整体战线方式，强调更新的健康可持续发展。

1.2.2　更新目标受经济因素影响，强调社会效益的发挥

旧居住区更新出发点很大程度上受到经济因素的影响，土地的经济价值伴随城市范围不断地扩张而发生改变。从开发商的视角来看，根据级差地租理论，城市用地因区位、交通等因素地租呈现一定的差异性。城市中心区因为承担大量活动，单位面积所产生的利润最高，土地价值也最高，因而地租价格最高，商业等活动可以支撑相对高额的地租价格。随着交通、区位等条件的改变，各类用地顺次按照能承受的地租价格呈现有规律的布局。随着城市不断发展，建设用地范围在不断扩张，道路、基础设施等公共设施趋于完善，城市中心区范围也在不断扩大，城市地租价格发生变化。早期主城区内居住用地占据较为便利的区位条件，开发商察觉到其中的大量利润，因而这类居住区随着城市的旧城改造而更新，更新后以商业、办公等大体量营利性功能为主。这种情况在城市快速发展的今天比比皆是，旧居住区尤其是城市中心区的旧居住更新很大原因受到这种因素的影响。

除了经济因素外，推动旧居住区更新的另一动力在于为居民提供更好的居住条件。旧居住区经历历史变迁，由于建设时间较早，加之对周边用地预判不足，多数旧居住区均面临配套设施不足、设备老化、绿地和公共空间不足等严重问题，难以满足居民基本需求，给居民日常生活带来极大的不便。同时，旧居住区往往因为区位、交通等方面的优势，吸引大量外来人口的入住，人口增加为旧居住区的日常管理、治安维护、消防等增加难度，出于为居民营造更为舒适的居住环境，部分旧居住区通过更新建设来改善内部条件。

1.2.3　更新方式因更新主体不同而存在差异

传统的、有历史价值的旧居住区将被选择性保护。这类旧居住区往往经过历史的洗礼，在空间表达、风貌特色上具有较高的文化价值，在更新过程中，对这类旧居住区一般采用"保护式"利用的更新方式，强调对整体格局、肌理、建筑风格、邻里关系等的保护，通过对其中破损较为严重的区域进行小范围修缮的方式更新。在利用方式上，有些旧居住区保留原有功能，作为展现城市特色的重要窗口，有些适当进行功能置换，转变为参观、商业、休闲等功能。更新后的不同功能带来原居民不同的安置结果，保留原有功能的旧居住区更新通常会对原居民进行有选择的回迁，而功能置换更新的旧居住区则多是以货币补偿或异地安置为主。

建筑质量一般的旧居住区通常在短期内会被持续使用，多采取建筑外立面出新的方式，或者采用色彩更新的方式，通过对旧居住区进行整体色彩规划，使得旧居住区在视觉上焕然一新。更新后的旧居住区，一方面与城市整体风貌相协调，另一方面也对居住环境有了一定的改善。但从长远角度来看，由于其缺少自身特色，加之旧居住区内配套设施供给不足、户型功能不完整、物理性能差等原因，随着旧城更新的逐步推进，远期这类旧居住区将可能优先被拆除。

此外，对于城市中破败较为严重的旧居住区，这类旧居住区通常配套设施较为落后，整体

风貌与经济高速发展的城市格局格格不入，且难以满足使用者的基本需求。对于政府而言，这类旧居住区在更新过程中通常采用推倒重建的更新方式，以达到尽快改善城市面貌的目的；对于居民而言，居民同样迫切希望能够改善居住条件，面对大面积的拆迁安置工作，居民们表达出一定的热情，并积极希望参与到拆迁安置工作中。

1.2.4　更新参与体现为多方利益的博弈

旧居住区更新的参与者通常由三方构成，包括居民个人、开发商及政府。出于对不同更新目标的考量，三者在更新中的参与比重、责任划分各不相同，同时三者的利益诉求也存在差别，对更新结果也各有不同。

就居民而言，居民更多关注的是对居住环境的改善。对于小范围渐进式更新，居民希望对旧居住区的公共设施配套和公共空间（绿地、公共广场等）进行完善，从而达到改善居住环境的目的。而对旧居住区以推倒重建的方式进行更新，居民则更多期待的是就地安置。

就开发商而言，多数开发商热衷于旧居住区更新项目的参与，主要原因在于通过旧居住区更新可以获得更多的经济利益，他们在更新过程中尽可能地强调自身利益的最大化。相对而言，大规模推倒重建的更新方式能获取更大的经济效益，因而以开发商为主导的更新通常以此类更新方式为主。同一用地因功能差异其价值也各不相同，旧居住区一般具备良好的区位、交通条件，开发商利用更新契机，将旧居住区更新为商业、办公类建筑，或是开发成高档住宅。而原居民经过更新而被迫离开，开发商的补偿使其难以在就近安置，预期与结果不匹配一定程度上造成居民和开发商之间的争议颇多。

就政府而言，政府作为服务部门，更强调的是不同利益体之间的平衡，但更新的根本在于从全局和长远的角度谋划，为居民提供更好的居住环境。以政府主导的更新，小范围渐进式和大面积推倒重建式的更新都有存在。小范围更新以环境整治、建筑立面出新等方式开展；而大面积更新通常立足城市长远发展，更新后用地功能往往有些许改变，主要是通过增加绿地、公共服务、基础设施等用地为主，当然也存在商业配套用地等。

1.3　我国旧居住区更新存在的主要问题与矛盾

1.3.1　鉴于开发商、政府和居民三个利益群体的矛盾

（1）开发商与政府关于经济效益与社会效益之间的权衡

开发商以利润最大化为目标，他们通常强调经济效益；而政府则承担多方平衡的职责，更多强调的社会效益和更新后的长远影响。在更新过程中，利润最大化的方式无疑会以牺牲居民的一定权益为代价，包括居住环境、配套设施等。同时，以最为简单机械方式处理旧居住区更新，以毫无特色的现代建筑、重复排列的住宅形式，致使城市特色缺失，也会破坏地域历史文化，对居民利益的影响和对城市文化、特色的破坏，对城市长远发展较为不利。出于不同利益的参与者在维护自身利益的过程中，势必存在一定矛盾。

（2）更新以政府或开发商为主导，居民在更新中参与的程度较低

无论是大规模推倒重建式的更新，还是小范围渐进式更新，一般都是以政府、开发商为更新主体，居民角色则稍显被动，他们除了对自己的室内空间有调整的权利外，基本都是被动地接受更新通知，更新过程参与度较低。此外，更新过程中对用地的高强度开发利用，开发商为了谋取更多利益，他们以经济效益为根本，而忽略使用者的感受。通过容积率最大化使用等方式，导致原居民习惯的原先街巷式的空间感受消失，居民被迫搬迁到高楼中，传统社区邻里关系遭到破坏而被解体，各类风俗习惯也随之消失。

1.3.2　出于传统与现代认知的冲突

首先，旧居住区更新过分突出空间现代化发展与经济高速腾飞。我国的城市规划起步较晚，相对发达国家而言发展略显滞后，当下很多规划思路，受到西方城市规划相关理论影响，最为显著的表现为城市空间结构的变化。从圈层式理论到卫星城建设，再到多中心空间结构模式，城市的发展以空间结构为基础，现代化空间结构基调确定后，城市在建设过程中必然会按照预期完成。旧居住区更新受到影响则更为明显，最为显著的表现为城市"新区"的建设发展。"新区"确定后，前期集中建设的居住区需要为城市现代化发展让步，导致大面积旧居住区遭遇推倒重建。具有地方特色的传统居住区在城市化建设浪潮中受到严重冲击，旧居住区原有的独特城市肌理、城市脉络被破坏。建筑形式相同、空间布局相似、高楼耸立的现代化小区取而代之，城市发展愈发缺乏个性与特色。除了对城市风貌和文化影响外，现代化高楼林立的居住区，有时候并不能满足居民的需要。

其次，旧居住区更新忽视对历史空间的保护与传统文化的传承。历史价值较高的旧居住区，强调对街区的保护，通常选择小范围渐进式更新的方式。在更新中通常会有两种选择：一种是对维持居住功能的旧居住区而言，为了保留传统街区、建筑整体风貌，同时保留区域内的风土人情和邻里关系，这类旧居住区一般以"住户"为单元进行自我修缮为主，政府、社会力量选择在技术上支撑，在资金上略有补助。然而对于居民而言，一方面由于历史类建筑维护成本相对较高，个人难以支撑，同时鲜有居民有足够的思想觉悟要完全保护历史建筑；另一方面老旧建筑在使用过程中，采光、通风等诸多方面确实存在众多不尽人意之处，很多居民在完善过程中，仅仅保留建筑外貌，对建筑内结构、装饰大量调整，一定程度上破坏了旧居住区的历史价值。另一种是对其居住功能进行置换，将原居民搬迁，政府和开发商介入其中，原居住功能置换为商业商务、旅游观光等功能，通过二次开发获取的经济效益来维持相关费用。更新虽然保留了物质空间，但街巷中的生活气息却荡然无存。此外不排除众多高文化价值的旧居住区，在更新过程中，因保护意识淡薄而遭到整体推倒重建的情况，传统居住区空间、居住区文化及城市特色也因此消失殆尽。

1.3.3　基于大规模拆迁与小范围更替方式的纠结

（1）小范围更替出新的更新方式"治标不治本"

更新采用小范围对旧居住区进行出新的方式，虽然在风貌上，实现了旧居住区与城市风貌的协调统一，但根植于旧居住区中的基础设施配套不足、户型布局结构不合理、绿化率过低、缺少对老年人和儿童的关爱等问题频频显现。旧居住区更新更多体现在"面"上的处理，未能实现根治。旧居住区更新使得城市风貌得到了改善，但缺少立足于"人本"的考量，从长远来看，问题会反复出现。

（2）大规模推倒重建式的更新"争议不断，矛盾频出"

大规模推倒重建式的更新，就地安置还是安置到新的居住点成为居民关注的重点。多数居民期待可以就地安置，但由于用地性质的变化，或是需要缴纳高额的差价，使得居民就地安置难以实现，由此导致居民对这种方式的旧居住区更新抵触异常强烈。

更新安置过程中补偿机制政策存在缺陷。旧居住区在被大面积征地拆迁的更新过程中，开发商通过安置房或是货币补偿的方式对居民进行安置。由于衡量因素里包括人口、面积等多种因素，居民为了获得高额补偿，而采用连夜加盖，假离婚等过激手段；部分居民为了获得更多补偿，拒绝配合更新工作，围堵、上访等情况频频出现。这一现象的出现多是由于相关补偿机制不够明确，补偿工作因为部分"无理"诉求或是不同地区的对比而显得不公平，影响了旧居住区更新进程，同时不利于良性社会关系的发展。

经济利益驱动下的旧居住区更新导致更新存在非理性、不均衡的情况，一定程度上造成城市空间的无限蔓延。旧城区内由于拆迁成本过高，大量旧居住区一直被忽视。开发商基于经济效益的考量，他们在选择用地时会优选土地成本较低的土地，通过旧居住区更新谋取个人利润。由于老城区旧居住区更新的复杂性以及高额的房价，迫使众多刚性需求的人群在择居意向上更新倾向于老城周边地区，随着大量人口的入住，老城以外地区的配套设施也在不断完善，进一步吸引新的居住者入住，房价也因此再次上涨，开发商继而再向更为偏远的地区选择用地。如此循环往复，居住区在城市中向外呈放射式的扩散布局。

1.4 我国旧居住区更新产生问题的原因

1.4.1 行政管理体制改革的不健全

理顺旧居住区更新的行政管理体制是保证旧居住区更新可持续发展的前提。经过多年的实践探索，我国旧居住区行政管理体制得到不断深化、发展，但由于历史等众多原因，现阶段我国的行政管理体制依然带有计划经济时期的特征，存在较多难以适应社会经济发展要求之处：

首先，我国城市行政管理机构设置过多，众多机构之间存在职能重复、权责划分不清。旧居住区更新作为复杂的系统工程，涉及经济、社会、环境等诸多问题，需要有专门机构来进行统筹负责，在此基础上协调各相关部门共同实施。但是我国旧居住区更新项目往往受国土、规划、建设、房管、交通、市政等多个部门的管理，造成各部门之间权责不清，出现各部门之间相互推诿，这往往会增加旧居住区更新的成本，制约旧居住区更新的成效。

与内陆地区相比，我国香港的旧区更新权责清晰，制度健全。2001年香港在原土地开发公司（LDC）的基础上成立了市区重建局（URA），URA是一个具有官方背景支持和约束下的独立运作机构，主要职责是负责地块征集和回收、对老旧社区和楼宇进行修复、文物建筑保护、历史街区保护等[①]。与LDC时代相比，以URA为主体的旧城更新政策在管理框架、实施战略、

① 黄文炜，魏清泉.香港市区重建政策对广州旧城更新发展启示［J］.城市规划学刊，2007（5）：97-103

土地征用、拆迁安置、社区保证以及财务管理等方面做出了诸多改进^①（表1-5）。香港通过市区重建局这一独立机构，执行旧城更新职能，责任明确，大大提高了旧城更新的工作效率。

表 1-5　香港 LDC 时期和 URA 时期旧城更新比较

	LDC 时期 (1988—2001 年)	URA 时期（2001 年以后）
市区重建策略	没有	开始制定
公众问责性与决策透明度	对 LDC 董事会成员申报利益未做严格规定；LDC 负责人未被要求到立法会进行公开答问	对 URA 董事会成员申报利益有严格要求；URA 负责人被要求到立法会进行公开答问
市区重建方式	主要是一个 "R"，即拆除式重建发展	"4R" 原则：重建发展，楼宇复修，旧区更新，文物保育
财务安排	政府仅提供 3 100 万港元需要归还的贷款作为 LDC 启动资金；未豁免地价款；未豁免相关税费	政府注资 100 亿港元以帮助 URA 开展重建项目；豁免地价款和相关税费
规划程序	LDC 重建项目须提交政府逐个审批；重建项目 / 计划的细节不作公布	五年业务纲领与年度业务计划每年提交财政司作一次性审批；重建项目 / 计划的细节作公开展览，公众可提出反对及上诉
土地征购	LDC 在申请强制性土地收购前必须与业主进行谈判协商	URA 可直接向政府申请强制性土地征购而不必事先与业主进行谈判协商
赔偿安置	以同地区、同面积、同条件的 10 年楼龄住宅单位市场价格为基础进行赔偿；在安置租户方面与公屋经营管理机构无协作关系	以同地区、同面积、同条件的 7 年楼龄住宅单位市场价格为基础进行赔偿；在安置租户方面与公屋经营管理机构（房屋委员会和房屋协会）进行合作
社区关怀	较少对社会因素的考虑；缺少具体政策措施来解决社区居民的实际问题	分两阶段开展重建项目的社会影响评估；在每个重建目标区设立一支市区重建社会服务小组；在每个重建目标区建立一个分区咨询委员会为 URA 提供建议和协助

资料来源：作者根据相关资料整理

其次，政府职能错位和调控手段滞后，让旧城更新沦为部分群体谋取利益的工具。政府应在旧城更新中处于监管者这一角色，并以实现公共利益的最大化为己任，通过旧城更新来维护城市的整体公共福利。政府在旧城更新过程中应避免职能的"错位"或"越位"，让旧城更新立足市场化，充分发挥市场这只无形的"手"的作用，而政府的责任主要是培育良好的旧城更新环境，在公平的市场环境中实现各方利益的均衡。然而，我国政府通常在旧城更新中过于追求经济效益而忽视社会效益、环境效益，造成旧城过度开发，忽视居民利益和环境保护，尤其是形象工程泛滥。政府的这种短视行为一方面造成资源配置失衡，另一方面又造成了严重的资源浪费。此外，政府在旧城更新决策过程中存在决策时间过长、审批程序烦琐、效率低下、有法不依、执法不严等严重弊端。这些缺陷和弊端严重影响了政府部门与企业部门、非营利组织、社区组织、居民之间的沟通网络的运行和协力关系的发展，严重影响了旧城更新的顺利进行。

---

① 张更立. 变革中的香港市区重建政策：新思维、新趋向及新挑战 [J]. 城市规划，2005，29（6）：64-68

1.4.2　相关法律法规和政策的缺失

在旧城更新领域，我国尚未出台专门的旧城更新法，只有部分与旧城更新有关的法律、法规和部门规章，如《中华人民共和国城乡规划法》《国有土地上房屋征收与补偿条例》《协议出让国有土地使用权规定》等。相关法律法规的缺失，导致旧城更新的运作缺乏明确且切实可行的法律法规和政策作为依据，由此常常引发旧城更新的相关利益关系人之间的各种纠纷，甚至暴力拆迁、暴力更新也时有发生。

1.4.3　城市更新规划编制方法滞后

城市更新是一项复杂的系统工程，涉及经济、社会、环境等诸多方面，当前我国城市更新规划编制依旧以物质型规划为主，缺少对经济、社会等方面的关注，更新目标较为单一，可操作性十分有限，难以适应当前我国城市更新的复杂性和多样性，从而导致实践难以真正有效地指导城市的更新改造。

1.4.4　城市更新决策机制的不完善

当前，我国大多数城市更新活动都缺少专家的严格论证，更缺少公众参与这一重要环节。偶有以上程序，也往往是流于形式：参与城市更新活动的公众和专家都是相关部门精心挑选出来的，他们更多代表的是政府的利益和意图。城市更新既没有建立起具有广泛约束力的更新程序和监管制度，也没有可以量化城市更新评价体系（是否需要更新、何时更新以及更新实施后的效果等）。城市更新的最终决策往往就是领导者的个人经验判断和个人偏好，依旧遵循的是以往的经验式管理。

1.4.5　公众参与机制的不健全

我国城市更新的公众参与机制有待完善。从政府管理部门、社会组织到广大人民群众，都非常缺乏对公众参与城市更新重要性的认识，同时也缺乏对公众参与的内涵、机制、作用和行动力的正确认识，整个社会都还未形成公众参与的思想意识。此外，由于城市更新的政府管理部门和相关企业对更新的信息过于垄断，对众多本应该及时释放的重要信息不及时发布，居民、社会组织等由于不能及时得到相关信息，导致他们无法真正有效地参与到城市更新中。甚至在很多情况，作为城市更新的第一关系人——居民和社区组织并没有被相关管理部门给予平等的合作伙伴地位，甚至很多居民或社区组织被排斥在更新之外，这也是导致拆迁暴力事件时有发生的重要原因之一。

1.5　本章小结

新中国成立后，我国住宅与居住区规划建设事业取得了举世瞩目的成就。尤其是改革开放40年中，随着我国经济的持续、健康、快速发展，住宅与居住区规划建设突飞猛进，呈现出高速发展变化的态势。总体来说，根据我国计划经济时期以及转型中的社会主义市场经济体制下城市建设与规划机制的特点，将我国的旧居住区更新历程划分为以下 4 个阶段：1）计划经济时期为生产型城市服务的旧居住区更新（1949—1978 年）。其特征主要表现为：为工业生产服务的住房建设、计划经济时期的单位制社会——集体化的生产、居住空间的形成、以物质更新和产权更新并重的旧居住区更新方式。2）改革开放初期向生产领域转变的旧居住区更新（1978—1998 年）。其特征主要表现为：住房建设由消费领域向生产领域转变、住房商品化的萌芽与试验、私人资本开始向旧居住区更新领域渗透和房地产业的兴起。3）市场经济时期资本导向的旧居住区更新（1998—2010 年）。其特征主要表现为：随着土地改革和住房私有化，我国城市房地产业迅速发展，以房地产开发为导向的旧居住区更新愈演愈烈，以房地产开发为导向的城市更新正成为当前城市再开发的主要模式。4）旧居住区更新的价值转向：公平与效率的新均衡（2010 年以后）。其特征主要表现为：全面的住房制度改革使我国的城市住房逐步实现了商品化、社会化，住房的分配体制也由改革开放前的福利分配制向市场体制全面转变，同时，建立了市场化商品房与保障房的双重住房体系。然而，我们在肯定住房市场化改革所取得的成就的同时，也应该看到住房市场化改革过程中所存在的问题，如：房价持续过高，住房供需结构错位、居民财富差距加大，影响社会稳定、社会成本过高和居住空间分异等问题。

纵观新中国成立后我国旧居住区更新发展历程，发现其演变的特征伴随着我国经济体制、分配制度、所有制结构等方面的巨大变革，当前我国旧居住区更新的发展趋势、出发点、参与者、更新方式都发生着巨大变化，具体表现为：1）更新趋于全面、综合、整体、系统、可持续发展。2）更新目标受经济因素影响，强调社会效益的发挥。3）更新方式因更新主体不同而存在差异。4）更新参与体现为多方利益的博弈。

可以说，我国当下的旧居住区更新方式和更新产生的结果并不是由单一要素造成的，具有一定的历史维度，旧居住区更新发展总是与其所处的社会政治、经济发展和文化水平存在着内在的统一。然而，我们在肯定我国旧居住区更新取得重大成就的同时，也应该看到其存在的弊端和问题，尤其是住房制度改革以后，旧居住区更新出现的问题更为强烈，主要表现在：1）鉴于开发商、政府和居民三个利益群体的矛盾：开发商以经济效益最大化为首要目标，政府则承担多方平衡的职责，更多强调的是社会效益和更新后的长远影响。对居民而言，则更多注重自身的内在诉求，如拆迁安置、补偿等问题。2）出于传统与现代认知的冲突：旧居住区更新过分强调空间现代化发展与经济高速腾飞，而忽视对历史空间的保护与传统文化的传承。3）基于大规模拆迁与小范围更替方式的纠结：小范围更替出新的更新方式"治标不治本"，而大规模推倒重建式的更新方式"争议不断，矛盾频出"。

究其原因，主要表现在以下几个方面：1）行政管理体制改革的不健全。2）相关法律法规与政策的缺失。3）城市更新规划编制方法的滞后。4）城市更新决策机制的不完善。5）公众参与机制的不健全。

第二章 旧居住区更新相关理论基础

旧城更新一直是多学科竞相参与的研究课题，但不同的学科在关注方向和研究内容上也存在一定的差异。尤其是在经济"新常态"下的今天，"新常态"的经济发展模式引起城市发展模式的转型：由增量土地的外延扩张转向存量土地的优化更新[①]，旧城更新将成为未来一段时间内城市发展的重要方向。由于本书主要是对"旧居住区更新的综合评价"展开研究，根据评价结果和相关实证研究，提出新常态背景下我国旧居住区未来更新的规划路径。为此，根据研究需要，笔者对国外旧居住区更新相关理论进行了系统梳理和总结，主要从更新的动因、更新的目标、更新的评判标准三个横向维度对旧居住区更新相关理论进行重点解析，并以此作为本研究的理论基础，以期对后文的旧居住区更新评价的指标选取和未来更新发展策略的提出提供一定的理论支撑。

2.1 更新的动因：对社会、经济、政治因素变化的分析

2.1.1 需求理论：对社会因素变化的分析

（1）需求层次理论

美国著名行为学家、心理学家马斯洛（Maslow）在《人类动机理论》一书中首次提出了"需求层次理论"[②]。马斯洛认为："人类行为的驱动力来源于人自身发展的需要，并在人的需求形式中存在着部分共同的需求，并且这些需求呈现一定规律并呈现一定的次状态分布"。马斯洛将人的需求由低到高分为 5 个层次[③]（图 2-1）：

第 1 层次：生理需求（Physiological Need）。即人的最基本需求，也是人最强烈、最明显的需求，如：人对衣、食、住、行等的需要。

第 2 层次：安全需求（Safety Need）。当生理需求相对充分地得到了满足，接着就出现对安全的需求，如：人对安全、依赖、稳定、免收威胁、恐吓以及焦躁的折磨，对个人界限、体制以及法律的需求等。

第 3 层次：社交需求（Affiliation Need）。当生理需求和安全需求都很好地得到了满足，爱、感情和归属的需求就会产生。此时个人希望通过人与人之间的交往和接触，渴望在团体和家庭中有一个位置，希望得到社会、团体、家庭等的接受和认同。

第 4 层次：尊重需求（Esteem Need）。正常的人都期望有一种来自外界对他们尊重或具有

---

① 张磊."新常态"下城市更新治理模式比较与转型路径［J］.城市发展研究，2015，22（12）：57-62
② Maslow A H. A theory of human motivation［J］. Psychological Review, 1943, 50(4): 370-396
③ A.H. 马斯洛.动机与人格［M］.许金声，程朝翔，译.北京：华夏出版社，1987

较高评价的需求或欲望，如实力、成就、名誉、优势、威信以及面对世界时的自信、自强和自由的欲望等。

第5层次：自我实现需求（Self-actualization Need）。这是最高层次的需求，是实现个人对于自我发挥和完成（Self-fulfillment）的欲望，是个人价值或潜力得以充分实现的倾向，是对个人自身的内在本性更为充分的把握和认可。

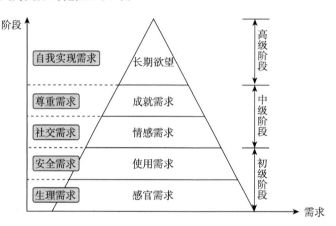

图2-1 马斯洛需求层次模型
来源：作者根据相关资料改绘

需求理论有助于解释居民需求的内容、特征以及层次，有助于更加有针对性地找出或弥补居民需求缺失的内容[①]。根据马斯洛的需求层次模型可以从理论上解释居民的"居住需求"系统，人类对"居住的需求"主要表现在以下四个方面：

1）第一层次需求：对住宅的生理需求

毫无疑问，住宅自身的居住功能必定是住宅的最基本功能，同时也是人生理需求的重要组成部分。可以说，满足"居住"功能而对住宅提出的各种需求是人类对住宅的最基本需求。反映在住宅需求内容上，如对住宅的功能组合、建筑面积、日照、通风采光以及供电、采暖、煤气、通讯等基本设施配置的需求。在各社会阶层中，这种基于人类最基本生理本能的需求，定然成为人类对住宅需求的最低层、最基础的内容。根据马斯洛需求理论，第一层次的需求（生理需求）更容易成为人类居住系统中"最基础、最强烈同时也是必不可少的最低层次的需求"，并且带有非常明显的基础性和迫切性特征。

2）第二层次需求：对住宅的安全需求

当第一层次的需求满足后，人类对住宅的安全需求也随之产生。精神现象学家黑格尔认为："自我安全"是自我意识的体现，而自我意识又是在生存基础上的本能表现。反映在住宅需求内容上，自我意识外在表现为个体对住宅内部功能和住宅外部环境的需求，在住宅的内部功能方面，应从人口学、社会学等学科来研究住宅居住的舒适性、适应性和灵活性，体现不同职业、不同家庭构成的人群对住宅的功能构成、空间构成的具体要求；在外部环境方面，居民对住宅的"安全需求"主要体现在对居住区的公共空间和公共设施的需求上，主要包括：居住区的治安和管理、游憩空间的质量、公共设施配套的便利性以及交通的可达性等。

---

① 朱玲.旧住区人居环境有机更新延续性改造研究［D］.天津：天津大学，2013

3）第三层次需求：住宅的社交需求

根据马斯洛需求理论，社交需求是基于住宅的"生理需求""安全需求"均得到满足后的更高层次需求，社交需求也同样深层次地体现在住宅的内部功能上，如满足社交需求住宅需要具备一定的空间尺度以及满足社交的特定功能空间等。

4）第四层次需求：尊重和自我实现需求

随着我国经济的快速发展和居住水平的不断提高，居民的居住观念和居住心理也在不断更新，并且有对住宅的内向性需求向住宅的外向性需求转变的趋势。此时，对住宅的需求已不再仅仅是满足日常生活的最基本需求，而逐渐上升为个人自我实现、自我发展和自我价值的资本，而且住宅的好坏也是个人身份和地位的象征。正如思里夫特和杰克（Thrift and Jack）所言："个人身份通过特定的消费行为（如购买住房、轿车）被强化和争议"。人们在购买特定商品（如住房）时，不仅仅是为了满足日常实际需要，同时也是自我价值实现的一种方式，通过这种方式可以体验一种新的主观地位[①]。

总体而言，在居民需求满足方面，居住区建设在硬件设施上取得了明显进展，居住区面貌也有了显著提升，居民的物质需求得到了更多的满足。但居住区建设对于居民的高层次需求尚且不足，居住区建设不仅仅是物质空间的建设，还涉及居住区文化、居民交往、居民个体发展等的建设，这些无形的需求有待进一步提高（表2-1）。

表 2-1　居民需求满足程度

需求层次	居住区建设对居民需求的满足效果	
	需求满足	存在问题
生理需求	物品丰富，生活便利，居住、医疗、娱乐设施越来越健全	有些设施（如娱乐设施等）仍不能满足居民需求，有些设施贪大求全，居民望而却步
安全需求	治安和公共安全设施日益完善；道路交通日益便捷	尤其是部分旧居住区治安状况不容乐观，交通安全令人担忧，公共安全不容忽视
社交需求	交往设施日渐健全，社团组织从无到有，逐步增多	参与社团和志愿活动的居民有限，年龄老化，社团和志愿活动自治程度低，居住空间分异增强
尊重和自我实现需求	居民的志愿活动和志愿者组织活动增多，居民的自我价值得到进一步实现	

资料来源：作者根据相关资料整理绘制

（2）双因素理论

双因素理论（Two Factor Theory）是美国心理学家和行为学家弗雷德里克·赫茨伯格（Fredrick Herzberg）于1959年提出，又可称为激励—保健理论（Motivator-hygiene Theory）[②]。赫茨伯格通过对匹兹堡地区的9个工业企业中的200多名工程师和会计师进行调查征询后发现，使受访人员不满意的因素与使受访人员感到非常满意的因素是不同的。使受访人员感到非常满意的

---

① 诺克斯，平奇.城市社会地理学导论［M］.柴彦威，等译.北京：商务印书馆，2005
② 叶浩生.心理学理论精粹［M］.福州：福建教育出版社，2000

因素通常是由工作本身产生的，而使受访人员感到不满意的因素通常是由工作环境引起的（表2-2）。赫茨伯格经资料整理后断言："工作的满意因素通常与工作内容有关，称为激励因素（与工作本身有关），工作的不满意因素通常与工作的周围事物有关，称为保健因素（与工作环境有关）"。

表2-2　赫茨伯格双因素理论

	激励因素（工作本身）	保健因素（工作环境）
特征	① 心理上的长期满足；② 满意 / 不满意；③ 重视目标	① 生理上的短暂满足；② 不满意 / 没有不满意；③ 重视任务
满意或不满意的来源	① 工作性质：内部的；② 工作本身；③ 个人标准	① 工作性质：外部的；② 工作环境；③ 非个人标准
表现出的需要	① 成就；② 成长；③ 责任；④ 赏识	① 物质的；② 社交的；③ 身份的；④ 安全的；⑤ 经济的

资料来源：作者根据相关资料整理绘制

而传统的理论认为，满意的对立面是不满意，赫茨伯格认为这种观点是不正确的。根据双因素理论，满意的对面是没有满意，而不是"不满意"，不满意的对立面是没有不满意，而不是"满意"，满意与不满意存在质的差别，而不是量的差别。因此，影响职工积极性的因素一般可以分为激励因素和保健因素两类，这两类因素彼此之间相互独立并且以不同的方式作用或影响职工的工作行为。赫兹伯格的双因素理论与马斯洛的需求理论两者之间是兼容并蓄的，并且众多学者认为双因素理论是马斯洛需求理论的进一步发展。只不过马斯洛的需求理论是针对需要和动机而言，而双因素理论是针对满足这些需要的目标和原因而言；马斯洛需求理论中的低层次需要相当于双因素理论中的保健因素，而高层次需要相当于双因素理论中的激励因素（图2-2）。

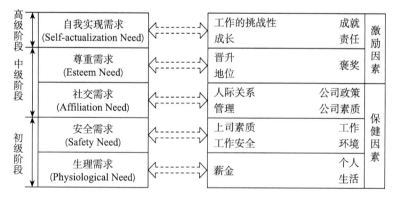

图 2-2　双因素理论与需求理论关系分析
资料来源：作者绘制

综上所述，需求理论和双因素理论有助于帮助我们理解旧居住区居民需求的内容、特征、重要性排序以及彼此之间的内在关系，有助于找出居民在旧居住区更新过程中的需求特征，同时有助于更加有目标性地弥补居民需求缺失的内容。

2.1.2　租隙理论：对经济因素变化的分析

租隙理论可以很好地解释旧城的再开发现象。1979 年 Neil Smith 从资本的视角分析旧城更新的绅士化现象时提出了著名的"租隙"理论（Rent Gap Theory），"租隙"是指潜在地租水平同现行土地使用下实际资本化地租之间的差异（图 2-3）。潜在地租（Potential Rent）是指土地在最高和最佳使用（Highest and Best Use）状态下所产生的超额利润，实际资本化地租（Capitalized Rent）是指土地在当前使用状态下所呈现的超额利润[①]。就长期而言，随着城市发展规模的不断扩张，城市中某一特定地块的潜在地租也在不断增加。相反的是，该地块上的建筑随着时代的变迁会逐渐老化（包括物质性、功能性老化）或破败，甚至是周边地区空间的差异化生产（如交通、环境等的改善）使其实际价值会逐渐降低，致使潜在地租与实际资本化地租之间的间隙逐渐增大。

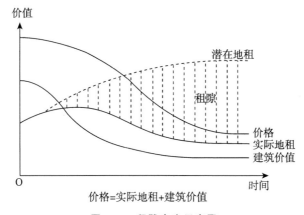

图 2-3　租隙产生示意图

资料来源：Smith N. Toward a theory of gentrification a back to the city movement by capital, not people［J］. Journal of the American Planning Association, 1979, 45(4): 538-548

Neil Smith 还认为，租隙可以成为分析旧城中诸多相关现象的有力工具[②]，如旧城衰败（Depreciation）、旧城再开发（Reinvestment）、土地用途变更（Land Use Change）等。为此，在政治经济学的基础上，Neil Smith 认为城市土地再开发周期大致经历了五个阶段，这五个阶段中土地潜在地租、实际地租以及开发成本均在不断发生变化，这五个阶段分别为：

第 1 阶段：初次开发阶段，固定资本的投资密度（即地上建筑物或附属物）符合当时潜在地租的土地使用，即当前的实际地租等于潜在地租。但随着时间的流逝，土地上的建筑物会逐渐老化和衰败，此时土地所有者的唯一"理性"（Rational）行为就是尽可能地减少资本投资（Disinvestment），仅对建筑物或附属物进行最低成本的维护甚至不维护，导致该地段再次逐渐走向衰败，租隙由此产生。

第 2 阶段：当衰败到一定程度时，建筑物的所有者逐渐将房屋由自用转为租赁或出售，在利益的驱使下，建筑物的所有者尽可能地减少建筑的维护费用；而对于租户而言，由于是临时居住且并非是自己的房屋，租户也任其进一步衰败。

　Smith N. Toward a theory of gentrification a back to the city movement by capital, not people［J］.Journal of the American Planning Association, 1979, 45(4): 538-548

②　Clark E. The rent gap and urban change: Case studies in Malmo 1860-1985［M］. Sweden: Lund University Press, 1987

第3阶段：由于整体维护水平的下降，衰败正在加剧，建筑的整体状况将进一步下降，进而引发人口开始流失，从而导致建筑物的自身价值和租金大幅下跌。

第4阶段：由于人口的流逝，房屋无人居住，维护资金的缺口引发社区整体环境的衰败，犯罪问题滋生，这一现象逐渐降低了社区的吸引力，社区正走向面临崩溃的边缘。由于城市经济发展和用地的不断扩展，潜在地租逐渐增大，而由于建筑物的衰败、老化以及整体环境的下降，导致地块的潜在地租与实际地租之间的差额也越来越大。

第5阶段：建筑物的衰败以及整体环境的恶化导致租隙进一步扩大，当租隙的扩张使取得该土地再开发工作的企业认为有投机性利润时，再开发得以实施，土地开始进入新的使用周期而开始另一循环。

通过对以上租隙理论的分析，我们可以发现：当租隙足够大[①]时是诱发旧城土地再开发的内在动因。旧城更新是城市建设活动中的一种，我国的旧城更新主要是通过旧城用地结构调整和房屋拆迁实现，旧城用地结构调整和房屋拆迁涉及政府、开发商、居民等多方利益，是一项较为复杂系统的工作。当前我国城市土地使用制度的市场化改革被视为是推动我国城市空间结构调整和功能布局完善的强力推进器[②]，旧城更新正是依托土地市场这一基础平台展开。因此，旧城更新再开发的关键是土地批租的成功，而土地批租能否成功的关键则是土地开发是否具有一定的经济合理性，也就是说，对于开发者而言，土地开发是否获得一定的投机性利润是土地获得开发的前提。

2.1.3　新自由主义政策论：对政治因素变化的分析

从政府财政危机开始的新自由主义化进程很大程度上压缩了政府的公共财政支出，城市的管制模式从凯恩斯的管理主义向新自由主义的企业化治理模式转变[③]。这种新的城市管理模式以市场为主导，以依赖于私有化、市场化的方式追求城市经济的增长、竞争力的提升和空间的重构。旧城更新也从以往的公共领域开放为以私人部门为主导的市场化领域，成为城市管制与治理、城市经营的重要组成部分。城市管理模式的转变，促使政府将老旧衰败地区、棚户区等区域的土地价值发挥到极致，政府充分运用自身掌握的土地资源，以市场化运作的模式进行大规模推倒式重建和开发，这也就解释了政府不断破坏原有城市空间肌理，继而在其上进行具有自我偿付能力的旧城更新热情[④]。

---

①　根据 Neil Smith（1979）理论，"租隙过大"是指土地开发者：（1）可以以低廉的价格取得所需之土地（或建筑附属物）；（2）认为购买房屋自住可获得利润；（3）负担得起开发建设所承贷资金之利息；（4）可自开发完成之住宅出售利润中获得满足。

②　郭湘闽.土地再开发机制约束下的旧城更新困境剖析［J］.城市规划，2008，32（10）：42-49

③　Harvey D. From managerialism to entrepreneurialism: The transformation in urban governance in late capitalism［J］. Geografiska Annaler, 1989, 71(1): 3-17

④　Webber R. Extracting value from the city: Neoliberalism and urban redevelopment［J］. Antipode, 2002, 34(3): 519-540

2.2 更新的目标：人类对可持续住区的追求

2.2.1 居住环境的可持续性内涵辨析

可持续发展理论是人类在对传统工业化发展模式两重性的反思，同时在借鉴现有理论成果基础上提出的一种人类社会新的发展模式理论。自 1950 年代开始，工业化给人类带来巨额财富的同时也给人类的生存环境带来了一系列严峻的问题，也给人类的生存与发展带来严重的障碍，因此，引起国际社会的普遍关注。在国际上，可持续发展概念是在 1972 年关于"人类环境主题"的斯德哥尔摩会议上第一次被正式提出①。其后，布伦特兰夫人（Brundtland）在世界环境与发展委员会（WCED）上发表《我们共同的未来》一文，她将可持续发展定义为："可持续发展是既满足当代人的需求，而又不损害后代人满足他们需求的能力"，报告还系统阐述了可持续发展的思想内涵。

首先，生态环境是城市可持续发展的基础。可持续发展要以保护自然环境为基础，城市发展要与资源环境承载力相协调。与传统的城市发展模式相比，可持续发展更加注重城市发展的质量与效率，尽可能地节约资源和废弃物排放，改变传统的生产方式和消费结构，在保持经济高质量发展的同时最大限度地避免环境污染，保护人类赖以生存的地球生态系统的完整性。

其次，经济发展是城市可持续发展的重要条件。可持续发展试图创新的城市发展模式鼓励经济增长，最终实现城市经济的高质量发展。经济实力是衡量一个国家或城市的发展水平和社会财富水平，这与西方国家悲观的"经济增长极限论"和发展中（或欠发达）国家发展实际的"零增长理论"形成强烈对比。

再次，社会民生是城市可持续发展的最终目标。可持续发展要以改善和提高人们的生活质量以及创造一个良好的居住生活环境为最终目标，这些目标与社会进步相适应，其具体内涵包括居民健康水平的提高和居民生活质量的改善，并创造一个保障人们享有安全、自由、平等、和谐的社会环境。

（1）居住区的可持续发展

在可持续发展内涵的基础上，部分学者从城市规划视角对可持续发展理论模型做了进一步研究。Campbell 建立了可持续发展的三角形模型（图 2-4），他将生态环境保护、经济发展、社会公平视为城市规划的三项主要目标，并认为三项目标之间的彼此冲突是城市规划所要解决的关键问题。Godschalk 在 Campbell 三角模型的基础上对其进行了修正，他认为城市规划应以空间设计为基点，并在三角形模型的基础上增加了"宜居性"（Livability）这一要素，从而建立了可持续发展的棱锥模型（图 2-5）。棱锥模型是以宜居城市和可持续发展为理论支撑，成功地将城市规划中存在的问题和最终目标进行了系统整合，从而实现了城乡规划学科再次向"空间"这一核心研究对象的理性回归，将城市规划工作理解为空间、规划与可持续发展三个支柱之间的关系协调②。同时，这一模型也进一步解释了西方城市规划界所提出的精明增长、新城市主义、

---

① Ward B, Dubos R. Only one earth［M］. London: Andre Deutsch Ltd, 1972

② Godschalk D R. Land use planning challenges: Coping with conflicts in visions of sustainable development and livable communities［J］.Journal of the American Planning Association, 2004, 70(1): 5–13

协同规划等理论是如何可以被置于一个整体理论框架之下，而非彼此割裂[①]。

综上所述，可持续发展理论是从人与环境二者之间辩证关系的视角出发，探讨人类生活行为与生产行为规范与准则的系统性理论[②]，对旧居住区的人居环境建设具有重要的指导作用和价值，是城市旧居住区更新综合评价的重要理论基础。

图 2-4 可持续发展的三角形模型   图 2-5 可持续发展的棱锥模型

资料来源：Godschalk D.Land use planning challenges:coping with conflicts in visions of sustainable development and livable communities［J］.Journal of the American Planning Association，2004，70（1）：5-13

（2）居住环境的可持续性

与居住环境有关的可持续性概念，可以分为经济、环境和社会的可持续性3类[③]（表2-3）。

一是经济可持续性。是指在维持地域环境和社会可持续性的同时，促进地域经济发展所做出的努力。为了地域的稳定发展，地域的产业、住宅和家庭的构成必须与地域的特征相适应，平衡发展。具体的评价项目包括：1）地域产业的发展；2）住宅供求的平衡；3）与社会发展相匹配的地区结构；4）维持地区的比较优势；5）营造良好的地区魅力和活动等。

二是环境可持续性。是针对实体环境的保护和改善所做的努力，包括：1）减轻对地球自然环境的负荷，并积极维护环境；2）为了恢复地球和自然环境而做出的努力。

三是社会可持续性。是指为了维持和增强地域非物质层面的特色而做出的努力，包括：1）维持和保护街区现有魅力：街区的品位、品牌的维持，有特色的历史、文化及地域性的传承，住宅类型的适当平衡，建造方法、材料和设计体现地方特色等；2）为街区增添新的魅力：创造地区新特色，便于对居住区进行更新改造，便于调整各种利害关系；3）保持街区社会的稳定性：社区的维持，以长期耐用的建筑为中心形成街区，街区内人口年龄构成的适当平衡。

表 2-3   与居住环境有关的可持续性分类项目

经济可持续性	地区的可持续发展	地区产业的平衡发展、住宅供给的平衡、灵活适应时代需求的可能性、地区相对优势的保持、地区魅力的塑造
环境可持续性	环境污染的预防	大气污染、水污染、土壤污染的预防

① Berke P, Godschalk D, Kaiser E. et al. Urban land use planning［M］. Chicago: University of Illinois Press, 2006

② 朱玲.旧住区人居环境有机更新延续性改造研究［D］.天津：天津大学，2013

③ 浅见泰司.居住环境评价方法与理论［M］.高晓路，张文忠，李旭，等译.北京：清华大学出版社，2006

环境可持续性	废弃物削减、资源的再利用、长期耐用性	废弃物分类、废弃物的减少和再利用，能够再利用材料的开发，水循环、雨水利用，房屋结构的长期耐用性、日常维护
	能源消耗的削减与有效利用	建筑物的节能、被动式系统、日照规划、利于通风的住宅布局、节能住宅、有效的城市结构、考虑徒步圈活动量的小型地区计划等
	生态系统的多样性	群落环境（各种生物安定的生息环境）
	城市气候的缓和	热岛现象、城市遮护层（Urban Canopy Layer）、屋顶绿化、表层土壤的维护等
	地球温暖化的预防	CO_2 排放量的控制、生命周期评价
社会可持续性	城市活动的平衡	适当的人口平衡、住宅的供给平衡、各种形式的住宅
	街道魅力的维持	街道的品位、品牌的维持，历史、文化及地区特色的传承
	住区改善和更新的容易性	调整权利关系的可能性、建设方式的适当平衡
	社会的安定性	良好社区的维持、可持续社区建设

资料来源：作者根据相关资料整理绘制

随后，Roberts 提出了推进居住环境可持续性的四项原则[1]，即：1）发展的可持续性：维持最低限度的环境资源，将环境变化的成本完全纳入城市活动之中，在决策中重视个人的意见，维持地域之间、世代之间的社会公正性；2）健全的地方经济：促进地区经济的多样化，促进充分就业，在决策上实行向地方政府下放权力；3）自给自足：资源的节省、资源移动量的最小化、废弃物移动量的最小化；4）地域的整合：地域空间与机能的整合。

川村、小门总结了要实现可持续的社区，城市开发应遵循"阿瓦尼原则"（Ahwahnee Principles），并提出社区设计与规划的方法，主要包括：1）生活中必需的各种设施和各种活动的枢纽应该设在公共交通车站的徒步圈内；2）提供多种类型的住宅；3）农业用地和自然空地在社区（群）的边缘配置；4）尽可能地保存社区内的自然地形、植被等；5）废弃物的最少化；6）追求水资源等的再利用；7）通过街道方向的规划、建筑物的布局、阴影部分的灵活利用等方式节约资源；8）地区的中心性设施应设置在城市中心地区；9）根据地区的历史、文化、气候等条件，采用体现地方特色的建设方法、材料等；10）维持市中心在提供办公、商业、娱乐等方面的吸引力。这些原则包括实现能源的节约和资源的有效利用的环境可持续性、发挥地区特色的社会可持续性、实现地区产业振兴的经济可持续性在内的可持续发展原则。

2.2.2　人与环境和谐共生居住模式的提出

在西方国家，可持续发展思想在城市规划建设中得到了充分应用，而社区作为城市经济、社会和文化活动的基本空间单元，是可持续发展思想在城市空间中的延伸和落实的具体体现。自1980年代以来，全球城市面临着交通拥挤、流行病蔓延、居住空间分异等一系列社会经济问

---

① Roberts P. Environmentally sustainable business: A local and regional perspective [M]. London: Paul Chapman, 1995

题，西方社区建设也开始由可持续性社区理念逐渐走向可持续性的社区规划和实践，可持续发展开始深入人心，并在世界范围内得到广泛传播和发展实践（表2-4）。

表2-4　1980年代以来西方的可持续社区发展历程

年代	主要研究进展
1981年	苏联著名的生态学家雅尼兹基（Yanistky）将可持续性社区规划划分为自然地理层面、社会层面、人类社会生态层面三种认知层面，该理念使传统的物质性规划转向可持续发展的综合方向发展
1985年	德国建筑师格鲁夫（S. Grove）提出了"都市型社区"概念，提出以人性化、生态化为特色来营造"现代都市型社区"，倡导城市要体现环境与人文和谐共生的"可持续性社区"模式
1980年代初期	布伦特兰夫人（Bruntland）的《我们共同的未来》(Our Common Future)一书中提出了"可持续发展"的思想，这成为国际社会认可的"可持续性社区"发展思想的核心理念
1990年代初期	丹麦大地之母（GAIA）信托基金出版的《生态有机村报告》(The Research Paper of Ecological Village)，正式提出生态有机村（又称绿色社区）的成形概念，其被认为是可持续性社区规划实践的开始
1990年	马修·卡恩（Matthew E. Kahn）在2008年出版的《绿色城市：城市发展与环境》(Green Cities: Urban Growth and the Environment)一书中，重点探讨了社区空间的生态化建设理念，即以绿色社区的营建来推动社区可持续发展
1991年	契斯佳科娃（C. B. Qisikoba）总结了俄罗斯城市规划部门的可持续规划实践，提出了社区可持续发展的原理和方法，如：（1）社区规划布局中解决自然环境保护问题的比重；（2）生态节能建筑设计；（3）邻里社区的业态与人口之间的联系；（4）生态要求与居住区改建原则等
1996年	澳大利亚开始了生态可持续性社区规划，由澳大利亚城市生态委员会（UEA）统一组织实施，并以澳大利亚的阿德莱德（Adelaide）市进行了社区生态可持续发展规划实践
2001年以后	欧洲已有生态有机村落57个，加拿大也开始了绿色社区的开发和实践，并利用政府基金设立专门的绿色社区营造协会，进行绿色社区的认定和建设人员的培训工作，从而推动绿色可持续社区的快速发展

资料来源：作者根据相关资料整理绘制

美国LEED-ED认为，可持续住区应该具备精明（Smart）、健康（Healthy）、绿色（Green）的特点，倡导紧凑开发，创造适宜步行的社区环境，重视社区活力和土地混合使用，强调不同社区之间的密切联系。社区作为城市的基本活动单元，包括居住、工业、商业、游憩（公共活动场所）以及其周边自然环境[①]。

美国华盛顿特区ICMA项目负责人Don Geis和Tammy Kutzmark教授在《开创可持续社区：未来从现在开始》中指出："一个可持续的社区必须同时包括以人为本和对自然环境的尊重两个方面，并提倡用创新的手段或新技术方法为这两个方面服务"。

英国地方政府和社区发展组织认为："可持续社区是实现经济、社会、环境三者协调发展的

---

① 李王鸣，刘吉平. 精明、健康、绿色的可持续住区规划愿景：美国LEED-ND评估体系研究 [J]. 国际城市规划，2011，26（5）：66-70

社区"。

在 2005 年 12 月召开的欧洲能源部长级会议上，欧盟成员国在《"可持续社区发展"更为详细的报告——"布里斯托尔协定"（Bristol Accord）》中将"可持续住区"定义为："无论是现在还是未来，这里可以满足已经入住的或将来会入住居民的不同生活需求，这里可以为人们提供高质量的生活环境，安全且经过精心的规划设计，可以为所有居民提供公平的就业机会和优质的社会服务"。

"布里斯托尔协定"还提出了可持续社区发展的 8 项原则 [①]（图 2-6）：

1）有活力的、包容的、安全的居住社区——公平、包容和有凝聚力的社区文化及易于分享的社区活动。

2）良好的社区管理——具有有效、全面的沟通机制和平台，使社区居民都能够积极参与到社区营建和管理。

3）密切的社会联系——居民与中小学校、医院、超市等公共配套设施有着便利的交通和通讯联系。

4）良好的服务体系——全面、良好的公共服务体系和私营服务型机构，能够满足社区居民的日常需求和社区的良好运转。

5）环境友好型社区——为居民提供舒适的居住空间和良好的居住环境。

6）繁荣的地方经济——可提供足够的培训和就业机会。

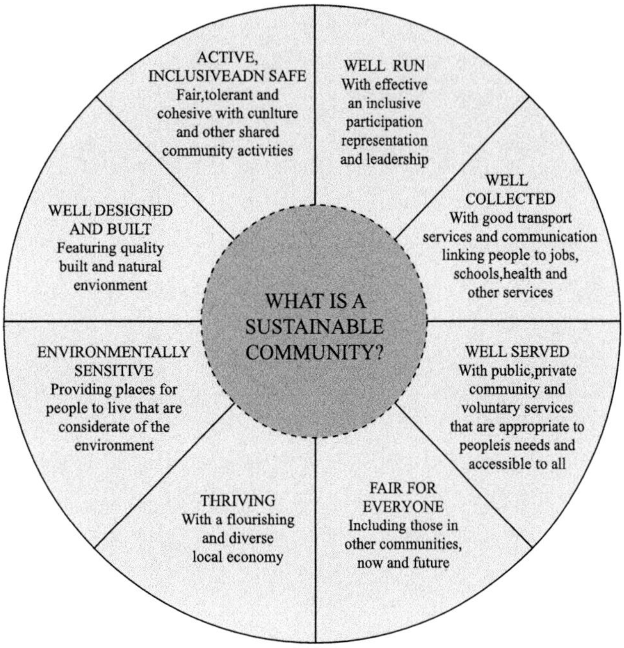

图 2-6　可持续住区内涵

资料来源：转引自王朝红. 城市住区可持续发展的理论与评价：以天津市为例［D］. 天津：天津大学，2010

7）可持续的规划与建筑——高品质、绿色环保型建筑及优越的生态环境。

8）公平——不论是对本社区还是其他社区的居民来说。

从以上 8 项原则可以看出，"布里斯托尔协定"从经济、社会、环境、交通等方面剖析了可持续住区的内涵。

我国学者北京大学吕斌教授认为可持续发展社区应该包括以下 7 个方面 [②]：1）社区应富有自己的特色；2）社区应保持与自然共生；3）减少小汽车利用的交通规划；4）社区应具备混合功能；5）保持开敞空间；6）具有多样性与个性的住宅；7）开发节能、节源技术。

基于以上国内外学者对可持续住区的概念和内涵的认知，笔者认为，可持续住区主要应包含以下几个方面：

---

① 王朝红. 城市住区可持续发展的理论与评价：以天津市为例［D］. 天津：天津大学，2010

② 吕斌. 可持续社区的规划理念与实践［J］. 国外城市规划，1999（3）：2-5

1）倡导"人与自然共生"的和谐思想，倡导生态化生态循环发展的空间思维，包含"环境永续化、社会永续化、经济永续化"三维理念，具有"适当的地域范围与人口规模，具备共同的生态文化意识，是环境宜人、社会和谐与经济高效的生态化发展"的居住区[①]。

2）强调社区归属感与场所感，注重人与人之间的空间联系，追求社区空间环境的生态永续性。可持续社区的特色主要表现为强烈的归属感、标志性建筑、历史文化传统的延续、社区公正参与意识、与自然共生协调、步行可达空间邻里尺度、集约型的土地利用、多样性的住宅以及低碳、节能技术应用等[②]。

3）强调满足现有和未来居民、子孙后代以及其他使用者的各类需求，促进生活品质的提升，并能够给居民提供机会和选择，使其以有效合理利用自然资源，提升社区空间环境，促进社区意识及社区规划，加强经济社会繁荣等方法来实现可持续发展[③④]。

2.3 更新的评判标准：对旧居住区更新的衡量

城市旧居住区更新的社会、经济绩效评估，一直是西方国家城市规划学界研究的重要课题，同时也是旧居住区更新实践链中不可或缺的重要环节。1976年在温哥华举办的联合国首届人居大会上提出"以可持续发展的方式提供住房、基础设施和服务"的目标，同时提出"反映可持续发展原则的人类住区的政策建议"和"持续性住区"的规划、建造以及相关管理的政策建议，并明确指出：建立持续有效的旧居住区更新监督和评估程序，是旧居住区更新工作必不可少的一项重要内容，同时也是改善和提高旧居住区环境质量的前提和保证。英国著名学者 Peter Roberts 教授在《城市更新手册》(Urban Regeneration: A Handbook) 一书中认为："衡量、监督和评估是城市更新中不可或缺的一个重要环节，这个环节起始于识别所面临的挑战，接下来是一系列编制规划和战略的过程，然后实施并最终完成"[⑤]。此外，Peter Roberts 教授还构建了一个实现城市更新评估的方法论模式，他把评估对象分解为：战略目标、投入和开支、活动衡量、产出和结果衡量、全部影响衡量和纯粹影响 6 个部分（图 2-7）。

① Haight D. A process for the development of sustainable Canadian communities [M]. Guelph: University of Guelph, 2001

② Hsine R. Guidelines and principles for sustainable community design [M]. Chair of Committee: Keith Grey. Florida A&M Univers, 1996

③ Lee Y J. Context and components of sustainable communities: Case study of Taipei, Taiwan [J]. Journal of Environmental Psychology, 2006(10): 192-208

④ Portney K E. Taking sustainable cities seriously [M]. Cambridge: The MIT Press, 2003

⑤ Roberts P, Sykes H. Urban regeneration: A handbook [M]. London: SAGE Publications of London, 1999

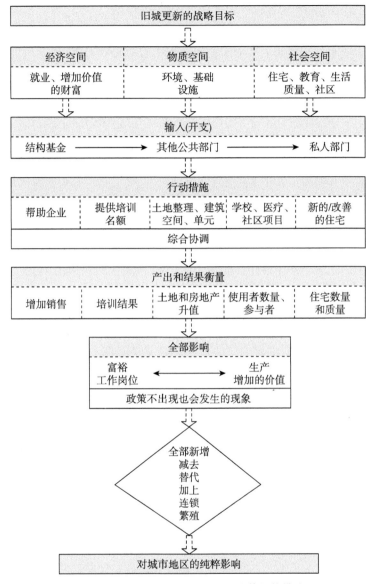

图 2-7 项目实施后的城市更新政策评估模式

资料来源：Peter Roberts, Hugh Sykes.Urban regeneration：A handbook [M].
London：SAGE Publications of London, 1999: 206

2.3.1 国外旧居住区更新的评判标准

根据国外相关研究成果，本书将欧美国家的旧城更新划分为以下 3 个阶段，每个阶段的更新背景、更新方式以及更新评判标准均存在一定的差异性（表 2-5）：

1）在 1960 年代以前欧美等国家的大规模清除贫民窟阶段，政府对城市中现存的大量旧居住区进行了推倒式重建。通过重建，改善了居民的居住环境，提高了居民的生活水平，但由于操作方式欠佳，导致了大量传统有机社区的肌理和传统文化遭受严重破坏，同时也产生了大尺度、非人性化的居住大街区，进而滋生为犯罪、吸毒的温床等①。

2）1960—1970 年代带有福利色彩的社区更新逐渐取代了推土机时代的大规模重建，城市更新制度转向对弱势群体的关注，强调被更新社区的居民能够享受到旧城更新带来的社会福利和公共服务。但由于受到多种因素的限制和可实施条件的制约，这种关注社会福利的福利式社区更新不可避免地产生了"政府承诺与实际更新绩效之间存在巨大的落差"②。

3）1980—1990 年代基于市场导向的旧城再开发方式也备受争议，私有部门被视为拯救城市衰退地区经济的首要力量，政府部门首次在旧城更新中退为次要角色。例如 1980 年代整个英国充斥着各种房地产开发项目，商业、办公、贸易中心、城市综合体等重点项目成为这一时期英国主要的更新模式。尽管这种更新方式在商业运作上是成功的，它们吸引了更多的私有部门参与到旧城更新中，塑造了城市的良好形象，但这种公私联盟的更新方式产生了利益与责任之间的矛盾——政府和开发商享有了旧城更新带来的所有利益，而本应由政府承担的社会责任以及由市场承担的经济风险则由居民买单。众多学者对这种更新模式下的利益研究发现，这一时期公私联盟的更新方式普遍加剧了社会阶层之间的收入差距，管理者或决策者宣称的"涓滴效应"③实际上是不存在的。相反，更新所造成的二元、冲突的城市则快速增加。与西方国家相似的是，近些年来我国政府与商业部门合作推动的大量旧城更新项目也是导致中国城市贫困加剧的重要推手之一④⑤。

表 2-5　西方国家旧城更新的历程与评判标准

	第一阶段	第二阶段	第三阶段	第三阶段
时期	1960 年代以前	1960—1970 年代	1980—1990 年代初	1990 年代以后
相关背景	战后繁荣日期	普遍的经济增长和社会富足	经济增长趋缓和自由主义经济盛行	人本主义和可持续发展深入人心
主要政策和计划	英国的《格林伍德住宅法》（1930）、美国的《住宅法》（1937）	美国的现代城市计划（1965）、英国的地方政府补助法案（1969）	英国城市开发公司、企业开发区（1980）美国税收奖励措施	英国的城市挑战计划（1995）欧盟的结构基金（1999）
更新特点	推土机式的重建	国际福利主义色彩的社区更新	房地产开发为主导的旧城再发展	物质环境、经济和社会多维度的社区复兴
战略目标	清理贫民窟：清除快速增长城市中的破败建筑，提升城市形象	向贫穷开战：提升已有房屋居住环境，通过提高社会服务解决人口社会问题	市场导向的旧城再开发：市中心修建标志建筑和服务娱乐设施吸引中产阶级回归，复兴旧城经济活力	高度重视人居环境：提倡城市多样性和多用途性，注重社区历史价值保护和社会肌理保持

---

① Hartman C. Relocation: Illusory promises and no relief [J]. Virginia Law Review, 1971, 57(5): 745
② Wassenberg F. Demolition in the bijlmermeer: Lessons from transforming a large housing estate [J]. Building Research and information, 2011, 39(4): 363–379
③ "涓滴效应"：又称涓滴理论或滴漏效应，是指在经济发展过程中并不给予贫困阶层、弱势群体或贫困地区特别的优待，而是由优先发展起来的群体或地区通过消费、就业等方面惠及贫困阶层或地区，带动其发展和富裕，或认为政府财政津贴可经过大企业再陆续流入小企业和消费者之手，从而更好地促进经济增长的理论。
④ 刘玉婷. 中国转型期城市贫困问题研究：社会地理学视角的南京实证分析 [D]. 南京：南京大学，2003
⑤ 袁媛，吴缚龙，许学强. 转型期中国城市贫困和剥夺的空间模式 [J]. 地理学报，2009，64（6）：753–763

续表

	第一阶段	第二阶段	第三阶段	第三阶段
更新对象	贫民窟和物质衰退地区	被"选择的"旧城贫民社区	城市旧城区域	城市衰退地区和规划欠佳的非衰退地区
空间尺度	强调地方性的宗地尺度	宗地和社区级别	由宗地向区域尺度转变	社区和区域尺度
参与者	中央政府主导	中央政府与地方政府合作，社区和私有部门参与度低	政府与私有部门的双向伙伴关系，社区居民的意愿被剥离	政府、私有部门和社区的三向合作，强调社区的参与和作用制衡
管制特点	政府主导，自上而下	政府主导，自上而下	市场主导：自下而上	三方合作：自上而下与自下而上相结合
评判标准	以单纯的物质环境改善为评判标准	以居民享受到旧城更新带来的社会福利和公共服务为评判标准	以经济增长为主要的衡量标准	以追求物质环境、经济和社会空间的多元效益为评判标准

资料来源：作者根据相关资料整理绘制

　　对于旧城更新"好"与"坏"的衡量，很难有绝对的评价标准，即使是相对标准也很难成立。通常来说，旧城更新的评判标准是希望能够达到经济—社会—环境三者之间的一种合理关系和秩序。然而在旧城更新的实践过程中，存在着空间资源的稀缺性以及不同利益主体之间的利益诉求不同，所以构成了多元化、差异化的评判语境。正如哈维所言："每一个维度均有各自的评判依据，每一种都有各自的逻辑和规则，令人眼花缭乱而迷惑。但这仍缺乏立场，因为对于同一城市更新存在着多种高度分化的主张"[1]。进而哈维从以下 7 个方面对旧城更新的绩效进行考量[2]：1）追求效率的主张。比如在旧城区拓宽道路，旨在缓解旧城交通拥堵的现状，促进整个旧城以及周边地区物流和人流流动更加快捷。2）追求经济增长的主张。比如旧城用地的置换，将原来的居住用地置换为商业用地，一方面可以发挥土地价值的最大化，另一方面可以创造更多的就业机会和更多的财富，政府也可以通过土地出让和税收获得可观的财政收入。3）保护美学和历史遗产的主张。他们往往对旧城更新持反对意见，认为有吸引力的历史痕迹的城市和有历史文化厚重感的历史社区将遭受毁灭性的打击。4）邻里关系的主张。认为旧城更新可能会摧毁、分裂和扰乱了原有社区及社会关系。5）环境保护的主张。如因修建或拓宽道路带来严重的噪声污染和环境污染，并破坏旧城环境和肌理。6）分配主义的主张。他们更加关注旧城更新的利益分配问题。7）邻里友谊和社群主义的主张。认为旧城更新可能摧毁、分裂和扰乱居民彼此之间多年形成的、紧密相连的居住社区，而这些社区自身往往又非常脆弱和敏感。

　　①　Harvey D. The limits to capital［M］.Chicago: University of Chicago Press, 1982

　　②　Harvey D. Social justice, postmodernism and the city［J］. International Journal of Urban and Regional Research, 1992, 16(4): 588–601

2.3.2　国内旧居住区更新的评判标准

1976 年在温哥华举办的联合国首届人居大会中提出："为了提高住区环境质量，必须建立持续有效的监督和评价程序。监督和评估的首要步骤就是确定评估指标，评估指标既要反映数量，又要反映质量"。当前，对旧城更新的绩效评价研究是当下旧城更新研究的热点。自 1980 年代中期以来，国内众多学者陆续从不同视角对旧城（旧居住区）更新的绩效展开研究，并取得了众多重要研究成果。

1）从生态学和环境学角度出发，提出了旧居住区更新的评价策略。如田轶威[①] 从杭州市旧居住区现状特征分析出发，利用层次分析法（AHP）、Monte Carlo-AHP 分析法以及方向模拟分析法研究了旧居住区更新的评价策略，并相应形成了旧居住区现状评价指标体系和权重分析，从方法论视角形成了一个相对完整的旧居住区更新评价体系。杨沛儒[②] 通过"生态容积率（EAR）"这一绩效评估的生态规划工具，探讨了在城市更新过程中，如何通过生态容积率这一工具来减少城市环境的碳排放，从而达到应对城市开发强度控制这一问题。

2）从居住的环境角度出发，评价更新后的旧居住区能否满足居民物质和精神生活需要。刘勇[③] 以上海第一批综合改造的旧居住区为例，对更新后居民满意度进行了调查，分析了居民对更新效果评价、更新后的居民满意度评价以及更新过程评价三者之间的相互关系。陈浮[④] 从"公众视角"出发，通过问卷调查，构建了一套具有"人文关怀"的可持续评价指标体系，并对南京市的部分旧居住区进行了实证研究，在此基础上提出了居住区"满意度"的定义。李建军[⑤] 在对马斯洛需求理论、道萨迪亚斯人类聚居学说等研究成果进行梳理和总结的基础上，构建了包括 4 层共 85 项指标的城市旧居住区更新宜居评价体系。

3）从可持续发展的视角出发，从经济可持续、社会可持续、环境可持续三个维度对城市人居环境质量进行综合评价。王朝红[⑥] 以美国 LEED 社区规划和英国 BREEAM Communities 可持续社区评价体系为基础，从环境、社会、经济三个维度构建了我国居住区可持续发展的评价体系，并以天津市为例进行了实证研究。邓堪强[⑦] 以问卷调查、定量测定的方法确定了旧城更新的经济可持续性、社会可持续性、环境可持续性三个维度的评价指标体系，构建了旧城更新"拆、改、留"三种模式的可持续评价模型，并以广州市为实例进行了可持续评价的实证研究。

上述研究都从不同视角对旧居住区更新评价进行了研究，但分析发现，目前我国旧居住区更新评价研究尚仍存在众多不足之处。主要有：

第一，在研究方法上，现有众多研究多从旧城现象着手，从定性角度对旧城更新进行评价，也有部分学者利用相关数学模型介入旧城更新评价中，但量化评价的标准由于研究者的立场不同而不同，在后续的旧城更新评价研究中，应增加评价指标的量化研究，采用定量评价与定性评价相结合，使旧城更新评价更加合理、客观和切实有效。

---

① 田轶威. 基于低碳目标的杭州既有城市住区改造策略与方法研究 [D]. 杭州：浙江大学，2012
② 杨沛儒. 生态容积率（EAR）：高密度环境下城市再开发的能耗评估与减碳方法 [J]. 城市规划学刊，2014（3）：61-70
③ 刘勇. 上海旧区居民满意度调查及影响因素分析 [J]. 城市规划学刊，2010（3）：98-104
④ 陈浮. 城市人居环境与满意度评价研究 [J]. 城市规划，2000，24（7）：25-27，53
⑤ 李建军，谢宝炫，马雪莲，等. 宜居城市建设中旧住宅区更新宜居评价体系构建 [J]. 规划师，2012，28（6）：13-17
⑥ 王朝红. 城市住区可持续发展的理论与评价 [D]. 天津：天津大学，2010
⑦ 邓堪强. 城市更新不同模式的可持续性评价 [D]. 武汉：华中科技大学，2011

第二，在研究视角上，缺乏从居民"使用者需求和价值取向"视角对旧城更新评价的研究。现有旧城更新评价研究大多从"自上而下"或旧城现状特征着手，缺少对人类居住心理需求方面的考虑，达不到从"公众视角"出发来评价旧城更新的目的。

第三，在对研究对象的时间序列上，大部分研究主要对更新前的现状评价研究，其目的是为后续的旧城更新规划提出针对性的更新策略，缺乏对旧城更新使用后评价的研究。然而，旧城更新不是一个单向发展的线性系统，而是一个螺旋发展的环形系统，需要在旧城更新使用后对旧城更新的效果及其产生的影响进行验证、衡量以及评价，以此对更新规划设计进行控制和反馈，这样才能针对现存问题提出合理的更新对策和建议，这才算是旧城更新项目的全生命周期。

2.4 本章小结

本章的主要内容是从更新的动因、更新的目标、更新的评判标准三个横向维度对国内外旧居住区更新相关理论进行了剖析和系统总结，并以此作为本研究的理论基础，以期对后文的旧居住区更新评价指标选取和旧居住区更新规划路径的提出提供理论支撑。

1）更新的动因：对社会、经济、政治因素变化的剖析。通过需求理论、租隙理论和新自由主义政策论三个典型理论，分别从社会、经济、政治三个因素剖析了旧居住区更新的动力机制和内在需求特征。需求理论有助于解释居民需求的内容、顺序及其相互之间的关系，有助于找出居民在旧居住区更新中的需求特征，有助于更加有目标性地弥补居民需求缺失的内容。通过对租隙理论的研究发现，当租隙足够大时是诱发旧城土地再开发的内在动因。新自由主义政策论从政治因素层面剖析了旧城更新的内在动因——城市企业化治理模式。这种新的社会经济治理模式以市场为导向，以依赖于市场化、私有化的方式追求城市经济增长与竞争力重构。城市更新也从过去被认为的公共领域，开放为由私人部门主导的市场或半市场化领域，并成为城市经营理念的重要组成部分。

2）更新的目标：人类对可持续住区的追求。主要从可持续发展理论、新城市主义理论、精明增长理论、可持续住区四个理论，重点阐述了旧居住区更新应从人与环境二者之间辩证关系的视角出发，探讨人类生产行为和生活行为准则与规范二者之间的辩证关系。以上四大理论对城市旧居住区更新有着重要的指导作用，同时也是城市旧居住区更新评价理论体系构建的重要理论支撑。

3）更新的评判标准：对旧居住区更新的衡量。对旧城更新的社会、经济、环境绩效的评估，一直是西方学界的重要研究方向。然而，对于旧城更新绩效"好"与"坏"的衡量，很难有绝对的标准，即使是相对标准也很难成立。其主要原因是：在旧城更新的实践过程中，存在着空间资源的稀缺性以及不同利益主体之间的利益诉求不同，所以构成了多元化、差异化的评判语境。正如哈维所言："每一个维度均有各自的评判依据，每一种都有各自的逻辑和规则，令人眼花缭乱而迷惑。但这仍缺乏立场，因为对于同一城市更新存在着多种高度分化的主张"[1]。通常来说，旧城更新的评判标准是希望能够达到经济—社会—环境三者之间的一种合理关系和秩序。

---

[1] Harvey D. The limits to capital [M].Chicago: University of Chicago Press, 1982

第三章　城市旧居住区更新的评价理论与体系构建

　　城市规划实施评价是城市规划工作的重要组成部分，几乎贯穿了城市规划的始终。在城市规划工作开展之前，做与不做、如何去做、做到何种程度等就是一种评价，当这一工作结束，如果想要衡量做得怎样，是否达到了预期目标，是否产生了想要起到的作用等，这也是一种评价[①]。

　　对于旧居住区更新评价而言，旧居住区更新是一项复杂的综合性系统工程，它涉及经济效益、环境效益、社会效益等多方面的平衡，直接关系居民、开发商以及政府部门的利益分配。本书根据旧居住区更新周期的不同，将旧居住区更新评价划分为以下三个阶段：（1）事前评价——更新前现状评价：评价者主要对旧居住区的现状进行详细的调查、分析和评价，通过评价发现旧居住区现状存在的主要问题。同时，根据现状的调查与分析，对旧居住区是否需要更新、如何更新以及更新到何种程度进行初步预判。（2）事中评价——更新中的规划评价：主要是对设计为未来可能所产生的经济效益、环境效益以及社会效益进行综合评价，从而确定最优设计方案。（3）事后评价——更新使用后评价：主要对旧居住区更新实施后的使用情况进行评价，其目的不是为了构建一套固定的评价体系，而是希望更新使用后评价能成为旧居住区更新工作中的重要组成部分。同时，更新使用后评价并不单单是为了评价而评价，而是希望在评价的过程中发现问题，以此对后续的更新进行控制和反馈，这样才能针对现存问题提出合理的对策和建议，这才是一个更新项目的全生命周期[②]。为此，构建一个合理的评价体系是旧居住区更新评价一项必不可少的基础性工作，由于时间、篇幅和专业的限制，本书主要针对更新前的现状评价和更新使用后评价展开重点研究，而对更新中的规划评价不做进一步研究。

3.1　评价的基本理论与方法

3.1.1　概念阐述：评价、综合评价与评价体系

　　美国著名心理学家 J. P. Guilford 提出"智能结构论"，他将人类智能分为记忆能力、认识能力、聚敛思考能力、扩散思考能力和评价思考能力五大类，其中评价思考能力是人类最高级的思维活动。为此，他从心理学的视角将评价定义为："评价是指个人或群体依据某种特定标准，对事物所做的价值性判断或取舍"[③]。古巴学者 X.P. 法别洛认为："评价是对被评价对象客观的科学认识，并认为构成评价判断的基础和利益必须符合人类社会的利益和需求，符合社会发展的

　　① 孙施文，周宇 . 城市规划实施评价的理论与方法 [J]. 城市规划学刊，2003（2）：15-20，27
　　② 吕晓田 ."宜居重庆"背景下旧居住区改造综合评价研究：以人民村片区为例 [D]. 重庆：重庆大学，2011
　　③ 陈宇 . 城市景观的视觉评价 [M]. 南京：东南大学出版社，2006

时代要求和客观趋势"[①]。而我国学者秦寿康等认为："评价是指按照预定的目标确定研究对象的属性（指标），并将这种属性变为客观定量的计算或主观效用的行为"[②]。

《现代汉语词典》对评价的定义为："评价是指评价价值的高低。可以说，评价与价值之间密不可分，价值是一个关系概念而非实体概念，是指客体与主体之间的需要关系，即：评价是主体根据一定的标准对评价客体所做出的权衡、比较和判断，实质是判断客体满足主体需要的程度，其根本目的是为下一步的行动计划提供依据"。

总体来说，国内学界一致认为评价具有以下几个方面的特征：1）评价的主观性，评价是主体对客体价值事实的主观反应；2）评价的主体性，评价反映的内容并不是客体属性的全部，而是客体对于评价主体的意义和价值需求，所以说，评价有主体性特征；3）主体的需要，评价要借助一定的评价标准或规范，它反映了主体对客体的需要；4）评价的价值，评价结果不仅有描述意义和认知意义，更重要的是对其价值的性质、大小、变化及可能性意义，它服务于主体的时下选择和行为方向[③]。

综合评价又称多指标综合评价或系统综合评价 (Comprehensive Evaluation，简称 CE)，是指对以多属性体系结构描述的对象系统所进行的客观、公正、合理的整体性评价[④]。简单地说，如果把被评价对象视为系统的话，上述问题可抽象表述为：在若干个同类系统中，如何识别哪个系统的运行或发展的状况较好，哪个系统运行或发展的状况较差，并对这些系统运行状况的好坏赋予一个评价值，又称评价指数，再据此择优或排序。以上就是一类常见的综合判断问题，即多属性（或多指标）综合评价问题（The Comprehensive Evaluation Problem）。对于有限个方案的决策问题来说，综合评价是决策的前提，而正确的决策源于科学的综合评价，甚至可以说，没有科学的综合评价就没有正确的决策。对旧居住区更新这一复杂系统进行的评价，通常就属于综合评价的范畴，需要建立一套适用的多指标综合评价体系来实现，从而判断出旧居住区更新前或更新后的某个系统运行的好与坏，为下一轮的旧居住区更新规划提供依据。

综合评价体系是指根据某一类评价对象的特征或评价目的，以相关统计资料为依据，借助一定的评价手段和方法，对不能直接加总、性质不同的评价内容进行综合，得出概括性的结论，从而揭示事物的本质及其发展规律的系统[⑤]。

一般来说，综合评价体系的构成要素主要有以下几个方面（图 3-1）：

1）评价主体：是评价过程的实施者，是发动和进行评价活动的人，可以是某个人或团体。评价城市

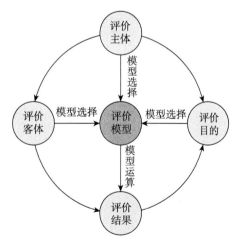

图 3-1 综合评价体系的构成要素关系图
资料来源：作者绘制

① X.P. 法别洛，李树柏. 评价的真理性问题 [J]. 哲学译丛，1984（6）：26-31
② 秦寿康. 综合评价原理与应用 [M]. 北京：电子工业出版社，2003
③ 马俊峰. 评价活动论 [M]. 北京：中国人民大学出版社，1994
④ 王宗军. 综合评价的方法，问题及其研究趋势 [J]. 管理科学学报，1998，1（1）：73-79
⑤ 田蕾. 建筑环境性能综合评价体系研究 [M]. 南京：东南大学出版社，2009

规划的主体理应是与城市规划密切相关的所有"利益相关者"（Stakeholders）[1]。对于旧居住区更新而言，评价主体可以是居民、开发商、规划师乃至有关的城市管理部门或学术团体等。

2）评价对象：即评价的客体，评价活动所指向、所要把握的对象。本书中的评价对象是指旧居住区。

3）评价指标：是指刻画评价对象所具有某种特征大小的度量，它是帮助人们理解事物如何随时间发生变化的定量化信息，反映总体现象的具体数值和特定概念的综合[2]。当然，每项指标对于评价对象的重要性不尽相同，还需要科学合理地设置指标权重配置。对于本书而言，评价指标即是旧居住区更新环节所涉及的所有因素的集合。

4）综合评价模型：将评价对象的特征分为若干个层次，如：类别（Category）—项（Issue）—条目（Iterm）—子条目（Sub-item）—指标（Indicator），通过一定的数学模型将多个评价指标值"合成"为一个总的综合评价值。现有的可用于"合成"的数学方法（数学模型）较多，其特点、方法和用途也不相同，为此需要评价主体根据评价客体的类型、特征、属性以及评价目的来选择较为合理的"合成"方法。对于旧居住区更新而言，由于旧居住区系统的复杂性，评价主体可根据评价目标、内容以及深度要求等的不同来分层次构建一系列综合评价模型，并按照一定的技术路线分别进行评价。

3.1.2 评价流程：评价的基本流程与步骤

合理的评价流程与步骤是进行有效评价的保证。评价可分为评价准备阶段—评价进行阶段—评价结束阶段3大评价流程，具体又可分为以下12个步骤[3]（图3-2）：

（1）评价准备阶段

1）确定评价对象。确定评价对象就是根据评价目标和任务确定评价的范围与内容，在此过程中，应充分领会决策者的意图，确保最终评价结果有效和有价值。同时还需细致剖析评价对象的内外层次关系，以利于后期评价指标系统的建立。

2）明确评价目标。评价时考虑的因素因评价目标的不同而不同，需清晰掌握每次评价的目标以及为此目标所应注意的具体事项，并对评价成立与否适当预判。

3）资料信息的搜集分析。集中搜集评价中可能用到的各类资料和信息数据，进行信息分析与数据整理，并在此过程中通过抽样调查、核实考证来确保资料信息的准确度。

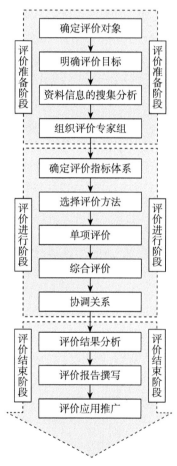

图3-2 评价流程
资料来源：蒋楠.近现代建筑遗产保护与适应性再利用综合评价理论、方法与实证研究［D］.南京：东南大学，2013

---

① 周国艳.城市规划评价及其方法：欧洲理论家与中国学者的前沿性研究［M］.南京：东南大学出版社，2013

② 吴志强，蔚芳.可持续发展中国人居环境评价体系［M］.北京：科学出版社，2004

③ 蒋楠.近现代建筑遗产保护与适应性再利用综合评价理论、方法与实证研究［D］.南京：东南大学，2013

4）组织评价专家组。专家组成员构成应考虑技术、管理、评价等多方面的综合，其资格、组成及工作方式均应满足评价专家的要求，确保评价的公正与权威。

（2）评价进行阶段

1）确定评价指标体系。根据评价任务与目标的需要，能够全面系统地反映某一特定评价对象的一系列较为完整的、相互之间存在有机联系的评价指标就是评价指标体系。评价指标体系的确立是整个评价过程的关键步骤。

2）选择评价方法。要按照系统目标与系统分析结果来适当选择公认的、成熟的评价方法，使之与评价目标相适应，并掌握不同方法的评价角度与路径。

3）单项评价。单项评价即对评价对象的某一方面进行详细评价，与综合评价相比，其不能获得评价对象的全面信息。

4）综合评价。综合评价是在单项评价的基础上利用各种评价模型与信息，从系统的观点出发综合分析问题，得出全面科学合理的评价方案。

5）协调关系。评价是一项复杂的工作，不可能一蹴而就。在综合评价的基础上进一步校验、协调，在指标与权重方面进行适当修正，以得出更为完善合理的评价结果。

（3）评价结束阶段

1）评价结果分析。评价、排序都并非评价的终极目的，在科学研究中，往往在评价的基础上进一步做出分析、比对与综合的工作，从而得出更具实践操作性的结果。

2）评估报告撰写。对评价结果及相关过程进行总结。

3）评价应用推广。对研究的结果进行总结，并根据实际情况进行应用和推广。

3.1.3 评价方法：相关综合评价方法汇总

城市更新的综合评价方法主要来源于社会学领域，还有一部分来源于经济学领域和政策分析领域。表 3-1 中总结了国内外相关学科领域的部分常见综合评价方法，并对各方法的基本原理、特征、优缺点进行了总结，针对性地提出了这些综合评价方法在城市更新领域的应用范围。尽管各方法或理论都有其自身的局限性，但他们的基本概念和思维方式仍值得肯定和借鉴。

表 3-1　常用综合评价方法一览表

方法类别	方法名称	方法描述	优点	缺点	旧居住区更新应用
1. 定性评价方法	APHA评价法	以罚分数值来衡量不良程度，最大罚分为600分，实际最大罚分为300分	操作简单，可以利用专家的知识，结论易于使用	主观性比较强，多人评价时结论难收敛	对旧居住区的公共设施、社会文化和经济中的评价，只需简单定性的评价，操作方便
	专家会议法	组织专家面对面交流，通过讨论形成评价结果			
	Delphi法	征询专家，用信件背靠背评价、汇总、收敛			

方法类别	方法名称	方法描述	优点	缺点	旧居住区更新应用
2. 技术经济分析方法	经济分析法	通过价值分析、成本效益分析、价值功能分析，采用 NPV、IRR 等指标	方法的含义明确，可比性强	建立模型比较困难，只适用评价因素少的对象	评价内容和对象明确，如投资成本分析、经济效益分析等
	技术评价法	通过可行性分析、可靠性评价等			
3. 多属性决策方法（MODM）	多属性和多目标决策方法（MODM）	通过化多为少、分层序列、直接求非劣解、重排次序法来排序与评价	对评价对象描述比较精确，可以处理多决策者、多指标、动态的对象	刚性的评价，无法涉及有模糊因素的对象	多种明确要素指标的综合评价，如旧居住区的住宅质量评价等
4. 运筹学方法（狭义）	数据包络分析模型（C^2R、C^2GS^2 等）	以相对效率为基础，按多指标投入和多指标产出，对同类型单位相对有效性进行评价，是基于一组标准来确定相对有效生产前沿面	可以评价多输入多输出的大系统，并可用"窗口"技术找出单元薄弱环节加以改进	只表明评价单元的相对发展指标，无法表示出实际发展水平	与效率、效益有关的评价内容，如对旧居住区更新后的效益评价、居民收入改善评价等
5. 统计分析方法	主成分分析	相关的经济变量间存在起着支配作用的共同因素，可以对原始变量相关矩阵内部结构研究，找出影响某个经济过程的几个不相关的综合指标来线性表示原来变量	全面性、可比性、客观合理性	因子负荷符号交替使得函数意义不明确，需要大量的统计数据，没有反映客观发展水平	多因素共同作用，需要分类对比的场合，如更新投资分析、更新的综合效益分析等
	因子分析	根据因素相关性大小把变量分组，使同一组内的变量相关性最大			反映各类指标的依赖关系，并赋予不同权重，如旧居住区更新使用后评价
	聚类分析	计算对象或指标间距离，或者相似系数，进行系统聚类	可以解决相关程度大的评价对象	需要大量的统计数据，没有反映客观发展水平	多个相关对象的类比选择，如建筑质量、结构的分析，从而决定居住区的更新方式
	判别分析	计算指标间距离，判断所归属的主体			

续表

方法类别	方法名称	方法描述	优点	缺点	旧居住区更新应用
6. 系统工程方法	评分法	对评价对象划分等级、打分，再进行处理	方法简单，容易操作	只能用于静态评价	多种精度要求不高的评价场合，如对住宅的质量、年代等评价
	关联矩阵法	确定评价对象与权重，对各替代方案有关评价项目确定价值量			
	层次分析法	针对多层次结构的系统，用相对量的比较，确定多个判断矩阵，取其特征根所对应的特征向量作为权重，最后综合出总权重，并且排序	可靠度比较高，误差小	评价对象的因素不能太多（一般不多于9个）	多指标多层次的更新综合评价，如旧居住区更新现状评价、使用后评价等
7. 模糊数学方法	模糊综合评价	引入隶属函数，实现把人类的直觉确定为具体系数（模糊综合评价矩阵），并将约束条件量化表示，进行数学解答	可以克服传统数学方法中"唯一解"的弊端。根据不同可能性得出多个层次的问题题解，具备可扩展性，符合现代管理中柔性管理的思想	不能解决评价指标间相关造成的信息重复问题，隶属函数、模糊相关矩阵等的确定方法有待进一步研究	多用于难以直接精确计量的旧居住区主观评价，如旧居住区更新中难以量化的指标等
	模糊积分				
	模糊模式识别				
8. 对话式评价方法	逐步法（STEM）	用单目标线性规划法求解问题，每进行一步，分析者把计算结果告诉决策者来评价结果。如果认为已经满意则迭代停止；否则再根据决策者意见进行修改和再计算，直到满意为止	人机对话的基础性思想，体现柔性化管理	没有定量表示出决策者的偏好	预设目标的效果评价，如旧住区更新后效果评价等
	序贯解法（SEMOP）				
	Geoffrion法				
9. 智能化评价方法	基于BP人工神经网络的评价	模拟人脑智能化处理过程的人工神经网络技术，能够"揣摩""提炼"评价对象本身的客观规律，进行对相同属性评价对象的评价	网络具有自适应能力、可容错性，能够处理非线性、非局域性与非凸性的大型复杂系统	精度不高，需要大量的训练样本等	复杂可变的大型复杂系统及网络，如旧居住区更新后的长期动态追踪评价

资料来源：根据陈衍泰[①]等、蒋楠[②]等相关文献修改整理绘制

在以上评价方法中，综合评分法、模糊综合评价法和层次分析法在城市规划或旧城更新领域应用较为广泛，具体介绍如下。

① 陈衍泰，陈国宏，李美娟. 综合评价方法分类及研究进展［J］. 管理科学学报，2004，7（2）：69-79
② 蒋楠. 近现代建筑遗产保护与适应性再利用综合评价理论、方法与实证研究［D］. 南京：东南大学，2013

（1）综合评分法

综合评分法适用于评价指标无法用统一的量纲进行定量分析的场合，采用无量纲的分数进行综合评价。它是先根据各指标的评价标准对这些指标进行打分，然后采用加权法，求得最终总分。其步骤如下：1）确定评价指标。即确定哪些指标采用此种方法进行评价。2）确定评价等级和标准。先制定各指标的评价等级或取值区间，然后制定各项指标每一等级的标准，以便打分时掌握。这项标准，可以是以定量分析为主，也可以是以定性分析为主，通常情况是定量分析与定性分析相结合。3）制定评分表。包括对所有评价指标及其等级进行区分和确定取值范围。4）对各项指标进行打分。评价主体收集和指标有关的材料，对评价指标进行打分，然后填入表格。5）数据处理和评价。首先确定各单项评价指标的得分，而后计算各组指标的综合评分和评价对象的总评分，最终得出评价结果。归纳来说，综合评分法简便易行，在以定性为主的评价中应用较为广泛。

（2）层次分析法

层次分析法（The Analytic Hierarchy Process，简称 AHP）是由美国匹兹堡大学教授、著名运筹学家萨迪（T.L. Saaty）提出的一种定性与定量相结合的，系统化、层次化的分析方法。该方法将评价主体的经验进行量化，特别适用于目标结构非常复杂、数据较为缺乏的评价情形。层次分析法（AHP）的基本原理是把与总决策有关的元素分解成目标、准则、指标、方案等几个层次，在此基础上进行定性和定量分析的决策方法，是一种多层次权重分析决策方法[①]。

层次分析法通常适合于具有分层交错评价指标的复杂目标系统，且目标值又难于用定量方法描述的决策问题。其使用方法是先构造判断矩阵，求出其最大特征根及其所对应的特征向量，然后进行归一化，即为某一层次指标对于上一层次指标的相对重要性权值。

层次分析法的主要步骤主要有（图3-3）：1）建立递阶层次结构模型。在深入目标对象问题的基础上，根据不同属性将相关的各个目标因素自上而下分解成若干层次，从上至下依次为目标层、准则层、指标层、因子层等；2）构造两两比较判断矩阵。对各因子之间进行两两对比后，然后根据九分位比率确定各评价因子的相对优劣顺序，依次构造出评价因子的判断矩阵；3）计算各层元素对系统目标的合成权重。对每一个成对比较矩阵计算最大特征根及对应特征向量，利用一致性指

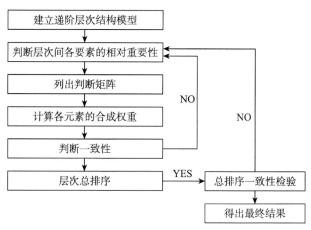

图 3-3　层次分析法基本步骤
资料来源：作者绘制

标、随机一致性指标和一致性比率进行一致性检验；4）判断矩阵一致性的检验。计算最下层目标对总目标的组合权重向量，然后根据一致性检验公式进行一致性检验。若检验通过，则可按照组合权重向量表示的结果进行决策，否则需要重新考虑模型或重新构造那些一致性比率较大

① 虞晓芬，傅玳. 多指标综合评价方法综述［J］. 知识丛林，2004（11）：119-121

的成对比较矩阵。

（3）模糊综合评价法

美国控制论专家 L.A.Zadeh 在 1960 年代研究多目标决策时，同享有"动态规划之父"盛誉的南加州大学 R.E.Bellman 教授共同提出了模糊决策的基本模型，并于 1965 年在 *Information and Control* 杂志上发表了著名论文《模糊集合》（Fuzzy Sets），由此标志着模糊理论的产生。所谓模糊综合评价（Fuzzy Comprehensive Evaluation，简称 FCE）就是以模糊数学[①]为基础，按照给定目标，应用模糊集理论对各评价指标进行分类排序，然后根据各评价指标的重要程度和评价结果，把原来的定性评价定量化，这种方法可以较好地处理信息系统复杂、模糊性以及主观判断等问题。模糊综合评价具有目标明确、系统性强和结果清晰等特点，能较好地处理模糊的、难以量化的复杂问题。

进行旧居住区更新综合评价的首要任务，就是建立多层次模糊评价模型，具体步骤如下（图 3-4）：1）建立多层次的评价指标体系：旧居住区更新的评价指标是描述和反映旧居住区的特征因素，是进行评价的标准和依据，因此需选择具有代表性的因子作为评价指标，从而建立较为科学全面的旧居住区更新评价指标体系。2）建立评价对象的评价指标集。3）建立评价指标的权重集：指标权重可反映各个评价指标的重要性程度，具体可用层次分析法确定。4）建立评判语集。5）建立单指标评价矩阵：对于定性分析的指标，可采用模糊统计法确定其对评价集的隶属关系；对于定量分析的指标，可先根据指标的具体性质确定指标的模糊分布函数，然后根据实际指标值和对应指标隶属关系图，即可得出相应的隶属度。6）模糊综合评价：可采用模糊数学中的合成算法进行综合评价。

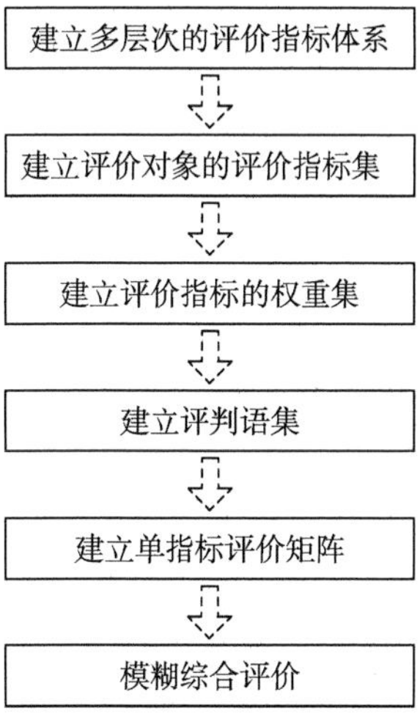

建立多层次的评价指标体系

⇩

建立评价对象的评价指标集

⇩

建立评价指标的权重集

⇩

建立评判语集

⇩

建立单指标评价矩阵

⇩

模糊综合评价

图 3-4 模糊综合评价模型
资料来源：作者绘制

（4）本书的评价方法

本书在评价研究中根据具体情况综合运用了多种评价方法：1）在构建旧居住区更新评价指标体系时主要采用了层次分析法，其具有原理简单、层次分明、因素具体、结果可靠等优点，并将复杂问题简单化，从评价指标的选取、体系的建构到指标权重的分配，层次结构分明，指标对比等级划分较细，使得整个评价工作更为系统化、客观化和科学化；2）在评价指标中无法采用统一的量纲进行分析和指标权重赋值时，采用 Delphi 法和层次分析法结合使用进行确定；3）在评价对象及其指标较为模糊并难以量化时，如涉及旧居住区更新后评价时则采用模糊综合评价的方法，通过模糊转换求得隶属度和评价结果。

3.1.4 评价主体：居民、政府、规划师、市场

正如 Peter Hall 所言："居住区的形成主要取决于社会上大多数人的意愿，部分取决于规划师的意图"[②]。公众的积极参与必然会推动旧居住区更好的发展，改善旧居住区环境，提高居民生

---

① 模糊数学又称 Fuzzy 数学，是在模糊集合、模糊逻辑的基础上发展起来的模糊拓扑、模糊测度论等数学领域的统称，是研究现实世界中许多界限不分明甚至是很模糊的问题的数学工具。模糊数学提供了一种处理不肯定性和不精确性问题的新方法，是描述人脑思维处理模糊信息的有力工具。它既可用于"硬"科学方面，又可用于"软"科学方面。

② Peter Hall .Cities of tomorrow［M］. Cambridge：Blackwell Publishers LTD, 2002

活质量。城市旧居住区更新是一项复杂的系统工程，它涉及政府、开发商、居民等多方主体利益的平衡，为保证更新评价的科学性、合理性以及公正性，必须吸收具有代表性的相关人员参与更新评价，以使各阶层、各方面的利益诉求得到反映。只有平衡各阶层利益的价值意愿，更新评价才能符合公平、公正、合理的原则。可以说，旧居住区更新规划不是规划师、政府管理部门的专利，更不是开发商追求利润最大化的渠道，它应由居民、政府、规划师、市场彼此之间相互协调，共同促进城市可持续发展[1]（图3-5）。

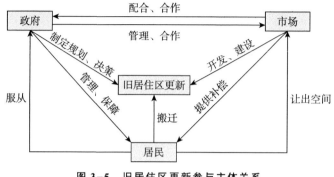

图3-5 旧居住区更新参与主体关系
资料来源：作者绘制

（1）居民

公众参与是一种让公众参与城市决策过程的设计——使公众真正成为旧居住区更新建设的主人。公众是旧居住区的所有者和使用者，在旧居住区的更新过程中要鼓励公众参与，改变单纯的政府行为，强化公众在旧居住区更新中的主体地位。

国际建协在1981年发表的《华沙宣言》中曾明确提出："人类住区更新规划建设应有市民参与，并反映出对居民全部需求和权利的充分尊重"。公众参与是西方国家在二战后城市重建过程中为了缓和和平息各社会阶层之间的矛盾，被迫在政治生活中引入公众参与，于是在城市决策和城市治理过程中掀起了一股"公众参与"的浪潮，并很快影响到旧城更新领域[2]。

就中国而言，居民参与旧居住区更新的积极性较高，但实际参与的方式和渠道有限[3]。在以往的旧居住区更新实践中，被规划学界竭力推崇的公众参与机制，目前的运用主要限于更新规划制定过程中的民意调查和方案公示等，而涉及居民切身利益的居民补偿安置、邻里关系维护、就业以及历史保护等相关重要议题往往将居民排除在更新决策之外。可以说，居民在旧居住区更新过程中处于"弱势群体"的地位，大部分居民只是习惯于被动地接受更新规划的结果，即便这些结果破坏了他们原有的生活方式和生活空间。随着民主制度的推进和新的公众参与技术的发展，为旧居住区更新提供了更多、更灵活的参与方式以及更为宽广的沟通渠道[4]，尤其是2008年开始实施的《城乡规划法》首次从法律层面规定了公众参与的程序，要求"城乡规划报送审批前，组织编制机关应当依法将城乡规划草案予以公告，并采取论证会、听证会或者其他方式征求专家和公众的意见"。在法规体系和新的公众参与技术的引导下，愈来愈多的居民开始关注身边的城市变化，居民由开始的"被动式参与"向"我要参与"意识形态的转变。为此，

① 王吉勇，李江，胡盈盈，等.转型期下的城市更新评价体系构建：以深圳为例 [C]// 中国城市规划学会.城市规划和科学发展：2009 中国城市规划年会论文集.天津：天津科学技术出版社，2009

② 梁鹤年.公众（市民）参与北美的经验与教训 [J].城市规划，1999，23（5）：49-53

③ 汪坚强."民主化"的更新改造之路：对旧城更新改造中公众参与问题的思考 [J].城市规划，2002，26（7）：43-46

④ 汪平西，大数据时代的城市规划变革与创新研究 [C]// 中国城市规划学会.新常态：传承与变革：2015 中国城市规划年会论文集.北京：中国建筑工业出版社，2015

在旧居住区更新过程中一定需要公众的参与，把公众的想法合理融入旧居住区更新过程中，以提高居民的满意度。最终通过公众参与，顺利实施更新项目，进而提升居民生活质量，有效推进城市化建设。

以广州恩宁路旧城更新为例，从更新项目的提出到实施建设阶段，由于大量媒体、民间组织、专家、居民等的介入，对项目决策施加影响，促成恩宁路旧城更新项目的目标定位、理念、居民拆迁安置、政府决策等发生转变，政府在外界强压力下由更新初期的封闭式一元决策转变为逐步打开公共参与渠道（图3-6）。

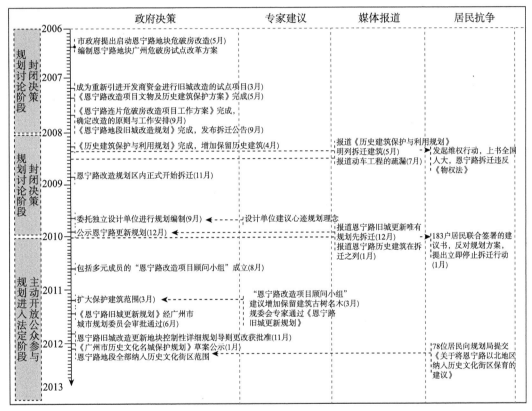

图3-6 恩宁路旧城更新项目公众参与过程

资料来源：刘垚，田银生，周可斌.从一元决策到多元参与：广州恩宁路旧城更新案例研究［J］.
城市规划，2015，39（8）：101-111

（2）政府

由于社会意识形态和政治体制的差异性，各个国家的政府在旧居住区更新中所扮演的角色和发挥的作用并不相同。就发达国家在旧居住区更新中的作用而言，逐渐呈现出弱化政府在更新中的宏观调控的发展趋势，政府对旧居住区更新的控制主要通过直接控制[①]和间接控制[②]两种方式实现。在我国，一定时期内政府机构在旧居住区更新中还处于主导地位，是更新政策、计

①　直接控制：指通过及时制定各种法律、法规以及条例，以经济资助和设立管理、经营、非营利性机构等方式直接介入旧居住区更新。

②　间接控制：主要包括：① 没有政府介入、完全依托市场运作的旧居住区更新；② 为了社会的稳定，政府在更新过程中支付部分社会费用；③ 政府承担某些社会实际项目的投资并制定条例，以促进私人部分进行开发或再开发。

划的制定者和实施者。虽然政府在更新项目中不承担具体的设计任务，但是作为项目的委托方或审定者，对项目的定位、更新发展目标、居民拆迁安置等负有不可推卸的责任。以南京市湖南路04、05地块旧居住区更新为例（图3-7，图3-8），鼓楼区政府在更新中的姿态主要表现在以下五个方面：1）招商引资、联系开发商；2）推动地块建设强度指标的修改；3）弹性处理土地的出让方式；4）组织实施居民拆迁；5）筹备和推动拆迁安置房建设。

图3-7　正在拆迁的湖南路
资料来源：作者拍摄

图3-8　规划后的湖南路苏宁总部
资料来源：http://image.baidu.com/search/index?tn

（3）规划师

1970年代，西方城市规划学界对以"工具理性"（Instrumental Rationality）[1]为指导的现代城市规划提出了批判和反思，在此基础上发展了重视社会规划的后现代主义城市规划[2]。1980年代，继德国哲学家哈贝马斯提出"交往行动理论"，极大地影响了1980年代以来的城市规划思潮，形成城市规划学界中的所谓"交往转向"（Communicative Turn）[3][4]，从而衍生出多个建立在沟通与协商基础上的同源规划理论与模型（表3-2）。其中最有代表性的是英国学者希利（Healey）提出的"协作规划"（Collaborative Planning）[5]和美国城市规划师约翰·福里斯特（Forester）提出的"协商规划"（Deliberative Planning）[6]。这些规划理论强调多方沟通与协商在规划过程中的重要性，同时强调规划师应在规划中更重要的是充当桥梁和纽带的角色[7]。正如希利认为：沟通技能是一个资深规划师必须具备的重要品质，以适应作为交互式规划实践活动的需要[8]。

---

① 工具理性（Instrumental Rationality）：也称目的理性、技术理性或科学理性，部分文献上把工具理性与目的理性等同，但其中仍有一些差别。另一位德国社会学家卡尔·曼海姆称其为功能理性。

② 张京祥.西方城市规划思想史纲［M］.南京：东南大学出版社，2005

③ Innes J E. Planning theory's emerging paradigm: Communicative actionand interactive practice［J］. Journal of Planning Education and Research.1995, 14 (3):183–189

④ Healey P. The communicative turn in planning theoryand its implicationsfor spatial strategy formation［J］.Environment and Planning B: Planning and Design, 1996, 23(2): 217–234

⑤ Healey P. Collaborative planning: Shaping places in fragmented societies［M］. Basingstoke: Macmillan, 1997

⑥ Forester J. Deliberative planning in perspective［J］.Planning Theory, 1993, 2 (2): 101–123

⑦ 在沟通理论的影响下，这一时期城乡规划转向了合作治理的模式，在这一模式中，规划师主要扮演以下3种角色：1）规划师是规划参与者的组织者和调停人；2）规划师是弱势群体的代言人；3）规划师是权利与利益的平衡者和思想的协调者。

⑧ Healey P. Building institutional capacity through collaborative approaches to urban planning［J］. Environment and Planning A, 1998, 30(9): 1531–1546

表 3-2 沟通规划的同源规划理论

规划理论	提出者	来源
谈判规划 （Transactive Planning）	弗里德曼 （Friedman）	《再循美国：谈判规划理论》（Retracking American: A Theory of Transactive Planning, 2003）
通过辩论而规划 （Planning Through Debate）	希利 （Healey）	《通过辩论做规划：规划理论的交往转向》（Planning Through Debate:The Communicative Turn in Planning Theory, 1993）
辩论规划 （Argumentative Planning）	弗希尔、福里斯特 （Fischer&Forester）	《政策分析与规划中的辩论转向》（The Argumentative Turn in Policy Analysis and Planning, 1993）
建立共识 （Consensus-building）	英尼斯 （Innes）	通过建立共识做规划：综合规划理念的新观念 （Planning Through Consensus Building: A New View of the Comprehensive Planning Ideal, 1996）
协作规划 （Collaborative Planning）	希利 （Healey）	《协作规划：在碎片化社会中塑造空间》（Collaborative Planning: Shaping Places in Fragmented Societies, 1997）
谈话模式的规划 （The Discourse Model of Planning）	泰勒 （Taylor）	《1945年以来的城市规划理论》（Urban Planning Theory since 1945, 1998）
协商规划 （Deliberative Planning）	福里斯特 （Forester）	《协商实践者：促进规划参与过程》（The Deliberative Practitioner: Encouraging Participatory Planning Processes, 1999）

资料来源：作者根据相关资料整理绘制

就中国而言，在城市旧居住区更新过程中，规划师通常扮演着设计者、管理者以及专家学者等多重角色，这些角色要求规划师必须具备良好的专业素质和很强的综合能力。除此之外，不论作为何种角色的规划师，在旧居住区更新中的不同阶段[①]应发挥以下评价作用：1）在现状调研及规划愿景构建阶段，规划师应对更新项目的区位条件、现状建筑、历史人文、基础设施、实施的可行性等多个方面进行详细研究，提出翔实、客观的评价。2）在规划编制阶段，规划师基于前期的支撑研究，对多种规划方案的经济性、社会性、生态性以及可实施性等做出科学、合理的评价。同时，规划师需要与居民、开发商、政府等进行沟通或谈判，在确保各方利益平衡的前提下引导和促成规划方案内容的确定。3）规划实施评估阶段，规划实施评估是一个中长期过程，它确保规划是一个动态和循环的过程，而不是单一的线性过程[②]。同时，信息的形成、交流与传递贯穿于规划的每一个阶段。正如哈克[③]指出："无论是从理论还是实践层面来讲，规划和评价两者之间相辅相成，联系十分紧密，良好的评价是成功规划的前提"，由此可以看出规划评价在城市规划中的重要性。作为规划师，应对旧居住区更新实施后的经济、社会、环境、居民满意度等相关因素以及更新后所暴露的问题做出科学合理的评价，从而为下一轮的更新规划提供依据和支撑。

---

① 狭义的规划过程通常包括3个阶段：规划前期调研及支撑研究阶段、规划方案编制阶段以及规划实施三个阶段。
② 宋彦，李超骕. 美国规划师的角色与社会职责［J］. 规划师，2014，30（9）：5-10
③ Khakee A. Evaluation and planning: Inseparable concepts［J］. Town Planning Review, 1998, 69(4): 359-374

（4）市场

市场经济是推动生产要素流动和城市资源优化配置的运行机制，"一切产品、生产资料、生产要素均已商品化"[1]。对于旧居住区更新而言，由于旧居住区一般具备良好的区位优势和历史文化价值等无形资产而受到开发商的青睐，这些无形资产在市场的运作下逐渐转换为有形资产，由此引发一系列的以大拆大建为主要手段的房地产开发浪潮。然而，对于整个城市而言，城市旧居住区更新应当兼顾经济、社会和环境效益，而开发商只是一味追求高额利润，这与旧居住区更新的最终目标存在较大分歧。因此，在旧居住区更新过程中，政府、开发商、居民、规划师四者之间应保持公平良好的沟通和协调，这样才能更好地引导和推进更新项目的顺利实施。

3.2 旧居住区更新评价的内容与意义

3.2.1 旧居住区更新评价的内涵

根据阳建强[2]、段进[3]、孙施文[4]、亚历山大[5]、Roshanak[6]等国内外学者对旧城更新评价和相关规划实施评估的研究，结合旧居住区更新项目实施的周期性特征，笔者认为：旧居住区更新评价是指按照一定的方法对旧居住区更新的科学合理性、可操作性以及更新实施后的效果所做的评价，包括更新前的现状评价（事前评价）、更新中的规划评价（事中评价）以及更新使用后评价（事后评价[7]）三个阶段（图3-9），其目的是为了能够让更新主体（政府、居民或市场）科学合理地实施更新行为，从而实现旧居住区经济、社会、环境等方面价值的最大化。

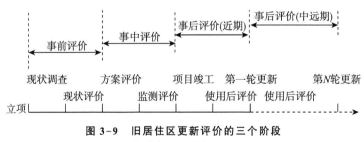

图 3-9 旧居住区更新评价的三个阶段
资料来源：作者绘制

3.2.2 旧居住区更新评价的内容

（1）事前评价：现状评价

现状评价是旧居住区更新规划控制的起点，是在旧居住区更新前对其现状和历史的综合性

① 郭湘闽.超越困境的探索：市场导向下的历史地段更新与规划管理变革［J］.城市规划，2005，29（1）:14-19，29
② 阳建强，吴明伟.现代城市更新［M］.南京：东南大学出版社，1999
③ 段进.空间研究11：城市重点地区空间发展的规划实施评估［M］.南京：东南大学出版社，2013
④ 孙施文，周宇.城市规划实施评价的理论与方法［J］.城市规划学刊，2003（2）:15-20，27
⑤ Alexander E R. Evaluation in Planning: Evolution and Prospects［M］. VT: Ashagte, 2006
⑥ Roshanak M, Malmusi D, Muntaner C, et al. An evaluation of an urban renewal program and its effects on neighborhood resident's overall wellbeing using concept mapping［J］. Health &Place, 2013,（23）: 9-17
⑦ 事后评价一般又可将其分为近期、中期和远期三个阶段，本书的事后评价（更新使用后评价）主要指的是近期。

信息收集和评估，具体包括历史研究、照片收集、实地调查等，它属于"前期性评价"。与新建居住区相比，旧居住区更新的前期评价的重要性就显得异常重要——为后续更新规划提供依据和支撑。因为旧居住区更新并非是从无到有的过程，而是基于原居住区的物质空间（现存住宅状况、公共设施、总体环境等）、历史人文、经济空间、社会空间、生态空间等的调整、改善和提升，对旧居住区历史信息及现存状况掌握的深度和广度，这直接关系到旧居住区更新的成败。正如德国柏林建筑遗产保护委员会奥格·瓦斯穆特指出："对于旧城更新而言，现状调研评价是非常重要的，是更新规划设计和施工的前提和基础；前期现状调研工作做得越细，对旧居住区的历史和现存状况了解越充分，后期的更新规划设计才能符合居民要求和适应城市经济发展；如果没有前期调研，或是前期调研工作做得不够充分，那么后续的规划设计必定错误百出，更新规划不可能达到理想的效果，更难以适应城市经济的发展"[①]。更新前的现状评价涉及的内容大致包括：1）居民对更新的态度：主要包括居民对旧居住区的满意状况、更新后的预期两个方面；2）现存住宅状况：结构的安全性、设计的灵活性两个方面；3）公共设施状况：包括服务配套设施方便程度、公共设施配套两个方面；4）总体环境状况：包括室内环境、室外环境两个方面；5）社会人文环境状况：包括历史文化价值的延续性、邻里关系和社会情感归属两个方面。

（2）事中评价：更新规划评价

更新规划评价是与更新规划设计或者项目的实施同步进行[②]，是指在旧居住区更新中对其更新策略、备选规划方案的预期效果（包括经济性、社会性、预期效果等的初步预测）和对更新实施过程的全程监测评价（Monitoring Evaluation）。它其实是属于一种"过程性评价"，其更看重更新实施的过程（包括更新方案的编制和更新规划实施的过程），而非后期的结果。其目的在于对更新过程的全程掌握，根据实施进展检查校核前期现状调研评价的真实性和准确性，从中发现问题并及时给予调整和纠正，并慎重地比对研究确立合适的更新方案和更新实施方式，从而保证更新过程的顺利进行。

简单来说，更新规划评价主要可以分为更新规划方案评价和施工过程的监测评价两种类型。在进行更新规划评价时，需要根据旧居住区的现状情况对备选方案的可行性、经济性以及所产生的效果进行初步评价，通常通过专家论证、方案评审、项目招投标的方式进行。现阶段我国旧居住区更新评价大多集中在更新方案评价的浅层阶段，政府部门往往比较重视规划目标的设定以及规划方案的选择。但由于政府部门对旧居住区更新的目标和定位的不同，在不同城市甚至是同一城市的不同地区，这一层面涉及的内容也不尽相同。

监测评价[③]（Monitoring Evaluation）是评价的另外一种形式，是贯穿更新规划实施的全过程，其目的是监督方案的实施情况，评价是否符合预定的目标，一旦发现实施偏离预定方案则应该向决策者提出调整实施的策略或者对规划的本身进行修改。监测的另一个功能是通过规划实施过程中的信息收集，为其他相关评价提供素材，或者说为将来类似的更新规划提供经验借鉴。规划监测对于规划的意义异常重要，但在我国尚缺少更新实施监测评价的机制，一项规划在实施过程中，很少有与之配套的信息收集和监督机制。而很多更新项目的修改或终止，也没

① 魏闽. 历史建筑保护和修复的全过程：从柏林到上海 [M]. 南京：东南大学出版社，2011

② Alexander E R, Faludi A. Evaluation in planning: Evolution and prospects [M]. Burlington: Ashgate Publishing Company, 2006

③ 段进. 空间研究 11：城市重点地区空间发展的规划实施评估 [M]. 南京：东南大学出版社，2013

有建立在充分的信息反馈的基础上，而更多的是受到行政意愿的干扰。

（3）事后评价：更新使用后评价

更新使用后评价是在旧居住区更新完成之后对旧居住区更新的效果及其所产生的影响进行验证、衡量以及评判，它属于"结果性"评价，既包括更新结果所呈现出来的客观属性及指标，也包括使用主体对更新结果的满意度及主观体验感受，主客观评价兼而有之。

对更新规划评价而言，更新使用后评价具有以下两点不同：1）更新使用后评价是基于现实测评出来的信息输入，而不是像规划评价是基于对未来的估计与设想；2）更新使用后评价所关注的问题可能涉及各个方面，包括规划目标的实现程度[①]，也涉及更新所获得的成果是否合理，更新的效果居民是否满意，更新的经济、社会、环境是否可持续等。旧居住区更新使用后评价的根本目的是鉴别更新目标的实现情况、总结更新经验和教训，为后续的旧居住区更新提供决策和经验借鉴。

总结经验对于城市旧居住区更新而言具有很强的现实意义。旧居住区是一个不断发展和演替的过程，在城市发展进程中，居住区物质性衰败是居住区发展的必然规律。尤其是在经济新常态的今天，城市建设的中心已经从"增量规划"向"存量规划"转变，旧居住区更新的需求会日渐旺盛。在此宏观背景下，对旧居住区更新使用后评价就显得尤为必要，通过评价发现问题、总结经验，为后续的旧居住区更新提供有价值的参考。

最后需要说明的是，通过以上分析，我们可以发现"更新规划评价"（事中评价）更多偏向于工程预算类和工程管理类学科，是工程项目管理的一种预测评价工具，通常是计划或项目管理为目的的[②]，而非城市规划类学科研究的对象，亦非城市规划类学生的研究专长。为此，笔者只对更新前的现状评价和更新使用后评价作为本研究的重点，而对更新规划评价不做探讨，以免使本研究显得力不从心。

3.2.3　实施旧居住区更新评价的意义

作为城市规划或城市更新规划运作中的重要环节，城市旧居住区更新评价具有重要的意义，主要表现在：

（1）促进旧居住区更新规划的进步

评价是任何一项社会活动中都必不可少的普遍活动，在任何行动开展前或开展中都有评价的过程贯穿其中，旧居住区更新也是如此。对于旧居住区更新而言，在更新规划开展之前，是否更新，如何更新等，都是建立在评价基础上所做出的决定，没有评价也就无法做出决定；在更新规划实施之后，也要对更新后的效果进行评价，是否达到预期和目的，是否产生想要起到的作用，或者相对于更新结果之前的投入是否值得等。由此可见，旧居住区更新规划评价是对自己或他人所做出的努力进行总结，同时从不同侧面审视更新过程中还存在何种问题，从而为后续的更新活动开展或类似更新项目提供经验借鉴，促进旧居住区更新的不断进步。

（2）加深社会对旧居住区更新规划的认识

①　段进. 空间研究 11：城市重点地区空间发展的规划实施评估［M］. 南京：东南大学出版社，2013

②　Alexander E R. Rationality revisited:Planning paradigms in a post-modernist perspective［J］. Journal of Planning Education and Research, 2000, 19(3): 242-256

在旧居住区更新的各个阶段，评价都是开展旧居住区更新规划活动的重要基础。作为一项未来城市空间发展的策略，旧居住区更新是对城市有限的土地资源的重新调配，通过这一手段在一定层面上实现政府对经济和社会生活的有效干预，并控制城市土地的使用机制变化，运用法定权威来调整和解决城市发展过程中的特定问题。因此，在旧居住区更新过程中，通过对旧居住区更新在城市发展方向、城市空间安排等方面做出选择的评价，对城市规划在城市发展的过程中究竟发挥了什么作用、这种作用的效果如何等的评价，决定了旧居住区更新在社会建制中的地位和作用，加深社会对旧居住区更新的认识和理解。

（3）促使旧居住区更新规划运作进入良性循环

旧居住区更新规划可以通过评价全面考量规划所做出的选择效果如何，是否符合城市的发展目标和满足社会以及居民的实际需要，是否符合旧居住区更新规划作为公共政策的效率、公平、公正等的基本准则，是否达成了社会的意愿等。通过评价可以有效地监测、监督更新规划的实施过程和实施效果，并在此基础上形成相关信息的反馈，从而为更新规划的内容和政策设计以及规划运作制度的架构提出修正、调整和建议，使旧居住区更新规划运作进行良性循环运作。

3.3　旧居住区更新评价的技术方法

旧居住区更新常用的调查方法主要有实地现场观察和文献研究两种。其中：现场观察在更新规划编制中最为常见，也是规划师获取第一手资料的最主要方法。现场观察具有信息直观性好、信誉度高、简便易行、灵活性大等优点，但也存在诸多问题，如：现场观察容易受空间和时间等客观条件的限制、观察的对象和范围存在较大的局限性、现场观察受观察者主观影响较大等。为此，笔者建议在对旧居住区更新评价时不可避免地要借用社会规划的调查方法，如实地调查、深度访谈、抽样调查等，根据具体情况确定选用哪种或哪几种方法组织调查。

3.3.1　访谈

访谈法是指访问者有计划地通过口头交谈等方式，通过面对面的互动过程向被访问者搜集资料的方法[1][2]。访谈的最大特点在于访问者与被访问者能够进行直接的接触和思想互动的交流，一方面访问者可以了解当前发生的情况，也可询问过去曾经发生过的事情；另一方面也可以及时了解被访问者的态度看法，可以及时了解复杂的社会现象，且能够深入探讨社会现象的前因后果和内在本质，从而可以获得较为真实可靠的信息。

在进行旧居住区更新评价时，有时需要跟原先的规划师、工程师等进行访谈，了解旧居住区在建成初始状况的具体情况；有时需要跟居民进行交流，了解旧居住区的发展状况、存在问题以及获取居民的满意度指标等。在具体操作中，根据调查对象的特点，又可以将访谈分为个人访谈和集体访谈。个人访谈可以较为细致充分地了解被访问者的感受，但需要进行多次以保证样本的全面性，显得费时费力。群体访谈通常称为座谈会，它是将多个访谈对象集中起来，

① 李和平，李浩.城市规划社会调查方法［M］.北京：中国建筑工业出版社，2004
② 文化，马忠才.社会研究方法实例分析［M］.北京：中国社会科学出版社，2014

同时进行访谈的方法。群体访谈的最大特点是，在访谈中不仅存在着访问者与被访问者之间的社会互动，同时也存在着不同的被访问者之间的互动。如笔者曾参与《南京市秦淮区总体规划（2013—2030）》中的"旧居住区更新专题研究"时，曾对秦淮区旧居住区进行调研访谈，被访者包括政府管理人员（交通运输局、规划局、国土资源局等相关部门）、社区管理人员、居民等，以期全面了解旧居住区现状情况。集体访谈与个体访谈的异同点见表 3-3。

表 3-3　集体访谈和个体访谈的异同点比较

类别	集体访谈	个体访谈
不同点	同时访问若干个被调查者	逐一访问每一个被调查者
	通过与若干个被调查者的集体座谈进行	通过与被调查者的个别交谈进行
	调查者与被调查者之间相互影响和相互作用的过程	调查者与被调查者之间直接的接触和思想的互动交流
相同点	两者都是访问者与被访问者面对面的直接调查	
	两者都是通过交谈方式进行的口头调查	
	两者都是双向传导的互动式调查	
	两者都是需要一定的访谈技巧和有控制的社会调查	

资料来源：作者绘制

3.3.2　实地观察

实地观察（Field Research）是研究者深入研究对象的社会生活中，有计划有目的地参与观察或非结构访谈的方式搜集相关资料，并通过定性分析来了解和解释研究对象社会现象的一种分析方法。实地观察在城市规划中又可称之为现场踏勘，实地观察的基本特征是研究者作为真实的社会成员和行为者参与到被研究对象的实际社会生活中，通过观察工具（如眼睛、照相机、录音机、观察表格、测量仪器等）尽可能直接全面地观察和访谈，依靠研究者的主观感受和体验来理解其所得到的第一手资料，并在分析、归纳和总结的基础上建立起对这些社会现象的理论解释。

就旧居住区更新评价而言，实地观察涉及方方面面，如现存住宅状况、公共设施配套、总体环境、社会人文环境等，在观察过程中还需要尽可能地减少观察主体行为造成的不利影响。当然，观察所见到的只是表象，需要结合专业知识和经验积累来判定表象背后深层次的机制和产生问题的动因。

3.3.3　问卷调查

问卷调查（Questionnaire Research）就是调查者使用统一设计的问卷，通过一定数量的抽样调查来获取数据。和其他调查方法相比，其优势在于：1）根据特定情况，设计有针对性的问题，了解课题研究所需的众多深层次内容；2）问卷调查的结果具有时效性和便于对调查结果进行定量研究；3）问卷调查成本低，简洁易行，同时可以排除人际交往中可能产生的种种干扰，受人为影响小。

关于旧居住区更新的主观评价，通常采用问卷调查的方法，如居民对更新的态度、邻里关系、住区安全与管理等要素发放调查问卷进行评价，适用于在实际操作中能够调动大量人力的情况，其通过大量评价主体的参与，以相对直接便捷的方式获取最大的信息量。

3.3.4 文献研究

文献是人类获取知识的重要途径，是人类积累知识的重要宝库。文献研究（Literature Research）又称历史研究法，即收集各种文献资料、摘取有用信息、研究有关内容的调查方法。与其他调查方法相比，文献调查在课题研究的前期就可以进行，无须要求调查者以一定的方式进行实地调查。就旧居住区更新评价而言，有用的文献主要包括建筑原始图纸、居住区更新的历程和更新方式、居住区社会发展的因果关系以及与住区更新有关的方针、政策和法律法规等。与访谈和实地观察相比，文献研究更为经济和便捷且成效显著，但缺点在于文献资料覆盖的纵向历史长，并非所有的文献资料都触手可及，甚至有些文献资料不够及时和准确。因此，一般将文献研究这一资料收集方式和其他的调查方法结合使用，实现相互反馈和及时补充。

3.3.5 认知地图

认知地图（Cognitive Map）是在过去经验积累的基础上，产生于头脑中的、类似于一张现场地图的模型，是一种对局部环境的综合表象，既包括事件的简单顺序，也包括方向、距离，甚至时间关系的信息。它是行为心理学中的一个非常重要的调查方式，具体方式是现场让评价主体（被调查人）绘制出建筑或空间的认知地图或意向图，可以了解评价对象在评价主体中的直觉印象。

3.3.6 数据分析

通过以上调查研究所获取的第一手数据[①]，到最后得出旧居住区更新评价结论，中间需要通过一定的评价方法和技术手段对数据进行统计分析和处理，这一过程对以定量为主的更新评价工作尤为重要，表 3-4 中列出了城市规划学科中常用的一些数据统计分析方法及其目的。

表 3-4 城市规划学科中常用的数据统计分析方法

序号	分析方法	分析目的
1	平均值分析	可以了解大多数人的中心判断倾向
2	标准差分析	可以了解调查对象意见的分歧、离散程度
3	相关分析	可以了解调查参量之间的关联程度

———————

① 通过以上调查所获得的大量第一手数据，一般包括文字、数据、问卷、影视、实物等不同类型，这些数据还只是粗糙、表面和零碎的东西，尚不能够直接作为调查结论的依据，需要经过检验、整理、统计分析和理论分析等研究过程，中间需要借助一定的方法和技术手段对第一手数据进行分析和处理，去除冗余、错误和短缺的数据，精细化后的数据才能最终为调查结论的得出提供科学依据。

序号	分析方法	分析目的
4	独立性检验	可以检验调查参量之间是否相互独立
5	因子分析与主成分分析	可以了解哪些潜在的重要因子在起作用
6	回归分析	可以将所欲预报的参量用一个或若干个自变量来定量地表示

资料来源：吴硕贤．建筑学的重要研究方向：使用后评价 [J]．南方建筑，2009（1）：6-7

总体来说，以上各种调查方法和评价手段各有针对性和优缺点，因此需要我们在遇到实际问题时具体分析，根据旧居住区更新评价的深度和广度的不同要求以及时间、成本等诸多限制条件的情况，有针对性地选择合适的调查方法，或是将多种调查方法相互结合运用。

3.4 体系建构：旧居住区更新的综合评价体系

3.4.1 评价程序：旧居住区更新评价的流程分解

对于城市规划而言，如何更好地判断和应对现实问题，需要评价活动的参与；如何引导并塑造良好的规划远景，需要评价活动的参与；规划实施结束后，如何测量规划实施后的影响以及目标的实现程度，也需要评价活动的参与……似乎可以认为，评价是规划的内生活动和内在要求[①]。同时，国外相关学者认为："规划与评价是两个不可分割的概念，并且规划与评价从一开始就应当紧密结合，并应形成贯穿规划全过程的评价指标体系，有什么样的规划理论，就该有与之相对应的评价体系和准则"[②③]。此外还有学者提出，虽然国内外规划框架存在一定的差异性，但根据规划的实施阶段基本都可以分为准备阶段、规划编制与实施阶段、规划实施后回顾阶段三个阶段[④]。为此，规划评价也可以按照这种"三段论"对其进行划分，其中最有代表性的美国城市规划学者亚历山大将规划评价划分为：（1）事前评价（Ex-ante Evaluation）：规划实施之前的现状评价；（2）事中评价（On-going Evaluation）：与规划实施同步进行，其目的是管控项目的实施进展，可以说是一种管理工具，是对规划过程的偏移情况进行评估；（3）事后评价（Ex-post Evaluation）：规划实施结束后进行的评价活动，主要是对规划产生的效果和预期的目标进行测量，其目的是从过去的规划实践中总结经验教训，为未来规划决策提供参考和依据[⑤]。

旧居住区更新是一项长期而复杂的系统工程，对其进行评价也应该按照更新阶段和实施步骤来有序进行。因此，根据旧居住区更新项目实施的周期性特征，从全程评价的视角将旧居住

---

① 袁也．城市规划评价的类型与范畴 [J]．城市规划学刊，2016（6）：38-43

② Oliveira V, Pinho P. Measuring success in planning: Developing and testing a methodology for planning evaluation [J]. Town Planning Review, 2010, 81(3): 307-332

③ Khakee A. Evaluation and planning: inseparable concepts [J]. Town Planning Review, 1998, 69(4): 359-374

④ Lichfield N, Barbanente A, Borri D, et al. Evaluation in planning: Facing the challenge of complexity [M]. Dordrecht: Kluwer Academic Publishers, 1998

⑤ Alexander E R, Faludi A. Planning and plan implementation: Notes on evaluation criteria [J]. Environment & Planning B: Planning&Design, 1989, 16(2): 127-140

区更新工作进行流程拆解，具体可分为：现状调研与评价、更新规划评价、更新使用后评价三个阶段，其中：现状调研与评价和更新使用后评价的内容和技术方法将在后续的章节中作详细阐述，而更新规划评价更多偏向的是工程管理和工程预算类学科，由于城市规划学科与工程管理类学科之间的巨大差异，本书暂不做单独研究。

3.4.2　评价标准：制定原则、制定依据与相关参照标准

（1）旧居住区更新评价标准的制定原则

对旧居住区更新的前期、中期以及后期所做出的评价，无论采用哪种评价方法对其进行判断，判断时总需要遵循一定的原则，该原则或许是明确的，或许是模糊的，但它一定存在，并构成了旧居住区更新的判断准则和价值标准。评价标准是一个复杂的系统，它既有客观性，又有主观性；它并非一成不变，而是随着时间不断发展，它也不能仅仅停留在理论层面，而是需要大量的实践证明并得到多数人的认可。为此，笔者认为旧居住区更新评价标准的制定应考虑以下五个原则：

一是系统性原则。系统性包括层次性与结构性两个方面，评价指标、评价程序再到评价结果是一个有机的整体与系统，旧居住区更新评价不是单个指标的简单罗列，不仅要反映旧居住区的物质空间、经济空间、社会空间以及生态环境等诸多方面，评价指标之间的关系还必须服从评价的整体目标和意图。只有选择正确和完善的参评指标，评价结果才能反映评价对象的整体性和系统性。

二是适用性原则。评价标准的制定要考虑旧居住区的现实状况、居民的需求和社会经济发展水平。此外评价标准还应体现因地制宜的原则，在进行评价时既需考虑不同旧居住区各方面的差异性，又要反映不同旧居住区之间的共性特征。根据具体情况采用实用和可操作的评价技术，以较为合理的经济和时间成本，取得最为有效实用的评价结果。

三是协调性原则。旧居住区更新涉及物质、经济、社会、环境等多重因素之间的相互协调，不论从城市整体层面还是旧居住区自身层面，均存在局部利益与整体利益、短期利益与长期利益之间取得平衡的过程，这里就存在不同领域属性的评价标准协调共存的问题。另外，旧居住区更新的复杂性还不仅仅在于旧居住区更新工程本身，而在于更新中涉及的不同角色和价值主体都会根据各自不同的价值取向和评判视角来对更新工作提出不同的要求，这其中就难免产生利益的冲突和价值目标的分歧（表3-5）。因此，在更新评价过程中需要根据评价对象、评价主体、评价内容等的不同来对评价目标与价值体系进行权衡和调整，从而协调各角色的矛盾与需求，追求多方共赢和实现总体效益的最大化，以达到最佳的评价效果。

表3-5　不同评价主体需求的价值目标取向

评价主体	需求的价值目标
居民	个人使用的便利性、舒适性和满意度
开发商	市场需求，追求经济效益最大化
规划师	平衡多方矛盾和需求，同时实现个人设计理念
政府	城市整体环境改善和彰显个人政绩

资料来源：作者绘制

四是时效性原则。评价标准受当时的城市发展、社会经济、技术进步等因素的影响和制约，因此评价行为是与一定的历史时期相联系的。社会在不断地发展，人民物质文化生活水平也在不断地提升，对旧居住区更新的理念和要求也会发生相应的变化，与之对应的评价标准也会随之调整。如我国2000年左右的"平改坡"到"穿新衣、戴新帽、换内胆"的更新方式一度成为旧居住区更新的流行做法，而现在有很多旧居住区更新的成功案例则在更新理念、设计构思、居民需求等方面发生重大改变，不仅满足了使用者的基本功能要求，还维护了传统的邻里关系，实现了经济、社会、环境等多元效益的共赢。因此，随着生活水平的提高和技术手段的更新，人们的环境意识逐步增强，生活品质也在不断提升，传统文化受到重视等，这些都对旧居住区更新提出了更高的要求，相应的评价标准也应不断调整并与之对接。

五是灵敏性原则。指标体系应能根据不同地区或同一地区的不同发展阶段进行增加或删减，不仅能反映实际客观需求和发展水平，还应该具有应对未来变化的动态化特征。

（2）旧居住区更新评价标准制定的依据

价值是指客体与主体间的需要关系，价值的大小、有无，主要是根据客体满足主体需要的程度，程度的评价与判断需要一定的尺度来进行衡量。那么，我们依据怎样的评价标准与尺度来判定旧居住区更新前的现存空间状况以及更新使用后满足人们日常居住、情感以及审美等需要的程度呢？

1）客观评价

客观评价是以数据、实物等客观事物为尺度来衡量价值，在对事物的外部属性、内部联系进行反映和评价时，它遵循的是客体方面的尺度，力图在对课题认知的内容中提出人的主观因素对其评价的影响。理论上来说，只要确定了评价的维度，无论评价主体是谁，客观评价得出的结果应该是一样的。这种评价方法精确、稳定，符合客观实际，只要评价模型足够成熟，评价的结论可以得到广泛应用。旧居住区更新也有客观性的一面，可以进行客观评价，评价中更关注旧居住区及环境的客观状态，评价标准也多采用居住区建设统一的法规规范技术标准，能够清晰客观地检验旧居住区更新前后的物质质量与性能指标。客观评价作为一种逻辑评价，对评价主体的知识结构有比较高的要求：一是掌握旧居住区更新的相关理论和旧城更新中涉及的经济学、社会学、生态学等专业知识；二是具备一定的社会科学研究的基本理论和知识，如熟练掌握评价学、统计学、社会学以及资料收集、分析和处理的方法和技术等。

然而我们还应看到，旧居住区并非仅仅是一个单纯的客观物体，还是容纳使用者各种行为的容器与场所，其中必然涉及很多感觉和心理的因素，很多指标难以客观量化，再加上旧居住区更新涉及面甚广，而客观评价模型不太可能涵盖所有影响因素。因此，客观评价的最大问题是评价结果与主观感受之间一致性的检验。

2）主观评价

主观评价是以主观感受与行为体验为尺度来衡量价值，在主观评价的过程中自始至终都需要将客观事物的属性同人的需要联系起来，按照人的内在尺度去揭示事物对于人的价值。主观评价方法具有直接、方便、适用、灵活等特点，反映了个体通过城市与建筑环境体验形成经验。这种经验感受是个性化的，常常会因人而异，因此对于以集体及公共利益为导向的旧居住区更新评价，权衡个体需求与公共需求是一个难点。

说到底，旧居住区更新还是要为使用者服务的，使用者对旧居住区的主观评价也应得到重视和认真对待。使用者虽然组成千差万别，但足够数量个体构成的使用群体及社会公众的感受、心理、旨趣及行为仍具有一定的规律性。在旧居住区更新评价中更多地考虑使用主体的心理和环境需求，就能从人—环境之间互动的角度，更全面地评判旧居住更新的综合效益，避免客观评价结果与使用者主观需求相脱离的情况。当然，不同的人群对旧居住区更新的关注角度和重点也不尽相同：如开发商会更关注更新和再利用的可行性、造价的经济性等；规划管理者会更关注更新后的外观效果与周边环境的协调性等；居民则会更关注功能使用的合理性与物理环境的舒适性等；规划师会更关注更新的理念策略与技术手段等。

根据朱小雷[①]的研究，主观评价标准具有"易变性、地域性、复杂性"[②]等特点，其一般可以用以下几个方面的指标来描述：① 使用功能的实用性；② 安全感；③ 健康感；④ 私密性；⑤ 便利性；⑥ 环境美观性；⑦ 舒适性；⑧ 生活趣味性；⑨ 回归自然性；⑩ 生活的意义性（表3-6）。

表 3-6　旧居住区更新客观评价与主观评价的比较

项目	客观评价	主观评价
评价主体	以专业工作者为主，包括部分使用者	以使用者为主，包括设计者、管理者、参观者
评价标准	业界统一的专业技术标准，具有客观性和相对稳定性	人群感受的社会心理趋势、环境价值准则，具有主观性、时代性和易变性
评价客体	建筑及环境	"人—环境"互动
方法论	科学理性，还原论	多元主义、环境心理学
具体评价方法	以实验、观察为主，定量化的技术为主，兼顾定性技术	定量与定性相结合，以非实验的多元方法为主
研究目标	诊断性、检验性	描述、解释、验证
实践策略	实证策略	综合性分析
逻辑	演绎	归纳、类比
分析变量间关系的类型	因果关系	相关关系
优点	结果有较强的可比性，可清晰地检验旧居住区的物质空间质量及性能	从使用者的需求出发，可全面评判综合效益，促进以人为本的设计改善，利于自觉更新
缺点	局限于客观的参考标准，缺乏自我更新的机制，易僵化	评价标准难统一，结果可比性欠缺

资料来源：朱小雷.建成环境主观评价方法研究［M］.南京：东南大学出版社，2005

---

① 　朱小雷.建成环境主观评价方法研究［M］.南京：东南大学出版社，2005
② 　① 易变性：评价以人作为尺度，而人是具体的、历史的、社会的人，建筑使用者的价值取向有强烈的时代烙印，因此主观评价标准有易变的特征；② 地域性：这一点在我国仍存在巨大地区差别的社会转型期尤其突出，生活环境的观念与物质水平和文化水平密不可分；③ 复杂性：前两个因素是造成主观评价复杂性的原因，评价标准的复杂性还表现在个体或群体差异，人们在环境认知和社会背景上（性别、地位、职业、收入、生活经验等）的差别，使评价的外延非常广泛。

（3）相关的评价标准

规划师一直试图通过物质空间环境的改善来提升人们的生活质量，在相关研究中，建筑技术的选择和应用是居住区物质环境改善研究的重点。可以说，物质环境是良好居住环境的前提和基础，而且物质环境具有较好的度量性，可以通过对建成环境的测评分析物质环境存在的问题，以便对其进行整改，其应用效果也是立竿见影的。

1）住宅性能评价标准

由建设部住宅产业促进中心与中国建筑科学研究院共同编制的《住宅性能评定技术标准》（GB/T 50362-2005），是目前我国唯一一部关于住宅性能的评定技术标准，适合于我国城镇新建和改建住宅，反映了我国住宅的综合性水平。该标准把住宅性能分为适用性能、安全性能、耐久性能、环境性能和经济性能五大项指标。每个性能按重要性和内容多少规定分值，按得分分值的多少评定住宅性能（表3-7）。

表 3-7　住宅性能评定项目一览表

性能类别	适用性能	安全性能	耐久性能	环境性能	经济性能
评定指标	单元平面	结构安全	结构工程	用地与规划	节能
	住宅套型	建筑防火	装修工程	建筑造型与色彩	节水
	建筑装修	燃气及电器设备安全	防水工程	绿地与活动场地	节地
	隔声性能	日常安全防范措施	管线工程	室外噪声与空气污染	节材
	设备设施	室内污染物控制	设备	水体与排水系统	—
	无障碍设施	—	门窗	公共服务设施	—
	—	—	—	智能化系统	—

资料来源：作者根据《住宅性能评定技术标准》（GB/T 50362-2005）整理绘制

2）绿色生态住区评价标准

我国绿色生态住区的研究尚处于起步阶段，许多相关的技术研究领域无论在深度和广度上都有待进一步拓展。总体来说，我国绿色生态住区评价体系吸收了国际上多种评估体系的优点，并在此基础上进行进一步优化。目前我国最有代表性的研究成果有：《中国生态住区技术评估手册》《健康住宅建设技术要点》[1]《中国绿色低碳住区技术评估手册》《可持续发展绿色住区建设导则》等。其中《中国绿色低碳住区技术评估手册》和《健康住宅建设技术要点》是目前为止最新的、最权威的绿色住区评估标准。

《中国绿色低碳住区技术评估手册》是由建设部2007年发布，是我国第一部生态住宅技术评价标准，主要包括"住区规划与住区环境、能源与环境、室内环境质量、住区水环境、材料与资源、运行管理六大项指标"[2]。具体评价体系框架如表3-8所示。

---

① 2001年，国家住宅与居住环境工程技术研究中心在实地调研的基础上，编制和发布了《健康住宅建设技术要点》（2001年版），经多次修订后，最后命名为《健康住宅建设技术规程》（CECS179：2009）。

② 聂梅生，秦佑国，江亿，等，中国绿色低碳住区技术评估手册［M］.北京：中国建筑工业出版社，2011

表3-8　《中国绿色低碳住区技术评估手册（2007）》评价标准

序号	一级指标	二级指标
1	住区规划与住区环境	区位选址和规划、交通、绿化、空气质量、声环境、日照与光环境、微环境
2	能源与环境	建筑主体节能、常规能源系统优化利用、可再生能源利用、能耗对环境的影响
3	室内环境质量	室内空气质量、室内热环境、室内光环境、室内声环境
4	住区水环境	用水规划、给水排水系统、污水处理与再生利用、雨水利用、绿化、景观用水、节水设施与器具
5	材料与资源	使用绿色建材、就地取材、资源再利用、住宅室内装修、垃圾处理
6	运行管理	节能管理、节水管理、绿化管理、垃圾管理、智能化系统管理

资料来源：作者根据《中国绿色低碳住区技术评估手册（2007）》整理

　　《健康住宅建设技术要点（2004）》是国家住宅与居住环境工程技术研究中心在实地调查研究的基础上编制而成，这是我国首次对"健康住宅"的概念内涵进行了界定，并启动了以居住区为载体的健康住宅试点工程，以此检验和转化健康住宅研究成果。健康住宅的评估体系主要从居住环境健康性和社会环境健康性两个方面来评价健康住宅建设。具体指标体系见图3-10。

图3-10　健康住区（宅）建设评估体系
资料来源：作者根据《健康住宅建设技术要点（2004）》整理绘制

　　现行绿色生态住区评估体系对旧居住区更新的绿色节能改造研究有着重要的指导意义。目前发达国家在绿色生态住区建设领域的研究远远领先于国内，已经发展出多个系统的评价体系。如美国的 LEED-ND 评价体系（表 3-9）、英国的 BREEAM Communities 评价体系、日本的 CASBEE 评价体系、德国的 DGNB 评价体系、澳大利亚的 NABERS 评价体系等。随着绿色生态住区研究的不断深化，各个国家的绿色建筑研究委员会开始注意到大量的旧居住区更新问题，于是在原有评价体系的基础上纷纷改进原有评价体系，推出适用于旧居住区更新的评价体系。表 3-9、表 3-10 是对美国的 LEED-ND 评价体系、英国的 BREEAM Communities 评价体系以及我国较为广泛认可的《中国绿色低碳住区技术评估手册》评估体系的基本内容进行对比。

通过以上对国内外住区评价体系的研究，发现上述评价体系适用于旧居住区更新存在以下不足：

1）适用对象：纵观国内外各种评价体系，大部分评价体系均针对新建居住区进行设置，虽然标明适用于旧居住区，但是也存在一定的局限性，专门针对旧居住区更新的评价体系寥寥无几。

2）适用范围：国外社区评价体系提倡混合功能的居住区，有些适用于科学园区、工业区、商业区等建设，而国内社区评价体系则针对居住区。

3）体系框架：现有国内外评价体系一般以指标类别、一级指标、二级指标、指标项的框架进行阐述，这种体系框架分类明确、层次清晰，但是过程性指标与结果性指标混合在一起，无法有效区分居住区更新过程中的成效与发展。同时，评价得分主要采用措施项评分，最后总得分由措施项得分相加所得。

4）体系内容：国内居住区评价体系偏重环境、资源等物理内容，较少关注居住区居民生活、社区管理和社区文化，对居民参与社区管理、居民满意度等内容也较少提及。

5）指标项制定：国内居住区评价体系与建筑层面结合较紧密，但是较少考虑如何与生态城市衔接的问题，社区是城市的单元细胞，在承担着自我更新活化的同时，与城市系统不断进行着各种物质、能量、信息的交换。

表 3-9　美国 LEED-ND 评价体系表

精明选址与社区通达性 （Smart Location and Linkage）		评价目的	可得分数 27
必备项 1	精明选址	通过鼓励在已有社区或毗邻公共交通基础设施进行新的社区开发，减少机动车出行次数与距离，鼓励步行替代机动车出行	必备
必备项 2	濒危物种与生物群落	保护濒危物种与生物群落	必备
必备项 3	湿地与水体保护	保护水体质量、自然水文和栖息地，并且通过保护水体或湿地维持生物多样性	必备
必备项 4	农用地保护	通过防止基本和独特的耕地、林地受到城市建设的破坏，保护无可替代的农业资源	必备
必备项 5	回避洪水区域	保护生命和财产，推进开放空间和栖息地的保护，强化水体质量和自然水文系统	必备

续表

精明选址与社区通达性 （Smart Location and Linkage）		评价目的	可得分数 27
得分项 1	理想选址	节约用于建设和维护基础设施所投入的自然和经济资源，鼓励新社区开发靠近或建在现有社区内，以减少城市蔓延对环境造成的多种影响	10
得分项 2	褐地再开发	鼓励对土地的再开发利用，降低对未开发土地的压力	2
得分项 3	减少机动车依赖	鼓励在方案实施区域内提供多种交通方式的选择或减少机动车辆的使用，以降低温室气体排放和空气污染及其他由于机动车使用造成的环境及公共健康危害	7
得分项 4	自行车网络与存放	鼓励自行车的使用提高其交通效率，降低机动车行驶里程，提高公共健康水平	1
得分项 5	居住与工作联系度	鼓励通过提供多样化的经营和就业机会来达到社区平衡	3
得分项 6	坡地保护	保护陡峭斜坡使其处于自然状态，以使动植物栖息地的保护所受到的侵蚀最小和减少自然水环境的压力	1
得分项 7	动植物栖息地或湿地与水体保护的场所设计	保护本地植物、野生动物栖息地、湿地和水体	1
得分项 8	动植物栖息地或湿地与水体保护的恢复	修复受到先前人类活动破坏 / 驯化的野生动物栖息地和湿地	1
得分项 9	长期的动植物栖息地或湿地与水体保护管理	保护本地植物、野生动物栖息地、湿地和水体	1
社区规划与设计 （Neighborhood Pattern and Design）		评价目的	可得分数 44
必备项 1	适宜步行的街道	提高交通效率，降低车辆行驶里程，通过提供安全的、有活力的、舒适的街道环境降低行人受伤，鼓励日常锻炼	必备
必备项 2	紧凑开发	节约土地，提高社区活力、交通效率和可步行性	必备
必备项 3	联系及开放的社区	提高社区的空间联系度，鼓励超越开发范围的社区融合	必备
得分项 1	适宜步行的街道	—	12
得分项 2	紧凑开发	—	6
得分项 3	混合使用的邻里中心	在易到达的社区或区域中心鼓励不同功能建筑的混合，降低机动车依赖	4
得分项 4	多收入阶层的社区	促进社会公平，吸引不同收入阶层与年龄族群，实现多阶层混合居住	7
得分项 5	减少停车范围	停车场设置鼓励步行交通，同时最大限度缩减停车设施对环境带来的不利影响	1
得分项 6	街道网络	提倡多交通模式并存以及通过鼓励体育运动，提高公众健康水平等目标，鼓励通过项目设计提高社区内部以及新社区与周边已有社区间的联系水平	2

社区规划与设计 （Neighborhood Pattern and Design）		评价目的	可得分数 44
得分项 7	公交换乘设施	营造安全舒适的公交换乘设施，鼓励公交出行	1
得分项 8	交通需求管理	鼓励使用公交出行，减少能源消耗和机动车辆使用造成的污染	2
得分项 9	公共空间可达性	毗邻工作和居住地设置多种开放空间，鼓励社区居民 / 业主步行出行、进行体育锻炼和参与室外活动	1
得分项 10	活动场所可达性	毗邻工作和居住地设置多种康乐设施，鼓励社区居民 / 业主步行出行、进行体育锻炼和参与室外活动	1
得分项 11	无障碍与通用设计	通过提高满足不同阶层（包括各年龄段、不同的健康程度）使用要求的空间比例，鼓励多种人群能够方便地参与到社区生活中	1
得分项 12	社区外延与公众参与	鼓励社区居民参与项目的设计与规划，以及参与改善社区建设与更新的决策	2
得分项 13	本地食物供给	促进以社区为基点的、当地的食品生产，从而尽量减小由于食品的长途运输所带来的环境影响，便于社区直接获取新鲜食品	1
得分项 14	行道树与遮阴的道路	鼓励步行，自行车交通，降低机动车速度。降低城市热岛效应，提高空气质量，增大水分蒸发量，降低建筑物制冷负荷	2
得分项 15	社区学校	通过社区内部的学习增强社区交流，鼓励步行和骑自行车上学	1
绿色基础设施与建筑 （Green Infrastructure and Buildings）		评价目的	可得分数 29
必备项 1	认证的绿色建筑	鼓励按照绿色建筑标准设计、建造和旧建筑修复	必备
必备项 2	最小化建筑能耗	鼓励设计和建造高能效建筑，降低空气、水、土地污染及由于能源生产和使用造成的环境影响	必备
必备项 3	最小化建筑水消耗	节约水资源，降低社区供水系统和废水处理系统的负担	必备
必备项 4	建筑活动污染防治	通过控制土壤侵蚀、水道淤积和空气悬浮物，减少由施工活动造成的污染	必备
得分项 1	认证的绿色建筑	—	5
得分项 2	建筑节能	—	2
得分项 3	建筑节水	—	1
得分项 4	景观节水	限制或禁止在景观绿化中使用可饮用水或其他自然水体	1
得分项 5	现有建筑再利用	延长现有建筑使用寿命以节约资源，减少废弃物，降低由于建筑材料制造和运输造成的环境影响	1

绿色基础设施与建筑 （Green Infrastructure and Buildings）		评价目的	可得分数 29
得分项 6	历史资源的保护与利用	鼓励古建筑保护和适合再利用，保存有历史特征的材料和建筑特色	1
得分项 7	场地设计与建设干扰最小化	保护场地中现有的树种、植物及原始地貌	1
得分项 8	暴雨水管理	降低暴雨引起的污染及水流不稳定，减少洪涝灾害，增强含水层补给，提高自然水体质量	4
得分项 9	降低热岛效应	屋顶和非屋顶造成的热岛效应控制	1
得分项 10	太阳能利用	鼓励主、被动太阳能的利用	1
得分项 11	现场可再生能源供给	鼓励现场可再生能源的生产和使用，降低化石能源生产和使用造成的环境和经济影响	3
得分项 12	区域供热与制冷	鼓励发展高效的区域供热和制冷机制	2
得分项 13	基础设施节能	减少基础设计运行过程中的能源消耗	1
得分项 14	废水管理	降低废水污染鼓励废水再利用	2
得分项 15	基础设施循环利用	在基础设施建设中采用循环和可再生材料	1
得分项 16	固体废弃物管理设施	减少垃圾填埋，促进垃圾无害化处理	1
得分项 17	光污染控制	减少光污染	1
创新设计 （Innovation and Design Process）		评价目的	可得分数 6
得分项 1	创新与优越表现	鼓励采用 LEED-ND 和绿色建筑、精明增长或新城市主义设计原则中没有提到的创新性措施	5
得分项 2	经过 LEED 认证的专业人员	支持鼓励在整个设计过程中尽早结合 LEED-ND 评价体系	1
区域优先 （Regional Priority Credit）		评价目的	可得分数 4
得分项 1	区域优先	—	4

资料来源：作者根据 LEED 2009 for Neighborhood Development Rating System 资料整理

表 3-10　国内外绿色生态住区三大评价标准基本内容比较

	LEED-ND	BREEAM Communities	《中国绿色低碳住区技术评估手册》
国家	美国	英国	中国
制定单位	美国绿色建筑委员会、新城市主义协会、自然资源保护委员会	英国建筑研究所	中华全国工商业联合会房地产商会

续表

	LEED-ND	BREEAM Communities	《中国绿色低碳住区技术评估手册》
颁布时间	2009 年	2009 年	2007 年
制定背景	原生社区关系解体、能源短缺、土地资源过度消耗、环境恶化等使社会各界认识到了生态环境的重要性，房地产市场也产生对绿色建筑评估的需要	单纯追求经济发展的工业化给环境带来空前的污染和破坏，使英国成为欧洲乃至世界最早制定生态系统评价体系的国家	居住问题解决后，产生了提高建筑舒适度和健康性、改善建筑环境的需要，同时国内关于住区评价指标体系的研究相对较晚，虽然出台了不少评价标准，但是缺乏具有权威性的、适合中国国情的生态住区评价体系
主要目的	规范一个完整的、准确的生态社区的概念，防止社区的滥绿色化，推动社区生态集成技术的发展，为建造生态社区提供一条可实施的技术路线，并建立一个国家级的生态社区规划和发展评价体系标准，将目前美国各地区不同的生态社区计划协调统一起来	促进可持续发展计划的市场认知，保证可持续发展计划的最佳实践，通过标准的制定以提供创新性解决方案，即通过项目的开发以及实际建造模式促进发展计划达到可持续发展目的，在此基础上，提升开发商、居民、设计师以及施工人员对低环境影响建筑优势的认知	用于指导、评估生态示范项目的生态住区评价体系，目的是促进"四节一环保"，促进生态住区技术创新机制的形成，促进新技术、新工艺、新产品、新设备的开发和推广，促进生态住宅产品的系列化开发、集约化生产、商品化配套供应，提高生态住区的规划设计、建筑设计及建设水平，做到有所创新、有所突破，实现社会、环境、经济效益的统一
国际影响和认可度	商业化最为成功的评价体系，可在全球 114 个国家中进行认证活动	第一个公认的绿色评价体系，可用于评估全球的任何地方任何类型的建筑	目前仅限于国内进行居住区评价
评价主体	规划师、建筑师、开发商、社区管理者和政府部门	规划师、建筑师、开发商、社区管理者和政府部门	规划师、建筑师、开发商
评价对象	新旧居住区	新旧居住区	适用于生态住区的规划、设计和建设
指标框架	目标层→指标层	目标层→指标层	三级指标
与之配套的绿色建筑标准	LEED 制定了一系列针对不同类型建筑的评价体系，可与 LEED-ND 配套使用	"住区可持续发展法规"、Code for Sustainable Homes	没有专门配套的建筑评价体系
必备项	12	19	64
指标数量	56	52	368
一级指标评价内容	精明选址与社区连通性、社区规划与设计、绿色基础设施与建筑、创新设计和区域优先	气候和能源、资源、交通、生态、商业、社区、场所塑造、建筑和创新评分	住区规划与住区环境、能源与环境、室内环境质量、住区水环境、材料和资源、运行管理

资料来源：作者根据 LEED-ND、BREEAM Communities 和《中国绿色低碳住区技术评估手册》三大评估体系整理绘制

3.4.3　指标体系：设置原则、构建过程与体系建构

（1）评价指标和指标体系的含义与设置原则

评价指标是表征评价对象某一方面特性及其数量的体现，既反映了评价对象某一方面的特征概念与性质，又反映了评价对象自身属性的数量，具有定性和定量认识评价对象的双重作用。娄策群将评价指标体系界定为："根据评价目标和任务的需要，能够全面系统地反映评价对象一系列较为完整的、彼此之间存在有机联系的、多个评价指标所构成的有机整体就是评价指标体系"[①]。就旧居住区更新评价而言，其评价指标就是旧居住区更新相关内容的因子分解，而指标体系则是评价指标的集合，同时也是反映旧居住区更新各方面状况的信息系统集成。在实际操作中，鉴于旧居住区更新阶段的不同，可根据评价的具体内容来分别构建各自的指标体系，如在旧居住区更新前的现状评价时，应以居民对更新的态度、现存住宅状况、社会人文环境等现状特征以客观事实为主来设置评价指标；而在旧居住区更新使用后评价时，应将住宅使用性能、公共设施配套、公共环境、住区安全与管理等主观指标结合起来共同形成评价指标体系。

在旧居住区更新评价的指标体系设置与构建中，应遵循以下几个原则[②]：

一是指标体系的系统性原则。即指标体系能够从根本上反映评价对象的属性，选择的指标要针对旧居住区更新前和更新后的特点，客观、真实、全面地反映旧居住区更新前的现状和更新实施后的综合效果，不能遗漏重要方面或有所偏颇，从而使评价结果具有真实性、可靠性[③]。

二是定性指标与定量指标相结合的原则。旧居住区相关评价指标包含主观与客观两个方面，其中客观部分尽量采用定量指标来描述，而有些很难通过数据来定量的主观性指标则以定性判断为主，这样的定性与定量相结合的评价方法在具有客观性的同时，又便于后期数学模型的处理和分析，弥补了单纯的定量或定性评价不足所造成的片面性问题。

三是指标的独立性与有机性相结合的原则。独立性原则要求各指标间保持高度的独立性，尽可能地避免指标间的包含、涵盖关系。但在旧居住区更新评价的实际操作中，指标间完全独立往往难以做到，为加强对评价对象某一方面进行重点考察，有时需要从不同视角设置部分相关指标，以便使其相互补充和严重，而这些指标之间的相关性可通过调整权重来实现。

四是指标的简洁性与可测性原则。实际操作中，在满足评价目标和确保评价质量的条件下，应尽可能地简化评价指标，指标体系的设置应在系统性和简洁性二者之间找到合适的平衡点。此外，评价指标应具有可取性（一定的现实统计基础）、可测性（所选择的指标变量必须在现实生活中可以测量得到或可通过科学方法聚合产生），围绕指标内容要有足够的信息可以利用，同时还要有切实可行的技术方法可供使用。

五是指标的一致性与合理性原则。建立旧居住区更新评价体系需要其能够客观地反映旧居住区的真实情况，由于每一旧居住区所拥有的物质空间、经济、社会、环境等因素往往差别较大，因而在对其进行评价时，既要考虑评价对象各方面的差异性，又要反映每个评价对象相互之间的共性。

① 娄策群. 社会科学评价的文献计量理论与方法［M］. 武汉：华中师范大学出版社，1999
② 蒋楠. 近现代建筑遗产保护与适应性再利用综合评价理论、方法与实证研究［D］. 南京：东南大学，2013
③ 宁越敏，查志强. 大都市人居环境评价和优化研究：以上海市为例［J］. 城市规划，1999（6）：15-20

（2）评价指标体系的构建的思路

指标体系是由相互联系的一系列指标所组成的科学的、完备的指标总体。通常来说，评价指标体系的构建一般遵循以下几个步骤：准备阶段、指标体系初选、指标体系检测、指标体系实际应用与确立，如图3-11。具体到旧居住区更新而言，我们首先需要确定评价的具体内容：是旧居住区更新前的现状评价还是旧居住区更新使用后评价；其次需明确调查与评价的具体目标：是为旧居住区更新方案优选提供相关依据，还是检验旧居住区更新使用后的效果等；再次是选择测度评价指标与方法，决定评价的主要方式以及定性定量的倾向；第四是通过分类比较等方式创建一系列指标集合，如更新评价指标分为几个层次，每一层次又包含哪些分指标因子等；最后是根据所需指标选取数据收集手段和工具，确定指标量化的技术方法，通过实验检测指标的可靠性并进行完善，最终形成全面、可靠、科学的评价指标体系。

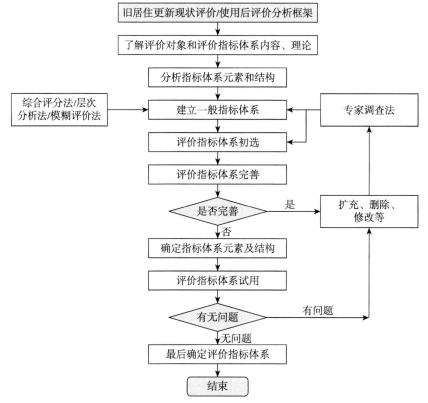

图 3-11　评价指标体系的构建过程

资料来源：邱均平，文庭孝.评价学理论方法实践［M］.北京：科学出版社，2010

（3）评价指标体系建构

在国内对旧居住区更新评价研究尚不够完善系统的情况下，本书希望对我国旧居住区更新前的现状以及更新使用后的运行状况做一个综合性的全面评价，这里的评价模型与指标选择就相对复杂。但是在实际应用过程中，我们并不是每次都需要对旧居住区所涉及的各个方面做出无一遗漏的全盘综合评价，在有的情况下我们只需要对旧居住区的某一方面进行评价，这样就可以在评价中选择与该方面相关的评价指标，从而能够做到有的放矢，并简化评价程序。基于这样的考虑，本书在研究中将旧居住区更新综合评价化整为零，根据旧居住区更新项目实施的周期性特征以及评价目标将其切分为三个评价单元和体系（图3-12）：旧居住区更新前的现状评价体系、更新中的规划评价体系（本书暂不做探讨）、更新使用后评价体系。每个评价体系均采用了树状分支的多层级结构形式，评价指标体系内容有机完整、全面，并可根据评价主体的需求处理不同要求、不同层次的评价，从而对全方位评价、大项评价或是分项评价均有较好的适应能力。如我们可以对旧居住区更新的全过程进行跟踪评价，实现全方位的整体评价；也可以对某一更新阶段的大项进行综合评价，如为了准确了解旧居住区现状特征及问题并为更新建立基础而进行的旧居住区更新前的现状评价；我们还可以进行以某一分项指标为目标的评价，如在旧居住区更新实施完成后，我们可以针对更新后的公共环境或是住区安全与管理分别作出分项评价，而这两者均是旧居住区更新完成后效果检验的有机组成部分等。因此，有了全面系统、层次分明的旧居住区更新综合评价指标体系，可为更新前、更新中、更新后的各种状况建立一个完整体系和框架，评价者可以根据评价目标及要求来选择评价内容范围以及具体技术方法，实现评价效率的提升。

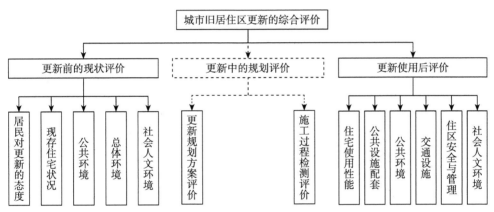

图3-12 旧居住区更新综合评价体系的单元切分
资料来源：作者绘制

3.4.4 权重设置：权值评价与层次分析

（1）指标权重的含义

权重也称权数或加权系数，它表示对某种事物重要程度的定量分配[①]。具体到评价指标体系中，权重则体现了各项指标在整个评价指标体系中的地位、作用和相对重要程度，权重的确定是旧居住区更新评价体系研究的关键。因此权重构成的合理性与否直接影响了旧居住区更新评价结果的准确性和科学性。

一般来说，评价指标之间的权重差异主要有以下几方面原因：1）评价主体对每个评价指标的重视程度不同，一定程度上反映了评价主体的主观差异性；2）每一个指标在评价体系中所起的作用和贡献不同，反映了各评价指标间客观表现的差异性；3）各评价指标数据来源的可靠性不同，如专家对某一指标进行评价时，鉴于专家多年积累的专业知识和经验，评价的准确性较普通公众要高得多，一般来说，专家的评分权重值应高于普通公众的权重值。

---

① 刘启波，周若祁.绿色住区综合评价方法与设计准则［M］.北京：中国建筑工业出版社，2006

（2）确定指标权重的方法

评价学领域中对权重确定的方法较多，根据原始数据的来源途径可分为主观赋权法和客观赋权法两大类。主观赋权法通常由专家根据自身的专业经验判断或者决策者的意图来确定评价指标的相对重要性程度，然后经过综合处理获得最终指标权重的方法 [1]。客观赋权法是按照相关资料数据所反映的统计信息来确定指标权重。

主客观赋权法各有优缺点：主观赋权法在一定程度上较为权威，但权重结果具有很大的主观随意性；而客观赋权法以数据统计为基础，不受主观因素影响，条理清晰，但有时得出的结果难以从学科上给予合理解释。在城市规划学科内，学者们最常用的权值确定方法主要有主成分分析法、灰色关联法 [2]、权值打分法（Delphi）[3][4] 和层次分析法（AHP）[5][6] 等。而在本研究中主要运用了权值打分法、层次分析法确定指标权重，为此对以上两种方法做以下重点介绍。

1）权值打分法

权值评价法又称德尔菲法（Delphi），是1950年代初美国兰德公司在研究如何通过控制反馈使得专家的意见更为可靠时所研究的一种反馈匿名函询法，以德尔菲为代号，故而得名 [7]。其核心要点是：首先确定一定数量的专家（约20人），将评价指标分发给这些专家，要求他们对这些评价指标的重要程度排序，并赋予这些指标相应的权重，但权重总和应该是100。其次回收专家意见，并对专家的判断意见进行汇总，对每个评价指标进行定量统计，形成图表，便于进行对比。最后，将这些指标图表再次分发给各位专家，让专家会同其他专家的意见修改自己的意见和判断。第二轮征询回收后，再进行统计归纳，再把结果反馈给专家，如此循环反复进行。经多轮征询后，如果专家意见趋于集中，则由最后一次征询确定出具体的评价指标体系（图3-13）。

① 庞雅颂，王琳 . 区域生态安全评价方法综述 [J]. 中国人口・资源与环境，2014，24（3）：340-343

② Jiang J X, Wan N F. A model for ecological assessment to pesticide pollution management [J]. Ecological Modelling, 2009, 220(15): 1844-1851

③ Bromley R D F, Tallon A, Thomas C J .City centre regeneration through residentialdevelopment: contributing to sustainability [J]. Urban Studies, 2005, 42(13):2407-2429

④ Conroy M M, Berke P R. What makes a good sustainable development plan? An analysis offactors that influence principles of sustainable development [J]. Environment and Planning A, 2004, 36(8): 1381-1396

⑤ Ying X. Combining AHP with GIS in synthetic evaluation of eco-environment quality: A case study of Hunan Province, China [J]. Ecological Modelling, 2007, 209(2/3/4): 97-109

⑥ Zhuang T Z, Xu P P , Wang F. Study on success factors of sustainable urban renewal [J]. Journal of the American Planning Association,2015(12): 36-45

⑦ 阳建强，吴明伟 . 现代城市更新 [M]. 南京：东南大学出版社，1999

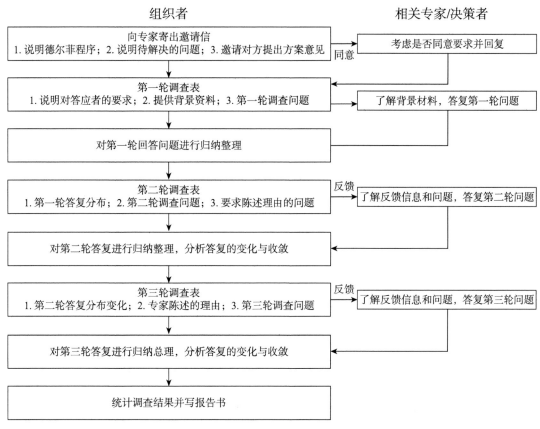

图 3-13　权值打分法的确定权重流程
资料来源：邱均平，文庭孝.评价学理论方法实践［M］.北京：科学出版社，2010：163

2）层次分析法

层次分析法（Analytic Hierarchy Process，简称 AHP）是美国匹兹堡大学教授 T.L.Saaty 于 1970 年代提出的一种系统分析方法。它是将与决策有关的元素分解成目标、准则、方案等层次，在此基础上进行定性和定量分析的决策方法。层次分析法是一种多层次权重分析决策方法，它既包含定量的计算，又包含定性的分析，具有高度的逻辑性、系统性和适用性。

层次分析法确定权重的步骤如下[1]：首先，对评价对象所包含的全部因素进行分类，按各因素的隶属关系把它们从高到低排成若干层次，并建立起不同层次元素之间的相互关系；其次，根据研究者的客观判断对每一层次元素的相对重要性给予定量表示，即构造比较判断矩阵。在旧居住区更新实际评价过程中，为了使决策判断定量化，常采用 1~9 标度法将判断定量化，然后写成判断矩阵形式（表 3-11）；再次，运用数学公式确定出每一层次相对重要性次序的权值。通过对各层次因素的权重分析，进而导出对整个问题的分析，即排序的权值，以此作为评价和决策的依据。

---

① 阳建强，吴明伟.现代城市更新［M］.南京：东南大学出版社，1999

表 3-11　判断矩阵标度及其含义

标度（C_{ij} 赋值）	含义	说明
1	同等重要	i, j 两元素同等重要
3	稍微重要	i 元素比 j 元素稍重要
5	明显重要	i 元素比 j 元素明显重要
7	强烈重要	i 元素比 j 元素强烈重要
9	极端重要	i 元素比 j 元素极端重要
2, 4, 6, 8	表示上述相邻判断的中间值	

注：若元素 i 与元素 j 的重要性之比为 C_{ij}，那么反之元素 j 与元素 i 的重要性之比为 $1/C_{ij}$

资料来源：杜栋，庞庆华．现代综合评价方法与案例精选［M］．北京：清华大学出版社，2006

3.5　本章小结

本章对旧居住区更新的综合评价进行了理论概述和体系建构。首先，对评价的基本理论与方法做了介绍。旧居住区更新评价是指按照一定的方法对旧居住区更新的科学合理性、可操作性以及更新实施后的效果所做的评价，包括更新前现状评价（事前评价）、更新中规划评价（事中评价）以及更新使用后评价（事后评价）三个阶段。其目的是为了能够让更新主体科学合理地实施更新行为，从而实现经济、社会、环境等方面的综合价值。对于旧居住区更新这一复杂的巨系统而言，对其评价需要构建一套包含评价主体、评价对象、评价指标、评价模型等要素的综合评价体系才能实现。文中还归纳总结了国内外各学科领域中一些常见的综合评价方法，并指出这些评价方法在旧居住区更新评价中的适用范围。

其次，明确了旧居住区更新评价的内容与意义。根据旧居住区更新项目实施的周期性特征，将旧居住区更新评价划分为更新前现状评价、更新中规划评价以及更新使用后评价三个阶段，每个阶段又有具体的评价内容。对于旧居住区更新前的现状评价而言，它是旧居住区更新规划控制的起点，是在旧居住区更新前对其现状和历史的综合性信息收集和评估，具体包括历史研究、照片收集、实地调查等，它属于"前期性评价"。更新规划评价是与更新规划或项目的实施同步进行，是指在旧居住区更新中对其更新策略、备选规划方案的预期效果（包括经济性、社会性、预期效果等的初步预测）和对更新实施过程的全程监测评价。更新使用后评价是在旧居住区更新完成后对旧居住区更新的效果及其所产生的影响进行验证、衡量以及评判，它属于"结果性"评价，既包括更新结果所呈现出来的客观属性及指标，也包括使用主体对更新结果的主观体验感受，主客观评价兼而有之。

再次，对旧居住区更新评价的若干技术方法要点作了探讨。旧居住区更新评价具有系统综合、定性与定量相结合以及多学科交叉融合等技术特征。评价过程中常常用到的技术方法主要有访谈、实地调查、问卷调查、文献研究、认知地图、数据分析等多种途径和方法，其各有针对性和优缺点，因此需要我们在遇到实际问题时选取适当的技术方法，或是多种方法结合应用。

旧居住区更新评价作为城市规划或城市更新规划运作中的重要环节，有着显著的适用意义和应用价值，主要表现在促进城市更新规划进步、加深社会对城市更新规划认识、促使城市更新规划运作进入良性循环、为更新规划设计提供依据等诸多方面的作用。

最后，在以上研究基础上，初步尝试建立旧居住区更新的综合评价体系，评价体系可分解为三大项重要的分项评价过程，分别为现状调研与评价、更新规划评价（本研究暂不作探讨）、更新使用后评价三个部分，以利于对旧居住区更新进行更为深入细致的探讨。接下来从系统和总体层面对该评价体系的评价标准、指标量化、权重设置进行了详细介绍。

第四章　城市旧居住区更新现状调查与评价

从现代城市规划发展和我国城市规划的经验来看，近百年来，现状调查研究始终是国内外城市规划所采取的一项基本研究方法，这是由于城市规划学科兼有社会科学的特点所决定的。城市规划调查研究不仅仅是规划编制程序上数据收集清单所列举的必要内容，同时也是收集和处理社会信息的一种基本方法和技术手段，更重要的是对城市社会、民意以及城市发展历程的调查，从城市的过去、现在把握城市发展规律，科学展望和预测未来发展。只有通过准确、翔实的调查研究，摸清社会现状及其需求内容，才能为科学合理的规划提供依据和保证。正如20世纪初英国著名社会学家 P. 格迪斯在《进化中的城市：城市规划与城市研究导论》一书中提出的"生活图式"（Notation of Life）观点，他从社会学、经济学、地理学的视角，就人、地、工作关系来综合分析城市。他的名言"调查先于规划，诊断先于治疗"已成为城市规划工作的座右铭 ①，这种调查—分析—规划的工作程序一直被城市规划学科广泛采用。近年来，我国多部城市规划法规都反复强调了现状调查的重要性，并对现状调查的具体内容进行了严格规定。

就城市旧居住区更新而言，开展旧居住区更新现状调查分析研究，是旧居住区更新工作必要的前期条件，有利于制定合乎实际、具有科学性的旧居住区更新规划方案，同时也是科学、高质量地编制旧居住区更新规划方案的重要保证，是旧居住区更新规划"公众参与"和"动态调整"的基本手段 ②③。

为此，本章对旧居住区现状调查的内涵、理论基础、流程架构等作了重点探讨。在此基础上，结合前人相关研究成果构建了旧居住区现状综合评价体系。评价体系包括居民对更新的态度、现存住宅状况、公共设施、总体环境、社会人文环境五个层面，在评价体系构建的基础上，以南京市秦淮区的 3 个旧居住区为例对其进行了实证研究，从而验证了该评价体系具有一定的合理性、科学性和可行性。通过该评价体系，一定程度上可定量化标示旧居住区现状存在的问题、更新的潜力和迫切性程度，为正确评价和有效促进我国旧居住区更新的发展进程提供科学依据。

4.1　现状调查与评价的基本理论与方法

4.1.1　概念阐述：现状调查的内涵

旧居住区更新是对旧居住区建筑、环境以及配套设施的整治和提升，其基本依据是建立在

---

　　① 帕特里克·格迪斯.进化中的城市：城市规划与城市研究导论［M］.李浩，吴骏莲，译.北京：中国建筑工业出版社，2012

　　② 李和平，李浩.城市规划社会调查方法［M］.北京：中国建筑工业出版社，2004

　　③ 苏建忠，罗裕霖.城市规划现状调查的新方式［J］.城市规划学刊，2009（6）：79-83

对旧居住区现状翔实调查的基础上，可以说，现状调查是旧居住区更新的首要工作。要实现旧居住区更新的目标，就必须要详细了解旧居住区现存状况和当前存在的主要问题。为此，可以说旧居住区现状调查是旧居住区更新的前提和基础，其可以从立体、多维的视角描述旧居住区现存的物质环境（开敞空间利用、居民的居住状况、公共设施配套等）和非物质环境（邻里关系、居民的收入水平等）等状况，结合对居民的问卷调查，进而综合分析判定旧居住区的物质环境和非物质环境状况，初步确定旧居住区现状存在的主要问题，定量化标示旧居住区更新的必要性和更新的迫切性。同时，基于现状的详细调查，可以根据现状问题制定合理的更新规划方案。

现状调查往往需要分步骤、有主次的进行，一套科学合理的旧居住区更新调查程序是必不可少的。在实际操作中，首先是前期调查研究，主要是通过对原始图纸的调阅（如地形图、规划图纸、建筑图纸等）初步对旧居住区的建筑状况、配套设施等基本情况进行摸底，做出预判；其后是在以上基础上进行主调查，即对旧居住区进行全面细致的调查研究，并将结果通过文字、图形等方式真实完整地记录下来。

前期研究是旧居住区更新工作的前提和基础，它可以提供有关旧居住区物质状况的"第一手"资料，也是为后续的更新工作提供技术依据。在这点上可以借鉴西方旧城（旧居住区）更新的成功经验，在更新工作中更注重理性的研究策略和实证的调查方法，即一切关于事实的知识都应以实证材料为依据，而提供这样的实证依据主要有：照片、图片、录像、录音、问卷等材料。通过细致周密的现状调查与评价，旧居住区的现状问题及更新的必要性、迫切性可得到初步判定。在此过程中需要评价主体全面客观地进行评价，并且在一定程度上容忍不同意见的交锋。例如：在实际操作中，由于被调查的图像资料并不完整，所以旧居住区更新中的前期研究与现状调查过程中应发挥历史文献研究和实证调查研究的各自优势，充分利用学科交叉实现城市规划学、城市社会学、人类学、环境心理学等学科的积极互动，只有这样，才能对旧居住区有全面和准确的认识与评价。

4.1.2 理论基础：社会调查研究方法的引入

（1）社会调查的内涵与特征

1）社会调查的内涵

西方国家的社会调查活动最早产生于 18~19 世纪的西欧，主要的诱发因素是资本主义制度下所引发的一系列日益严重的社会问题，即"社会病态"（Social Pathology）[①]："社会贫穷迅速升级，阶级对抗日益加剧，失业、疾病、吸毒、杀人等'社会病态'现象泛滥"。为了解决这些社会问题，探求社会改造的道路，一大批学者和社会活动家进行了大量的社会调查，并在此基础上逐渐形成了较为系统化和学科化的社会调查方法。

相对于西方国家而言，我国进入 20 世纪以后，随着帝国主义的入侵和西方科学文化的东进，西方发达国家的社会调查也逐渐传入中国[②]。1920 年代以后，我国学者开始独立地进行社会

---

① 赫伯特·马尔库赛（1898—1979）认为，作为西方传统研究对象的社会是病态社会，他给"病态社会"下的定义是：一个社会的基本制度和关系（它的结构）所具有的特点，使得它不能使用现有的物质手段和精神手段使人的存在（人性）充分地发挥出来，这时，这个社会就是有病的。

② 风笑天.现代社会调查方法［M］.武汉：华中科技大学出版社，2001

调查，社会调查活动也逐渐开始走向本土化。著名社会学家费孝通、风笑天是我国近现代社会调查中具有重要影响的人物，是中国学者开创社会调查的杰出代表。他们尤其重视居住社区的比较研究，并将社会学、人类学、统计学等方法应用于中国社会经济调查。

国内外学者分别从不同的视角对社会调查的概念和内涵进行了解释。美国社会学家肯尼斯·D. 贝利（Kenneth. D. Bailey）认为："社会研究（Social Research）就是搜集那些有助于我们回答社会各方面的问题，从而使我们得以了解社会的资料。我们所指的社会调查是指人们有目的地对社会事物的考察、了解、判断和分析研究，来认识社会事物和社会现象的本质及其发展规律的一种自觉活动"①。我国著名社会学家风笑天认为："社会调查是一种由社会学家、社会科学家以及其他一些寻求有关社会世界中各种问题答案的人们所从事的一种研究类型"②。根据以上国内外学者的研究，笔者从旧城更新视角对城市旧居住区更新社会调查进行了界定：旧居住区更新社会调查是指规划师、居民以及政府管理者等有目的、有意识地对旧居住区中的各种城市社会要素、社会现状和社会问题等进行全面详细地考察、了解、分析和研究，以认识旧居住区社会系统、社会现象和社会问题的本质及其发展规律，进而为科学开展旧居住区更新研究、规划设计、实施和管理等提供重要依据的一种自觉认识活动。其中，特定的方法和手段主要有问卷调查、访问调查和观察调查三种。社会调查不仅包括以调查研究为代表的定量社会调查，还包括以实地研究为代表的定性社会调查。

近年来，社会调查作为搜集和处理社会信息的一种基本方法和技术手段，在城市规划领域愈来愈受到重视，我国众多高校的城市规划专业也开始注重城市规划社会调查科学的教学和对学生进行社会调查研究能力的培养和锻炼，如我国高校城市规划专业每年举行社会调查报告竞赛，且以"旧居住区"为研究主题的社会调查报告数量位列第一（表4-1）。由此可以看出社会调查研究在旧居住区研究中应用的广泛性和重要性，这与旧居住区复杂的系统特征密不可分。为此，这也是笔者将"社会调查"研究方法引入旧居住区更新中的重要原因所在。

表4-1　历年城市规划社会调查报告选题特征一览表

序号	选题	研究主题	类别总数（篇）
1	公共空间	街道、广场、公园、绿地、滨水等	25
2	建筑单体	宗教建筑、老字号、住宅等	7
3	道路交通	停车、公交、单行道、站点等	42
4	历史保护	历史街区、古城等	14
5	规划管理	规划批后管理、公众参与、指标控制等	10
6	文化经济	消费行为、房地产等	17
7	公共设施	公厕、摊点、游憩设施、户外广告、无障碍设施等	29
8	旧居住区	社区更新、邻里关系、公共设施等	46

---

① 肯尼斯·D. 贝利. 现代社会研究方法［M］. 许真，译. 上海：上海人民出版社，1986
② 风笑天. 现代社会调查方法［M］. 武汉：华中科技大学出版社，2001

序号	选题	研究主题	类别总数（篇）
9	弱势群体	老年人、盲人、外来人口、农民工、医疗等	26
10	其他问题	城市形象、环境整治、应急系统、土地使用等	46
	总计		262

资料来源：赵亮.城市规划社会调查报告选题分析及教学探讨[J].城市规划汇刊，2003（2）：15-20

2）社会调查的主要特征

一是方法性。所谓方法就是手段和工具，一般包括认识方法和工作方法两类。旧居住区更新社会调查不仅是一种认识方法，也是一种工作方法。旧居住区更新社会调查是以城市社会学理论和城市规划理论为基础，为旧居住区更新规划的理论、政策以及实践研究提供工具和手段的方法性科学。方法性特点决定了旧居住区更新社会调查活动的灵活性，例如：对旧居住区居民的居住状况展开调查研究，我们可以采取文献研究（建筑图纸查阅）、测绘或问卷调查等，而在采取不同的方法和技术手段进行社会调查的过程中，旧居住区更新社会调查的方法和技术手段也在实践中得到比较、检验、调整，从而获得完善和发展。

二是实践性。旧居住区更新社会调查的实践性是指在社会调查的过程中离不开人的实践活动。旧居住区更新社会调查必须深入到旧居住区居民的实际社会生活中，从居民的社会生活中获取第一手资料。

三是综合性。旧居住区更新社会调查的综合性主要体现在以下三个方面：

首先，旧居住区更新社会调查的研究视野具有综合性，社会调查研究总是放开视野、纵观全局，即使是研究社会生活中的具体现象，也应注重从该现象与其他现象的相互关系中去把握和认识。

其次，旧居住区更新社会调查在知识运用方面具有较强的综合性，旧居住区更新社会调查不仅涉及城乡规划学科知识，还涉及城市社会学、人类学、经济学、行为学、环境心理学等多学科多领域的知识。

再次，旧居住区更新社会调查在研究方法上具有多样性，旧居住区更新社会调查一般可运用普遍调查、典型调查、个案调查、重点调查、抽样调查等多种调查类型，以及文献调查法、实地调查法、问卷调查法等多种具体方法，以及拍照、录音、绘图、摄像、统计分析等多种技术手段。

（2）社会调查的功能

社会调查作为人类自觉的认知和社会实践活动，具有多种社会功能，主要体现在以下三个方面：

一是描述功能：社会调查是正确了解社会的基本途径。了解和描述社会现象的状况，是人们深入认识和解释这一社会现象的基础，而人们了解和描述社会现象的途径有很多，主要有参加社会实践、进行社会调查等。但也只有通过社会调查，人们才可以超越自身实践经验的局限性，获得广阔、丰富的社会生活经验和知识，可以使我们对事物的理解和认识更符合客观事件，可以透过事物的外部现象认识事物的本质，从而使我们对事物的认识、理解更为客观、全面。

比如说，要研究旧居住区更新就必须先要对国内外旧居住区更新的发展历程有客观的、整体的了解，必须要先弄清旧居住区更新发展到何种程度？我国旧居住区更新存在哪些问题？等等。

二是解释功能：社会调查是正确掌握社会肌理的基本方法。如果说，社会调查的基本作用可以理解为回答"是什么""怎么样"等问题，那么社会调查所具有的第二个作用在于——解释社会现象发生的原因，即可以理解为回答社会现象"为什么会如此""为什么会这样"类问题。显然，社会调查的第二个作用（解释为什么会这样）比起第一个作用（简单地描述社会现象）更为重要，这也是社会调查被广泛地用来探讨不同社会现象之间的关系，或某一社会现象发生的深层次原因。例如：我们可以通过社会调查来深入探讨旧居住区更新中居民的需求和价值取向是什么？哪些要素是居民最为迫切需要更新的？从而在深层次上理解和认识旧居住区更新的最终目的。

三是预测功能：社会调查是预测社会发展方向和趋势的基本保证。除了对过去和现在正在发生的社会现象进行解释外，社会调查还可以对社会发展方向和趋势做出预测，当然这种预测是以对某一社会现象的准确描述和理解为基础。当研究者对旧居住区的现状问题、特征，以及居民的价值取向和需求有了较为深入的了解和认识后，他就能依据旧居住区中的各种因素相互关系以及各要素发展变化的趋势，对未来旧居住区更新方向做出合理的预测，可为下一轮旧居住区更新方式、用地布局调整等提供合理依据。

（3）社会调查在旧居住区更新中的作用

1）是科学进行旧居住区更新规划决策的重要依据

旧居住区更新规划决策是指更新主体（一般为政府）针对旧居住区已经发生、正在发生或将要发生的问题，进行信息搜集和判断、更新方案选择以及更新政策制定的一系列活动过程[①]。更新政策和决策的制定离不开社会调查，因为正确的更新政策制定应以"现实"的事件为依据，而不是以"可能"的事件为依据。为此，要了解"现实"的事件，就必须进行社会调查，正确政策的制定、完善和实施，离不开翔实的社会调查。旧居住区更新规划的科学决策和科学管理的程序，应该包括目标制定、信息搜集、规划设计、规划评估、规划方案选择、规划实施以及实施后反馈七个阶段，这些均离不开社会调查研究中的信息搜集、处理和反馈等活动。可以说，旧居住区更新社会调查是旧居住区更新规划科学决策和科学管理的重要前提和基础，离开科学的社会调查就谈不上科学的更新规划，更谈不上成功的更新规划。

2）是编制高质量旧居住区更新规划的重要保证

旧城更新是城市规划工作的重要内容之一，尤其是涉及千万家庭幸福和社会安定和谐的旧居住区更新。高质量的更新规划编制成果是高质量地建设美好城市和高水平地管理好城市的重要前提和基础，旧居住区更新规划涉及经济、社会、环境等因素的影响，必须通过科学高效的社会调查，深入考察、分析旧居住区多维度的现状问题和特征，并进行系统研究和论证，方能为下一层次合理高效的更新提供科学依据。

3）是旧居住区更新"公众参与"及"动态调整"的基本手段

近几十年来，在民主化潮流和大众传媒日益发展的情况下，公众参与旧居住区更新规划的现状问题探讨、方案论证以及更新决策的制定等已经越来越广泛，并逐渐发展成为更新规划的

---

① 雷翔.走向制度化的城市规划决策［M］.北京：中国建筑工业出版社，2003

一种重要方法。但是，由于个人角色及价值观念的差异，居民参与旧居住区更新的意见反馈大多集中于自己个人的得失判断和片面理解，有关意见很难直接地为更新规划设计或决策所用。为了更好地实现公众参与，可以灵活改变公众参与的具体形式，比如培养一批具有一定专业知识背景和社会调查能力的专业人员，让其充当旧居住区更新的"媒介"和"桥梁"，或者称其为"赤脚规划师"。通过他们的社会调查，将居民的个体意见进行搜集整理，可以科学、有效地为旧居住区更新规划设计和决策等工作所利用的有效意见。

旧居住区更新是一个动态的变化过程，在旧居住区更新规划实施过程中，有些问题在更新规划的制定阶段已经有所预料，但是应对措施或许不尽完善，有些还没有预料到，更新规划的实施必然会面对许多新情况、新问题。更新规划在实施过程中需要做适当的局部调整，不仅是可能的，而且是有必要的。在更新规划实施中，必须通过社会调查方法，坚持科学的工作态度，采取科学的工作方法，提出针对问题的、切实可行的应对方案。因此，只有进行科学认真的社会调查工作，真实地反映更新规划实施工作所存在的问题和矛盾，才能保证更新规划调整，即更新规划"动态调控"的严肃性、科学性和稳定性。

（4）旧居住区更新社会调查的方法体系

旧居住区更新现状调查不是一种简单随意地收集和分析资料的认识活动，而是根据一定的程序或流程，运用特定的方法和手段，广泛搜集和深入分析有关的社会事实材料，并对旧居住区各种社会事务和社会现象做出正确、合理的描述、解释和判断。其具体的方法体系主要包括以下三个层面：

1）方法论

方法论（Methodology）是指导研究的一般思想方法或哲学，包含对研究理论基础的假设、逻辑以及原理，研究人员所主张的明确规则和程序等。研究方法指的是从事研究工作所实际采用的程序或步骤，主要指收集资料的工具或研究技巧等[①]。旧居住区更新社会调查方法论主要包括城乡规划学、城市社会学、城市经济学以及其他相关学科的理论与方法。具体为：

① 科学的社会调查应以马克思主义哲学理论和方法为指导，马克思主义的唯物辩证法是正确的世界观和科学的方法论的统一。

② 城市规划理论与方法以及其他学科的理论和方法，如：因果分析法、逻辑方法、数学方法等，是各种专门方法的概括和总结，在某种程度上是哲学方法的具体化和特殊化，在旧居住区更新社会调查中也具有方法论的意义。

2）基本方法

基本方法是在旧居住区更新社会调查的某一阶段中使用的方法，主要包括调查资料的收集方法和调查资料的统计方法，具体为：

① 在调查阶段要使用的各种确定调查单位和收集资料的方法比较繁多，主要包括个案调查、重点调查、典型调查、普遍调查等类型，以及集体访谈法、实地调查法、文献调查法等（图4-1）。如笔者在对旧居住区更新现状评价和旧居住区更新使用后评价中就采用了以上多种方法。

① 侯典牧.社会调查研究方法［M］.北京：北京大学出版社，2014

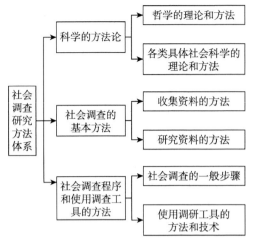

图 4-1　社会调查研究方法体系
资料来源：作者根据相关资料整理绘制

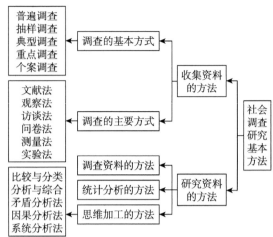

图 4-2　社会调查研究基本方法
资料来源：作者根据相关资料整理绘制

② 在研究阶段使用的各种研究资料的方法，包括统计分析方法和理论分析方法。统计分析的方法主要有系统分析、均值分析、相关分析、因子分析等（图 4-2）。例如，本章在对旧居住区更新现状调查和评价中，笔者就对旧居住区居民主观因子的评分进行了均值分析，以及第五章在对旧居住区更新使用后评价研究中，笔者也对旧居住区居民主观因子的评分进行了均值分析、相关分析和因子分析等。一般来说，调查阶段使用的各种方法，由于城市规划学科的特征和个性较为明显，比如实地观察中的调查图示方法是其他学科社会调查活动中较少使用的方法，而在研究阶段使用的方法其所属学科非常广泛，往往是多种学科方法的交叉和汇合。

3）程序和技术

程序和技术是社会调查研究中最低层次的研究方法，主要包括社会调查过程中使用的多种调查工具及其技术。社会调查的程序是指社会调查过程中的行动顺序和具体调查步骤，具体可分为以下四个步骤（图 4-3）：即准备阶段、调查阶段、研究阶段和总结阶段，每个阶段又有具体的目标和任务。调查技术通常有设计和使用调查提纲、调查问卷、卡片、表格的技术，有使用记录、录音、录像工具的技术，有使用电脑及相关统计软件的技术等。

旧居住区更新社会调查的方法论、基本方法、程序和技术是相互联系、相互制约、有机地联系在一起。每一项社会调查都必须在一定的方法论指导下，使用某些基本方法，采用适当的调查工具和技术，并按一定的程序或流程进行。在整个方法体系中，方法论是基础和统领，决定着社会调查研究的价值和取向，同时又是具体方法和技术选择的基础和依据。而调查研究的实施又依赖于具体方法和相关技术的应用，具体方法和技术的发展变化能促进方法论的发展变化。正是方法论、方法和技术三个层次这三个体系在相互联系、相互制约与促进中的不断发展和完善，才使得旧居住区更新社会调查方法构成一个严密的、自成体系的科学体系。

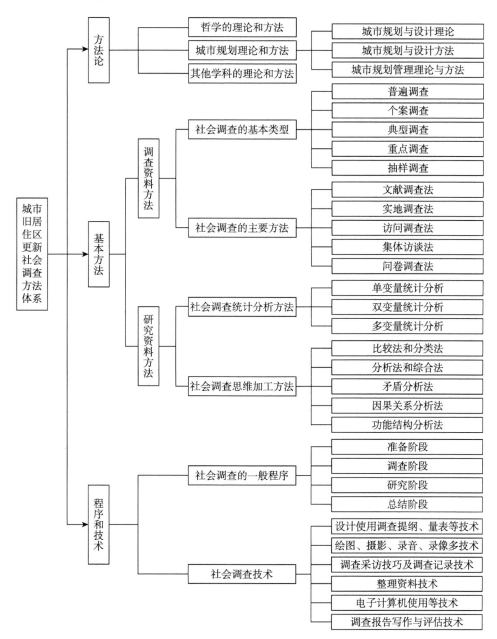

图 4-3　旧居住区更新社会调查研究的方法体系
资料来源：李和平，李浩．城市规划社会调查方法［M］．北京：中国建筑工业出版社，2004

4.1.3　流程架构：现状调查与评价的流程整合

　　旧居住区更新现状调查与评价一般是在明确的架构流程指导下完成的。根据以往大部分相关类似评价案例来说（如旧居住区环境评价、历史街区现状评价等），其主要包含两大部分核心内容：一是针对旧居住区物质环境的评价，如现存建筑状况、公共设施、总体环境等的评价；二是针对旧居住区社会人文环境的评价，如居民对更新的态度、历史文化价值、邻里关系以及居民归属感等的评价。这两块内容看似分离，其实又在评价的每个阶段相互关联，相辅相成。

在现状调查过程中，现场的"田野调查"① 是必须的，同时旧居住区背景信息、以往的更新规划设计和建筑设计资料以及相关的案头档案也必不可少。

其实，关于城市规划的现状调查、评价等技术方法的研究早已为国内外学界所关注。西方城市规划实施评估最早源于 1970 年代初期对规划政策实施的研究，后期逐渐探索对备选方案、规划决策的实施效果进行评估，这一时期的代表性人物有 Pressman、Wildavsky，两位学者基于"政策执行"的视角探讨了规划方案评价方法②。到 1970—1990 年代，由于受到系统方法论和社会文化论的双重影响，西方规划学界逐渐开始转向对城市规划作用进行评价，研究内容主要包括方案评价、规划价值标准以及规划实施过程等较为完善的评估内容③④⑤。1990 年代末期，随着新公共行政管理和新自由主义浪潮的兴起，西方国家的城市规划评估更多侧重于规划的绩效评估、公共供给政策评估等方面内容⑥⑦。2000 年以后，随着新自由主义、新公共行政管理思潮以及生态控制理念的引入等诸多因素的影响，规划评价趋势不再是单纯关注个体利益，更多的是关注社会和谐、空间公平正义等议题⑧⑨。

相对于我国而言，有关城市规划现状调查研究的有：章俊华在《规划设计学中的调查分析法与实践》一书中详细阐述了规划设计学中的多种调查方法，如：分类分析法、层次分析法、因子分析法等多种调查方法⑩；李和平等在《城市规划社会调查方法》中对城市规划社会调查的基本原理、方法等进行了详细评析⑪；东南大学段进教授通过对规划评估的理论探索，结合案例进行了实证研究，对重点地区空间营造和规划建设评估的目标、基础、测度、内容、方法、组织等进行了深入探讨⑫。

纵观 40 多年来国内外城市规划评价研究成果，国内外学者分别对城市规划现状调查和评价分别进行了深入的探讨。然而，其中部分研究或是仅仅关注城市规划现状调查的技术方法，抑或关注评价的技术方法，研究的视角较为宽泛，而专门针对旧居住区更新现状调查评估系统方法的研究尚处于探索阶段，尤其缺乏从社会学视角进行理论探讨。因此，在对旧居住区更新工

①　田野调查（Field Work）又可译为实地调查、现状调查，是由英国功能学派的代表人物马林诺夫斯基（Bronisław Kasper Malinowski）奠定的，在我国这方面卓有成绩的是著名社会学家费孝通先生。其最重要的研究手段之一就是参与观察。它要求调查者要与被调查对象共同生活一段时间，从中观察、了解和认识他们的社会与文化。田野调查一般可分为 5 个阶段：准备阶段、开始阶段、调查阶段、撰写调查研究报告阶段和补充调查阶段。

②　Pressman J,Wildavsky A. Implementation［M］. Berkeley: University of California Press, 1973

③　Himadi B, Kaiser A J. The modification of delusional beliefs: A single-subject evaluation［J］. Behavioral Interventions, 1992, 7(1): 1–14

④　Talen E. Do plans get implemented? A review of evaluation in planning［J］. Journal of planning Literature, 1996, 10(3): 248–259

⑤　Talen E. After the plans: Methods to evaluate the implementation success of plans［J］. Journal of planning Education and Research, 1996, 16(2): 79–91

⑥　Connerly E, Muller N.Evaluating housing elements in growth management comprehensive plans［M］. Newbury Park, CA: Sages, 1993: 16–25

⑦　Wegener M. Operational urban models: State of the art［J］. Journal of the American Planning Association, 1994, 60(1): 17–29

⑧　Berke P R, Conroy M M. Are we planning for sustainable development? An evaluation of 30 comprehensive plans［J］. Journal of the American Planning Association, 2000, 66(1): 21–33

⑨　Schoennagd T, Nelson C R, Theobald D M, et al. Implementation of national fire plan treatments near the wildland: Urban interface in the western United States［J］. PNAS, 2009, 106(26): 10706–10711

⑩　章俊华.规划设计学中的调查分析法与实践［M］.北京：中国建筑工业出版社，2005

⑪　李和平，李浩.城市规划社会调查方法［M］.北京：中国建筑工业出版社，2004

⑫　段进.空间研究 11：城市重点地区空间发展的规划实施评估［M］.南京：东南大学出版社，2013

作时，一套集成多种因素、标准、规程的综合分析评价系统亟待建立。

在本书中，笔者尝试对现有的旧居住区调查与评价方法进行系统综合，充分考虑旧居住区的属性与特征，并结合当今国内旧居住区更新的现状与国情，以期探索出具有一定使用价值与可操作性的旧居住区现状综合调查评价技术与方法。

4.2 体系构建：旧居住区更新现状综合评价体系

构建旧居住区更新现状综合评价体系，使其从定量上标示旧居住区的现存状况，分析其存在的问题、更新的必要性和迫切性，同时也有利于加快我国城市旧居住区更新的管理与建设。现状评价的对象（评价客体）是城市中现存的、已经使用过若干年的旧居住区；评价目的是对旧居住区的物质环境、社会人文环境以及居民对旧居住区更新的态度等方面进行全面综合的评价。通过评价，可以发现旧居住区各个方面存在的主要问题和未来发展潜力，从而为后续旧居住区更新提供一定的依据和建议，最后建立旧居住区更新现状分析数据库，为我国大量城市旧居住区更新工作提供决策参考。为此，本章尝试构建一套城市旧居住区更新的现状评价体系，通过具体的评价方法，定量化标示城市旧居住区进行更新的必要性，并对未来的更新决策和更新规划设计提供直接依据，以推动我国旧居住区更新迈向主动和常态。

4.2.1 评价指标体系构建的意义与思路

（1）评价指标体系构建的意义

在我国对旧居住区现状进行评价不仅有利于建设资源节约型社会，而且有利于为居民提供"适当的住房"，营造"有尊严"的居住环境，是和谐社会建设在城市居住区层面的重大举措[①]。当前，我国对城市旧居住区更新的研究大都从保护更新的视角出发，关注的视角更多的是围绕物质空间老化、居住环境恶化、公共设施配套等单一维度，而缺少从多维视角对旧居住区现状问题的关注，如是否需要更新、需要何种方式的更新等。

旧居住区居住水平的高低影响着居民的生理、心理、观念以及行为，直接或间接影响着居民的生活质量，因此对旧居住区现状空间要素及其制约因子的研究，对于建设和谐社会、创造美好和更适宜的居住、生活和交往空间，同时对提高居民的生活质量具有十分重要的意义。通过对旧居住区现状居住环境（包含物质空间和非物质空间）的实体评判和研究，例如：居民对更新的态度、现存住宅状况、公共设施、居住区环境、人文社会环境等指标进行客观综合的评价，可以初步了解旧居住区内居住环境的优劣情况，更新的必要性和迫切性等，从而为后续的旧居住区更新和居民生活质量的提高提供一定的科学依据。为此，构建一套科学、完整、可量化的旧居住区现状评价指标体系就显得尤为必要。

（2）评价指标体系构建的思路

评价指标体系是由一系列相互关联、相互制约的指标所组成的完备、科学的指标集合。旧居住现状评价指标体系的研究将遵循图4-4所示的技术路线，正确分析、评价旧居住区现存的物质环境、人文环境，以及及时把握旧居住区的直接使用者和所有者对待旧居住区更新的态度。

---

① 李建军，谢宝炫，马雪莲，等．宜居城市建设中旧住宅区更新宜居评价体系构建［J］．规划师，2012，28（6）：13-17

旧居住区现状评价指标体系是系统优化实现旧居住区更新的有效途径，是正确评价和有效促进我国旧居住区更新发展进程的重要依据。

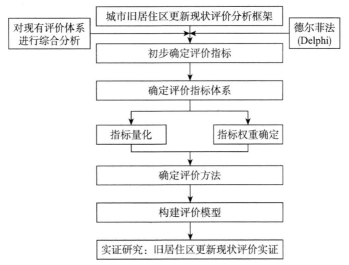

图 4-4　旧居住区更新现状评价技术路线
资料来源：作者绘制

4.2.2　旧居住区现状评价的主要因素

对于旧居住区现状评价，需要设置一个能够完整描述旧居住区现状的指标体系。这个指标体系不仅要从旧居住区的物质空间层面来衡量，还需要从环境、社会和人文等维度来进行刻画。

（1）居民对更新的态度

根据项目管理的基本原理和实践经验，任何项目得以成功实施，均离不开项目利益相关人的积极参与，项目实施的结果应当是全部或大部分利益相关者均感到满足。同样，旧居住区更新也不例外。居民是旧居住区更新后获得收益和承担风险的直接利益相关人，其态度和意愿直接成为旧居住区是否需要更新、何时更新以及采用何种方式更新的重要因素。

相对新建居住区而言，旧居住区更新在规划、设计和施工管理方面均有较高的风险性和不确定性，居民对旧居住区的满意程度和对更新改造后的预期将直接影响居民对旧居住区更新的需求。根据笔者 2014 年参与的《南京市秦淮区总体规划（2014—2030）》中的专题研究——《南京市秦淮区旧居住区更新专题研究（2014）》，笔者对秦淮区旧居住区有关要素的居民满意度做了大量问卷调查，同时结合沈巍麟[1]、陈浮[2]、李建军等[3]、张磊[4]等相关学者的研究，居民对旧居住区相关要素的满意状况主要包括以下 3 个方面：对住宅建筑质量的满意状况、对公共设施配套的满意状况以及对旧居住区环境的满意状况 3 个满意度指标；居民对更新后的预期主要包括：更新后市场价值的提升、室内外环境的提升、住宅物理寿命的延长、后续维护成本的降

① 沈巍麟，王元丰. 既有住宅改造前评价系统 [J]. 建筑科学，2008，24（10）：16-22
② 陈浮. 城市人居环境与满意度评价研究 [J]. 城市规划，2000，24（7）：25-27，53
③ 李建军，谢宝炫，马雪莲，等. 宜居城市建设中旧住宅区更新宜居评价体系构建 [J]. 规划师，2012，28（6）：13-17
④ 张磊. 基于循环经济的城市既有住宅更新改造环境绩效分析和潜力评价 [D]. 西安：西安建筑科技大学，2013

低、更新时间以及更新期间的生活不便等 6 个指标。

（2）现存住宅状况

住宅质量的评价主要体现在住宅建筑结构的安全性层面。住宅结构的安全性是指住宅结构在正常使用状况下，能够承受可能出现的各种外力作用而不发生破坏，如各种荷载、风、地震作用以及非荷载效益（温度效应、结构材料的收缩和微变、环境侵蚀和腐蚀等）而不发生破坏；或在偶然事件发生后，结构仍能保持整体的稳定性或仅局部损坏，但不会导致结构出现连续性塌陷。住宅结构的安全性是住宅建筑发挥其居住功能的基本前提和保证。可以说，住宅结构的安全性越好，其更新的空间越大，可更新潜力也就越高。

根据笔者对大量文献的查阅，目前我国住宅在更新之前对住宅所进行的结构鉴定工作中，主要是对住宅结构的完好性或损坏程度进行鉴定。例如 1985 年我国城乡建设与环境保护部颁发的《房屋完损等级评定标准》就从建筑结构的完好性和损坏程度进行评定，分为完好房、基本完好房、一般损坏房、严重损坏房、危险房 4 个等级。而各种有关住宅维修和加固的研究则从维修和加固两个层面进行了相关方法介绍和实际案例说明。

需要说明的是，本书中对住宅建筑所进行的"结构的安全性"评价，有别于传统的住宅结构的鉴定，主要包括住宅的安全性、适用性、耐久性和抗震性等层面的评价。可以说，"现存住宅状况"评价指标体系中除了结构的安全性评价指标外，还包括其他评价指标，结构的安全性评价仅仅是整个评价体系中的一个子项。为了区别于传统的住宅建筑结构安全性评定技术性指导手册，本书将"结构的安全性"评价指标聚焦于"完损性"这一层面，至于更为精细的结构安全鉴定通常归属于建筑设计层面，而非本书研究的重点内容。为此，根据本研究的评价目的，"结构的安全性指标"主要包括住宅历史使用状况、住宅外观质量、住宅的抗震设防 3 大指标。

在设计的灵活性方面，住宅平面设计的灵活性主要包括住宅套型设计和住宅单元平面设计的灵活性两个方面，可确保住宅在更新过程中，在住宅质量、功能和经济效益方面获得进一步优化。强调住宅平面设计的灵活性，是指住宅建筑在其生命周期内，通过对其平面各功能空间进行更新或进一步优化，能不断适应和满足居民对居住的需求以及保证居住的舒适性。

（3）公共设施

居住区的公共服务设施是居民日常生活中必不可少的环境因素，公共设施的便利性、齐全性和完好性直接关系着居民生活质量的好坏。然而，随着科技的进步、网络化时代的到来以及居民生活水平的不断提高，居民对居住区公共设施的配套要求也在不断提高。因此，在制定居住区公共设施配套标准时，需尽可能地考虑以上因素对居住区公共设施产生的决定性影响。

（4）总体环境

从古至今，在人类历史上产生了多种人类想象出来的居住环境，这仅仅是一些乌托邦式的构想，但是从另一个侧面反映了人们对美好居住环境的需求和向往。理想的居住环境是一种超越现实中物质形态的精神上的想象，是一种形而上学的非物质形态，是将人类生活的各种需求和价值取向在一定的空间和时间内组织起来，构成一个个完美的人居环境。

旧居住区的环境性能是指旧居住区内自然形成或人工建造的住宅建筑室内外环境状况，主要包括室内环境和室外环境两个方面。本研究将旧居住区的总体环境作为一级指标，其目的是希望从"居民"的角度评价旧居住区居住的舒适性状况，试图通过评价提高旧居住区的宜居性。

1）室内环境

室内空间是居民日常生活的重要场所，室内环境的好坏直接关系到居民的日常生活质量。室内环境作为绿色生态住区评价的一项重要评价指标，在欧美等发达国家绿色生态住区评价体系中所占的比重通常较大，一般为15%~35%不等[1][2][3][4]。这些评价标准对于室内环境的评价主要体现在室内空间质量、通风、日照、噪音、疾病传播控制等方面。本书参照《中国绿色低碳住区技术评估手册》、美国LEED-ND评价体系等国内外相关评估标准，同时结合我国旧居住区更新实际情况，将室内环境指标设置为日照和自然采光、自然通风、防水防潮、噪声和隔音控制4项指标。

2）室外环境

室外环境性能即旧居住区总体环境性能。参照《住宅性能评定技术标准》（GBT 50362—2005），室外环境性能主要包括用地与规划、建筑造型、绿地与活动场地、室外噪声与空气污染、水体与排水系统、公共设施配套以及智能化系统7个评价指标[5]。由于本研究的评价对象是独立的旧居住区，评价的目标是旧居住区室外环境的现存状况，室外噪声与空气污染、水体与排水系统、智能化系统虽然对居民居住的舒适性密切相关，但是对旧居住区更新关系较小，这些要素主要属于环境治理或社区管理的范畴。用地与规划、建筑造型、道路交通等指标对居住区总体性能产生重要影响，但这些指标非公众所能左右，或很难对其进行干涉。Evelyn[6]、Gibberd[7]对这一问题做了较为全面细致的剖析。

综上，本评价体系选择用地指标中的绿化及景观环境、停车方便度、公共活动空间3个指标作为室外环境评价的二级指标体系。

（5）人文社会环境

1）历史文化价值的延续

住宅的最基本功能是遮风挡雨、防止野兽侵害、为人类提供生活聚居的场所。但随着社会经济的发展，以及人文、历史和美学等意识形态因素的介入，使得人们对住宅品质的追求越来越高，由此引发住宅的内在文化内涵变得越来越重要。住宅作为构成人们日常生活环境的重要元素之一，直接影响到人们对于居住环境和文化的认同，具有一定历史文化内涵的住宅可以给人提供无限的联想和永久的回忆。

2）邻里关系

美国社会学家费舍尔认为："社区是指一群具有很多相似的社会背景、个人背景的人，经过长期的相处，逐渐形成一种彼此了解并相互接受的社会规范、价值观念、人生态度和生活方

① 刘启波，周若祁.绿色住区综合评价方法与设计准则［M］.北京：中国建筑工业出版社，2006

② Couch C, Dennemann A. Urban regeneration and sustainable development in Britain: The example of the Liverpool Ropewalks Partnership.［J］. Cities, 2000, 17(2): 137–147

③ Hill M. A goals achievement matrix for evaluating alternative plans［J］. Journal of the American Institute of Planners, 1968, 34(1): 19–29

④ 开彦，王涌彬.绿色住区模式：中美绿色建筑评估标准比较研究［M］.北京：中国建筑工业出版社，2011

⑤ 中华人民共和国建设部.住宅性能评定技术标准（GBT 50362—2005）［S］.北京：中国建筑工业出版社，2005

⑥ Evelyn T, Lin G M. Building adaption model in assessing adaption potential of public housing in Singapore［J］. Building and Environment, 2011, 46(7): 1370–1379

⑦ Gibberd J. Assessingsustainablebuildingsindevelopingcountries: The sustainable building assessment tool (SBAT) and the sustainable building lifecycle (SBL)［C］// Proceedings of the 2005 world sustainable building conference in Tokyo. Tokyo: The 2005 world sustainable building conference, 2005: 1605–1612

式"①。这一定义强调了社区居民之间的共同关系，如相同的价值观、生活态度等。社会网络理论还认为，由社会网络所组成的社会体系中，伴随社会个体或社会组织之间关系的改变，该社会个体或社会组织都将会受到不同程度的影响。

20世纪90年代以前，我国城市居民大多是居住在以"单位"为社会单元的特定地域空间，工作在同一个单位，又生活在同一个大院落，有着相似的文化水平、工作与生活方式、兴趣爱好，虽然可能来自不同的地区，血缘关系和生活习惯也不尽相同，但仍能形成较密切的邻里关系和居民的认同感和归属感。

1990年代以后，特别是我国住宅进入商品化市场以后，居住区中的居民多是混居，均质性较低，同一居住区中的居民背景、职业、工作和生活方式各不相同。尽管彼此都是邻里，但缺少生产、生活这一"纽带"，居民之间逐渐难以形成良好的邻里关系和社区文化，这也是现代居住区广遭诟病的重要原因之一。据笔者对南京市秦淮区的旧居住区进行的实地调查，发现现存的1990年代以前的居住社区的邻里关系明显强于1990年代以后的居住社区。

现今，世界各国都面临着社区社会关系问题。1980年代以后，西方国家受到新自由主义的影响，传统的"社区精神"逐渐受到破坏，社区居民之间逐渐变得陌生、疏远和不信任。但据笔者对大量旧居住区居民大量调查问卷后发现，其实居民在内心其实又非常渴望邻里间的交往和对社区的依赖，那为什么事与愿违呢？根据Henri②、Wang③、Uitermark④等国内外相关学者和美国社会学"芝加哥学派"（The Chicago School）的研究，他们将这种现象归结为"社区失落论"（Community Loss）来解释，并对其成因进行了深入剖析，其原因主要包括社会因素和环境因素⑤两方面。其中，社会因素是根本性的，而环境因素则加剧了这种社会关系和人与人之间关系的陌生化。

3）社区归属感

社区归属感（Community Attachment）属于文化心理范畴，是指社区居民在主观上对自己、他人及整个社区的感觉，这种感觉包括认同、喜爱和依恋等多种情感⑥。归属感的形成除了需要有与外界环境隔离的空间和具有最强私密性的空间——"家"外，还需要有第二空间，即人们彼此之间交流、参与的邻里空间。社区居民之间由于长期的交流、交往等产生了彼此相互依赖的生活和交往模式，并最终形成社区独特的生活文化。

---

① Fischer C S. Toward a subcultural theory of urbanism [J].American Journal of Sociology, 1975, 80(6): 1319-1341

② Henri L. The production of space [M].Oxford: Blackwell, 1991: 147-165

③ Wang Y P, Murie A. The process of commercia Lisation of urban housing in China [J].Urban Studies, 1996, 33(6): 971-989

④ Uitermark J. Social mixing and the management of disadvantaged neighbourhoods: The Dutch policy of urban restructuring revisited [J]. Urban Studies, 2003, 40(3): 531-549

⑤ 社会因素表现为：① 城市中人口大量集中必然会产生高异质性和社会流动性，高异质性又带来人与人关系的改变，人与人交往密度和频度的降低；② 社会流动性增加，导致人际交流越来越短暂化、表面化和非人格化，交往的深度降低，内容减少，人与人之间的关系日益疏远、冷漠；③ 个人之间的差异性增加，使得城市居民在日常生活中接触的常常是与自己很不相同，甚至完全不同的人，这样作为人与人之间联系的纽带的共同性就会大大降低；④ 居民的社区生活呈现多元化、多层次，人们有更多参与机会、更多选择的自由，在某一层面和范围内人和人之间的联系在时空上必然减少、减弱；⑤ 住宅生活中，以往由家庭承担的衣食住行等家务劳动逐渐社会化，使得原有的邻里生产、生活上的互助需求减弱，邻里不需要太多来往就可正常生活；⑥ 现代社会中，大部分居民的工作场所与居住地分离，导致居民在住区中停留和活动的时间大为减少，更多的时间是在单位中工作，所以住区人员关系松散，缺乏交往的时间和可能；⑦ 虚拟网络世界的交流分散了人们实际生活交往的时间和精力。环境因素表现为：① 领域与场所的差异性；② 因环境改变引发环境感知的变化；③ 交往范围的扩大。

⑥ 李睿煊，李香会，张盼.从空间到场所：住区户外环境的社会维度 [M].大连：大连理工大学出版社，2009

就旧居住区而言，居民共同居住在特定的地域空间，共同分享社区资源，社区居民之间彼此熟悉，相互认可，逐渐形成一种的非体制化的、固定的社会网络关系。在这种社会网络关系的维护下，居民慢慢习惯并认同本社区的环境，并逐渐地对社区及其环境产生情感，居民之间相互联系、帮扶，在此过程中，个人的能力和才华也逐渐得到别人的公正和认可，由此形成个人对集体、对社区的认同感，进而产生了居民与居民之间、居民对社区的情感归属[①]。然而，对部分因物质性老化或功能性和结构性衰退的旧居住区[②]，人为地缩短了住宅寿命而受到拆迁，多年形成的、固化了的社会网络关系中的重要节点的距离，往往因居住地点的空间变化而被拉大，甚至是彻底发生改变，原有的社会网络关系遭到破坏。

在旧居住区现状综合评价中，这种社会网络关系主要体现在邻里关系和社区归属感两个方面。为此笔者在人文社会性指标考核中将社会文化历史价值的延续性、邻里关系以及居民归属感作为子目标纳入指标体系中。通过对此3大子目标进行考核从而确定旧居住区的社会人文指标。

4.2.3 现状调查与综合评价指标体系

综合以上分析，在浅见泰司[③]、沈巍麟[④]、陈浮[⑤]等人研究成果的基础上，结合国内外住区可持续发展评估体系和我国旧居住区现存的问题和特征，从环境心理学角度出发，即引入"使用者（居民）"的主观意识和评价来综合分析旧居住区现状问题，从而初步归纳构建了"旧居住区现状综合评价体系"（图4-5）。

其中：第1层级是目标层（旧居住区更新现状调查与评价），第2层级是准则层（居民对更新的态度、现存住宅状况、公共设施、总体环境、社会人文环境），第3层级是指标层（包括对住宅质量的满意状况、对公共设施配套的满意状况、对居住区环境的满意状况、市场价值的提升、室内外环境的提升等），共计28个评价指标，每个评价指标又有具体的评价标准。

综合评价指标体系采用了树状分支的多层级结构形式，从而能够按照层级分别进行评价，对于全面评价和大类评价有一定的适用性。旧居住区现状综合评价指标体系的设置就具有这样的特征。如在实际操作中可以以目标层（旧居住区更新现状调查与评价）为评价目标对旧居住区现状进行评价；也可以以准则层（居民对更新的态度、现存住宅状况、公共设施、总体环境、社会人文环境）中的某一项或某几项作为评价目标对旧居住区的某一维度现存状况进行评价，如对现存住宅状况和公共设施两个方面来评价旧居住区的现存物质空间状况。如在旧居住区更新前可专门针对"现存住宅状况"和"总体环境"两个方面来评价其现存状况和存在问题。

① 张京祥，陈浩.南京市典型保障性住区的社会空间绩效研究：基于空间生产的视角[J].现代城市研究，2012，27（6）：66-71
② 阳建强，吴明伟.现代城市更新[M].南京：东南大学出版社，1999
③ 浅见泰司.居住环境评价方法与理论[M].高晓路，张文忠，李旭，等译.北京：清华大学出版社，2006
④ 沈巍麟，王元丰.既有住宅改造前评价系统[J].建筑科学，2008，24（10）：16-22
⑤ 陈浮.城市人居环境与满意度评价研究[J].城市规划，2000，24（7）：25-27

4.3 权重设置：层次分析法确定指标权重

4.3.1 权重方法的选择

由图4-5可知，在旧居住区现状调查与评价体系中共有28个评价指标，这属于多属性决策问题。由于各个指标的重要性程度不同，因此评价时权重设置的合理性将直接影响到最终决策结果的准确性和科学性。确定指标权重的方法一般可分为主观赋权法和客观赋权法两类。主观赋权法是根据决策人对各属性的主观重视程度而对其进行赋权的一类方法，主要有层次分析法、综合评分法以及德尔菲法等。客观赋权法是根据决策问题原始数据之间的关系，并通过一定的数学方法而确定权重的一类方法，常用的客观赋权法有熵权法、相关系数法、主成分分析法等[1][2][3]。

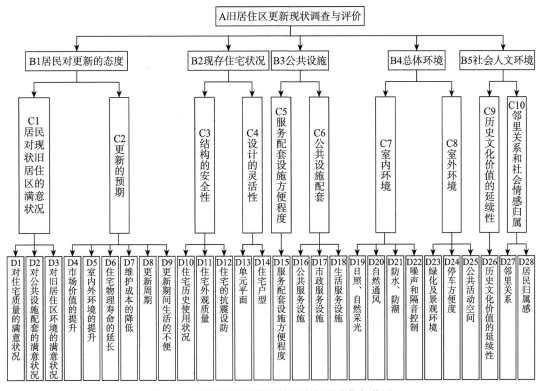

图4-5 旧居住区更新现状调查与评价指标体系

资料来源：作者绘制

通常认为主观赋权法主观性较强，随意性较大，评价结果也不够客观公正，但主观赋权法通常是由本行业内的专家进行判断，而专家的判断也是来源于自身多年的工作积累和丰富的工

① 朱小雷，吴硕贤.基于建成环境主观评价的设计决策分析：结合珠海莲花路商业步行街环境评价调查分析［J］.规划师，2002，18（9）：71-74，88

② 兰继斌.关于层次分析法优先权重及模糊多属性决策问题研究［D］.成都：西南交通大学，2006

③ 刘明，李莉，田铁刚，等.可拓学理论在住宅建筑综合性能评价中的应用［J］.辽宁工程技术大学学报（自然科学版），2007，26（1）：65-67

做经验，结合旧居住区更新实际情感和切身感受，做出较为慎重而客观的判断。因而从总体上来说，这种判断还是较为客观的[①]，尤其是对于心理感受等难以进行量化的指标，专家评判不失为一种行之有效的办法。

客观赋权法在应用时需要有特定的指标值，而对于心理体验、文化认同等类似指标在应用时具有一定的难度，且其权重是完全基于评价指标值的数学计算得出的。例如，熵权法根据指标值之间的区分程度来分配权重，其权重表示指标间的差异，而非指标间的相对重要性。因此，计算结果有时与人们的感受差距较大，其权重设置也可能因人而异。对于旧居住区更新现状调查与评价而言，客观赋权方法难以较好地反映指标间的重要程度，而本书选择的指标中又有部分指标为心理感受方面的指标，且指标值在一般情况下又较难获得，故本研究不适合采用客观赋权法来确定权重。为此，本书采用主观赋权法中最为常见的层次分析法（AHP）来确定评价指标权重，并合理改进以往层次分析法中的众多不足之处，即采用改进的层次分析法确定指标权重。

4.3.2　层次分析法计算流程

改进的层次分析法计算流程详见图 4-6。

（1）构造判断矩阵

建立层次分析模型后，就可以在各层元素中进行两两比较，将每一层次中各因素相对重要性转化为合适的标度并用数值表示出来，从而构建出判断矩阵。假定上一层的元素 B_k 作为准则，对下一层次的元素 C_1，C_2，…，C_n 有支配关系，我们需要在准则 B_k 下对 C_i 和 C_j 之间的相对重要性进行赋值 C_{ij}。赋值的根据通常是由决策者提供，或是通过决策者与分析者二者之间商议确定，抑或是由分析者通过调查、技术咨询等获得。实际生活中，当遇到城市旧居住区现状综合评价这类较为复杂的多属性决策问题时，其判断矩阵常常是通过多位专家填写咨询表后形成的[②]。

对于 n 个元素来说，我们得到两两比较判断矩阵 $C = (C_{ij})\, n \times n$。其中 C_{ij} 表示元素 i 相对于元素 j 的目标重要值。具体的判断矩阵形式如表 4-2。

表 4-2　构造判断矩阵

B_k	C_1	C_2	…	C_n
C_1	C_{11}	C_{12}	…	C_{1n}
C_2	C_{21}	C_{22}	…	C_{2n}
C_3	C_{31}	C_{32}	…	C_{3n}
C_n	C_{n1}	C_{n2}	…	C_{nn}

资料来源：作者绘制

为了量化决策判断并形成上述数值形式的判断矩阵，通常采用 1~9 标度法，这种比例尺度

---

① 高志坚，刘晓君.住宅性能评价组合赋权方法研究［J］.西安建筑科技大学学报（自然科学版），2010，42（6）：877-882

② 杜栋，庞庆华，吴炎.现代综合评价方法与案例精选［M］.北京：清华大学出版社，2008

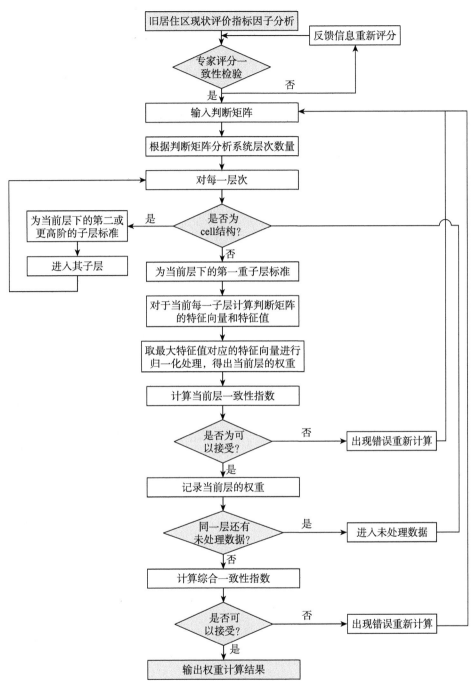

图 4-6　改进的层次分析法计算流程

资料来源：作者根据相关资料整理绘制

在做出判断时比较符合人们的心理习惯。通常来说，对于同一准则，比较对象的重要程度没有太大的差异，否则比较判断的量化就缺乏一定的意义。因此，标度范围不宜过大，也不宜过小。如果存在重要程度在数量级上差别过大的情况，可以合并小数量级的对象，抑或分解大数量级的对象，使重要性程度尽可能地接近数量级，然后再实施两两比较。根据心理学的众多研究成果，我们发现人们在进行比较判断时，通常习惯将两个评价对象划分为 5 个等级："同等重要、略显重要、明显重要、强烈重要和极端重要"。如果再对其进行细分，可以在相邻的两个级别中再插入一个级别，这样正好形成 9 级 [①]（表 4-3）。

表 4-3　判断矩阵标度及其含义

序号	重要性等级	标度 a_{ij} 赋值
1	i, j 两元素同等重要	1
2	i 元素比 j 元素略微重要	3
3	i 元素比 j 元素明显重要	5
4	i 元素比 j 元素强烈重要	7
5	i 元素比 j 元素极端重要	9
6	i 元素比 j 元素略微不重要	1/3
7	i 元素比 j 元素明显不重要	1/5
8	i 元素比 j 元素强烈不重要	1/7
9	i 元素比 j 元素极端不重要	1/9

注：$a_{ij}=\{2，4，6，8，1/2，1/4，1/6，1/8\}$ 表示重要性等级

资料来源：秦寿康.综合评价原理与应用 [M].北京：电子工业出版社，2003

为了确保多名专家打分的一致性，避免极少数特异分值对权重赋值的影响，本书将以往的一次打分更换为多次打分。每次打分结束后，分别计算每个专家给出的指标分值与专家分值加总后形成的欧式距离和，作为判断专家打分一致性的重要依据 [②]。

假设 x_{ij} 为第 j 个专家对评价体系中的第 i 个指标的打分值，取：

$$\bar{x}_{ij} = \frac{x_{ij}}{\sum_{i=1}^{n} x_{ij}}$$（公式 4-1）

$$\bar{x}_i = \frac{\sum_{j=1}^{m} x_{ij}}{\sum_{j=1}^{m}\sum_{i=1}^{n} x_{ij}}$$（公式 4-2）

$$另 D = \sum_{j=1}^{m}\sqrt{\sum_{i=1}^{n}\left(\bar{x}_{ij}-\bar{x}_i\right)^2}$$（公式 4-3）

其中：D 为每个专家给出的指标分值与专家分值加总后形成的欧式距离和。这里以 D 值的大小来衡量专家意见的一致性程度。D 值越小，则说明专家意见的一致性程度越高，反之则越低。

① 邱均平，文庭孝.评价学理论方法实践 [M].北京：科学出版社，2010
② 高志坚，刘晓君.住宅性能评价组合赋权方法研究 [J].西安建筑科技大学学报（自然科学版），2010，42（6）：877-882

同时认为，随着专家打分次数的增加，D 值会逐渐降低到一点区间，当连续两次 D 值的相对性差异小于某个给定值时，即说明专家的意见达到了一致性。假设连续两次 D 值的相对离差为 $\Delta D = |D_1 - D_2|$，当 $\dfrac{\Delta D}{D_1} \leq \delta$（$\delta$ 为设定的差异率）时，此时专家意见趋于一致，无须再重新打分。通常 δ 值设定为 5%，即当连续两次 D 值计算结果的差异程度控制在 5% 以内时，认为达到专家打分的一致性要求 [1]。

（2）判断矩阵综合

判断矩阵的综合算法通常可采用加权算术平均法或加权几何平均法两种方法。

假设 $A_1 = \left[a_{ij,l} \right]_{m \times n}$，$l = 1, 2, \cdots, m$ 为专家所给出的 m 个判断矩阵群，n 为专家人数，$\Omega = \left\{ \lambda \in R_+^m \left| \sum\limits_{l=1}^{m} \lambda_l = 1, \ \lambda_l > 0 \quad l = 1, 2, \cdots, m \right. \right\}$ 为加权向量集。

1）加权几何评价法

对判断矩阵群 A，$l = 1, 2, \cdots, m$，计算各 A 种相应元素的几何平均值 a_{ij}：

$$a_{ij} = \prod_{i=1}^{m} a_{ij,l}^{\lambda_l} \quad (i, j = 1, 2, \cdots, n) \ \lambda \in \Omega \qquad （公式 4-4）$$

用以构造综合判断矩阵，同时还应计算总体标准差 σ_{ij}：

$$\sigma_{ij} = \sqrt{\frac{1}{m-1} \sum_{l=1}^{m} \left(a_{ij,l} - a_{ij} \right)^2} \quad (i, j = 1, 2, \cdots, n) \qquad （公式 4-5）$$

若 $\forall \sigma_{ij} < \varepsilon$，则这组判断矩阵认为是可以接受的。这里 ε 为事先给定值，一般取 $\varepsilon \in [0.5, 1]$。

2）加权算术平均法

对 A 中的元素取加权算术平均：

$$a_{ij} = \sum_{l=1}^{m} \lambda_l a_{ij,l} \quad (i, j = 1, 2, \cdots, n) \ \lambda \in \Omega \qquad （公式 4-6）$$

用来构造综合判断矩阵，但此时综合判断矩阵失去其互反性。

以本书所涉及的城市旧居住区现状综合评价体系为例，准则层 B 对于目标层 A 的判断矩阵 B-A 为（表 4-4）：

表 4-4　准则层 B-A 的判断矩阵

	B_1	B_2	B_3	B_4	B_5
A_1	1.000 0	2.000 0	3.000 0	4.000 0	6.000 0
A_2	0.500 0	1.000 0	2.000 0	3.000 0	5.000 0
A_3	0.333 3	0.500 0	1.000 0	2.000 0	4.000 0
A_4	0.250 0	0.333 3	0.500 0	1.000 0	3.000 0
A_5	0.166 7	0.200 0	0.250 0	0.333 3	1.000 0

资料来源：作者绘制

---

[1] 高志坚，刘晓君．住宅性能评价组合赋权方法研究 [J]．西安建筑科技大学学报（自然科学版），2010，42（6）：877-882

（3）层次单排序权重确定

层次单排序的确定可归结为计算判断矩阵的最大特征值和特征向量问题。特征向量代表该层次各因素对上一层次某一因素影响大小的权重，一般可用方根法求得近似的结果，具体计算步骤如下：

① 计算判断矩阵每一行元素的乘积 M_i

$$M_i = \prod_{j=1}^{n} a_{ij} \quad i = 1, 2, \cdots, n \qquad （公式 4-7）$$

② 计算的 M_i 的 n 次方根

$$\overline{W_1} = \sqrt[n]{M} \qquad （公式 4-8）$$

③ 对向量 $\overline{W} = \left[\overline{W_1}, \overline{W_2}, \cdots, \overline{W_n} \right]^T$ 归一化处理，即为所求的特征向量的近似解：

$$W_i = \frac{\overline{W_i}}{\sum_{i=1}^{n} \overline{W_j}} \qquad （公式 4-9）$$

④ 计算判断矩阵的最大特征根 λ_{max}

$$\lambda_{max} = \sum_{i=1}^{n} \frac{(AW)_i}{nW_i} \qquad （公式 4-10）$$

其中 $(AW)_i$ 表示向量 AW 的第 i 个元素。

根据以上方法，可建立旧居住区现状综合评价体系的各层次判断矩阵，并得出各个元素的权重计算结果，见表 4-5、表 4-6。

表 4-5　一级指标层判断矩阵及其权重

判断一致性比例：0.014 5；对总目标的权重：1.000；λ_{max}：5.425 3

旧居住区现状综合评价体系	居民对更新的态度	现存住宅状况	公共设施	总体环境	社会人文环境	权重 W_i
居民对更新的态度	1.000 0	2.000 0	3.000 0	4.000 0	6.000 0	0.419 0
现存住宅状况	0.500 0	1.000 0	2.000 0	3.000 0	5.000 0	0.266 6
公共设施	0.333 3	0.500 0	1.000 0	2.000 0	4.000 0	0.164 3
总体环境	0.250 0	0.333 3	0.500 0	1.000 0	3.000 0	0.102 3
社会人文环境	0.166 7	0.200 0	0.250 0	0.333 3	1.000 0	0.047 9

资料来源：作者绘制

表 4-6　二级指标层判断矩阵及其权重

1）居民对更新的态度判断一致性比例：0.014 5；对总目标的权重：0.419 0；λ_{max}：2.863 4

居民对更新的态度	居民对现状旧居住区的满意状况	更新后的预期	权重 W_i
居民对现状旧居住区的满意状况	1.000 0	1.000 0	0.500 0
更新后的预期	1.000 0	1.000 0	0.500 0

2）现存住宅状况判断一致性比例：0.003 2；对总目标的权重：0.266 6；λ_{max}：2.423 8

现存住宅状况	结构的安全性	设计的灵活性	权重 W_i
结构的安全性	1.000 0	2.000 0	0.666 7
设计的灵活性	0.500 0	1.000 0	0.333 3

3）公共设施判断一致性比例：0.003 2；对总目标的权重：0.164 3；λ_{max}：2.423 8

公共设施	服务配套设施方便程度	公共设施配套	权重 W_i
服务配套设施方便程度	1.000 0	2.000 0	0.666 7
公共设施配套	0.500 0	1.000 0	0.333 3

4）总体环境判断一致性比例：0.014 5；对总目标的权重：0.102 3；λ_{max}：2.863 4

总体环境	室内环境	室外环境	权重 W_i
室内环境	1.000 0	1.000 0	0.500 0
室外环境	1.000 0	1.000 0	0.500 0

5）社会人文环境判断一致性比例：0.003 2；对总目标的权重：0.047 9；λ_{max}：2.423 8

社会人文环境	历史文化价值的延续	邻里关系和社会情感归属	权重 W_i
历史文化价值的延续	1.000 0	0.500 0	0.333 3
邻里关系和社会情感归属	2.000 0	1.000 0	0.666 7

（4）判断矩阵一致性检验

构建以上两两判断矩阵后，在计算单准则性权重向量时，需对得到的主观判断矩阵进行一致性检验。所谓判断矩阵的一致性是指专家在判断指标重要性时，各判断之间需协调一致，不致出现相互矛盾的结果[1]。在现实生活中，由于判断性矩阵的属性受不同专家认识的多样性、事物自身的复杂性等内外因素的影响，在其构造中完全要求判断矩阵具有传递性和一致性不太实际，但是为了保证应用层次分析法分析得到的结论合理、正确，判断矩阵仍需满足大体上的一致性。

对于城市旧居住区更新评价这一复杂系统而言，要求每一个判断都具有完全的一致性不太可能，但有必要要求判断具有大体上的一致性。一致性检验通常与排序步骤同步进行。

根据矩阵理论，λ_1，λ_2，$\cdots$，λ_n 是矩阵的特征根，满足公式 $A_x = \lambda_x$，并且对所有 $a_{ij} = 1$，满足：

$$\sum_{i=1}^{n} \lambda_i = n \qquad （公式4-11）$$

当判断矩阵具有完全一致时，$\lambda_1 = \lambda_{max} = n$，其余特征根均为零；而当矩阵 A 不具有完全一致性时，则有 $\lambda_1 = \lambda_{max} > n$，其余特征根 λ_2，λ_3，$\cdots$，λ_n 则有如下关系：$\sum_{i=2}^{n} \lambda_i = n - \lambda_{max}$。

---

① 杜栋，庞庆华，吴炎．现代综合评价方法与案例精选［M］.北京：清华大学出版社，2008

根据以上结论，当判断矩阵不能保证完全一致性时，相应的，判断矩阵的特征根也会发生变化，从而可以通过判断矩阵特征根的变化来检验判断的一致性程度。因此，在层次分析法中引入判断矩阵最大特征根以外的其余特征根的负平均值，美国匹兹堡大学 Saaty 教授用"一致性指标"（Consistency Index，简称 CI）作为度量判断矩阵偏离的程度，即：

$$CI = \frac{\lambda_{\max} - n}{n-1} \qquad （公式 4-12）$$

式中：$\lambda_{\max}$——比较矩阵的最大特征根；

$\quad\quad\quad$ n——阶数。

检查决策者判断思维的一致性。CI 值越大，说明判断矩阵偏离完全一致性的程度越大；CI 值越小（接近于 0），说明判断矩阵的一致性越好。

为了更准确地测量判断矩阵的一致性，通常还需要引入判断矩阵的"平均随机一致性指标"（Random Consistency Index，简称 RI）。对于 1~9 阶判断矩阵，Saaty 教授则给出了平均随机一致性指标选值 RI（表 4-7）。由表 4-7 可知，当判断矩阵的阶数 $n < 3$，RI 取值近似为零。因此，2 阶判断矩阵无须对其进行一致性检验。当判断矩阵的阶数 $n \geqslant 3$ 时，则先通过下表中选取 RI 值，再结合前面计算获得的 CI 值，通过下面的随机一致性比率公式（公式 4-13）就可以计算得出 CR 值。

表 4-7　随机一致性指标 RI 值

矩阵阶数	1	2	3	4	5	6	7	8	9
RI 值	0.00	0.00	0.58	0.90	1.12	1.24	1.32	1.41	1.45

资料来源：程建权. 城市系统工程［M］. 武汉：武汉测绘科技大学，1999

1，2 阶判断矩阵总是具有完全一致性，当阶数大于 2 时，判断矩阵的一致性指标 CI 与同阶平均一致性指标 RI 之比称为随机一致性指标（Consistency Ratio，简称 CR），当：

$$CR = \frac{CI}{RI} < 0.10 \qquad （公式 4-13）$$

式中：CI——判断矩阵一致性指标；

$\quad\quad\quad$ RI——平均随机一致指标；

$\quad\quad\quad$ CR——随机一致性比率。

即认为判断矩阵具有满意的一致性，相反，就需要修正判断矩阵，直至其具有满意的一致性为止。

（5）层次总排序权重的确定

沿递阶层次结构从上到下逐层计算，即可计算出同一层次中所有因子对于总目标相对重要性的排序权值，可将其称之为层次总排序，这个过程是从最高层到最低层逐层进行的。若上一层次 A 包含 m 个指标，分别为 A_1，A_2，…，A_m，其层次总排序的权值分别为 W_{a1}，W_{a2}，…，W_{am}，下一层次 B 包含 n 个元素 B_1，B_2，…，B_n，它们对于准则 A_j 的层次单排序的权值分别为

W_{bj1}，W_{bj2}，$\cdots$，W_{bjn}（当 B_k 与 A_j 无关时，取值 W_{bjk} 为 0），则 B 层次 n 个元素 B_1，B_2，$\cdots$，B_n 的总排序为 $\sum\limits_{j=1}^{m}W_{aj}W_{bj1}$，$\sum\limits_{j=1}^{m}W_{aj}W_{bj2}$，$\cdots$，$\sum\limits_{j=1}^{m}W_{aj}W_{bjn}$（表4-8）。

表4-8　层次总排序中的合成权重值

层次		A_1	A_2	$\cdots$	A_m	B层次总排序权重
		W_{a1}	W_{a2}	$\cdots$	W_{am}	
B	B_1	W_{b11}	W_{b21}	$\cdots$	W_{bm1}	$\sum\limits_{j=1}^{m}W_{aj}W_{bj1}$
	B_2	W_{b12}	W_{b22}	$\cdots$	W_{bm2}	$\sum\limits_{j=1}^{m}W_{aj}W_{bj2}$
	$\cdots$	$\cdots$	$\cdots$	$\cdots$	$\cdots$	$\cdots$
	B_n	W_{b1n}	W_{b2n}	$\cdots$	W_{bmn}	$\sum\limits_{j=1}^{m}W_{aj}W_{bjn}$

资料来源：陈敬 . 科研评价方法与实证研究 ［D］. 武汉：武汉大学，2004

（6）层次总排序一致性检验

在层次总排序完成后，也需要对其一致性检验，同样从最高层到最低层逐层进行。如果 B 层次某元素对上一层次 A 中的某准则 A_j 单排序的一致性指标为 CI_j，对应的平均随机一致性指标为 RI_j，则 B 层次总排序一致性比率为：

$$CR = \frac{\sum\limits_{j=1}^{m}W_{aj}CI_j}{\sum\limits_{j=1}^{m}W_{aj}RI_j}$$
（公式4-14）

类似，当 $CR < 0.1$ 时，认为层次结构模型在 B 层次水平上具有整体的一致性。反之，就需要对判断矩阵进行修正，使之具有满意的一致性。

综上所述，经过构造判断矩阵、层次单排序权重确定、层次单排序一致性检验、总排序权重确定以及层次总排序一致性检验 5 大评价流程，最终得出旧居住区现状调查评价体系中每个基本指标相对于总目标层的重要性排序和综合权值，详见表4-9。

表4-9　旧居住区现状综合评价指标权值

总目标	一级指标	二级指标	基本指标	权值 W_i	综合权值 W_i
旧居住区现状综合评价 A 1.000 0	居民对更新的态度 B1 0.419 0	居民对旧居住区的满意状况 C1 0.500 0	对住宅质量的满意状况 D1	0.321 3	0.067 3
			对公共设施配套的满意状况 D2	0.280 2	0.058 7
			对旧居住区环境的满意状况 D3	0.398 5	0.083 5

总目标	一级指标	二级指标	基本指标	权值 W_i	综合权值 W_i
旧居住区现状综合评价 A 1.000 0	居民对更新的态度 B1 0.419 0	更新后的预期 C2 0.500 0	市场价值的提升 D4	0.175 3	0.036 7
			室内外环境的提升 D5	0.318 5	0.066 7
			住宅物理寿命的延长 D6	0.118 2	0.024 8
			后续维护成本的降低 D7	0.239 2	0.050 1
			更新时间 D8	0.064 0	0.013 4
			更新期间生活的不便 D9	0.084 8	0.017 8
	现存住宅状况 B2 0.266 6	结构的安全性 C3 0.666 7	住宅历史使用状况 D10	0.291 1	0.051 7
			住宅外观质量 D11	0.350 5	0.062 3
			住宅的抗震设防 D12	0.358 4	0.063 7
		设计的灵活性 C4 0.333 3	单元平面 D13	0.500 0	0.044 4
			住宅户型 D14	0.500 0	0.044 4
	公共设施 B3 0.164 3	服务配套设施方便程度 C5 0.666 7	服务配套设施方便程度 D15	1.000 0	0.109 5
		公共设施配套 C6 0.333 3	公共服务设施 D16	0.551 5	0.030 2
			市政服务设施 D17	0.057 9	0.003 2
			生活服务设施 D18	0.390 6	0.021 4
	总体环境 B4 0.102 3	室内环境 C7 0.500 0	日照、自然采光 D19	0.250 0	0.012 8
			自然通风 D20	0.250 0	0.012 8
			防水、防潮 D21	0.250 0	0.012 8
			噪声和隔音控制 D22	0.250 0	0.012 8
		室外环境 C8 0.500 0	绿化及景观环境 D23	0.302 2	0.015 5
			停车方便度 D24	0.395 6	0.020 2
			公共活动空间 D25	0.302 2	0.015 5
	社会人文环境 B5 0.047 9	历史文化价值的延续性 C9 0.333 3	历史文化价值的延续性 D26	1.000 0	0.016 0
		邻里关系和社会情感归属 C10 0.666 7	邻里关系 D27	0.500 0	0.016 0
			居民归属感 D28	0.500 0	0.016 0

4.4　模型建构：旧居住区更新现状评价模型

根据以上各评价指标的权重 W_i 以及其对应的指标得分 Z_i，即可建立旧居住区更新现状综合评价模型（The Old Residence Situation Elevation，简称 TORSE），该模型为笔者自行设计，具体见公式 4-15：

$$TORSE_i = \sum_{j=1}^{n} z_i W_i \qquad （公式 4-15）$$

公式 4-15 中，z_i 为待评价旧居住区的各指标评分值，W_i 为各评价指标的权重。在以上各评价指标中，其中：更新的预期（更新时间以及更新期间生活的不便 2 个指标除外）、结构的安全性、设计的灵活性、社会文化历史价值的延续性、邻里关系以及社会情感归属以及下属三级指标采用绩优指标，即指标评分值越高，更新潜力越大，更新的重要性和迫切性越高；居民对居住区的满意状况、配套设施方便程度、公共设施配套、室内环境、室外环境及其下属三级指标均采用绩劣指标，即指标评分值越高，更新的潜力越小，更新的重要性和迫切性越低。对于绩劣指标在评价时其值按照理想值 z*$_i$（理想条件下的旧居住区更新潜力最大时的指标分值）与评分值的差值即 z*$_i$-z_i 代入公式 4-15 中进行运算。根据以上公式和计算说明可知，$TORSE_i$ 的值反映了待评价旧居住区更新现状潜力的大小，即 $TORSE_i$ 值越大，可更新潜力越高，更新的重要性和迫切性越高。

综上，通过以上评价流程对旧居住区进行评价，可以发现该评价体系具有以下几个方面的作用：（1）本评价体系可以定量化标示旧居住区更新的必要性，判断城市旧居住区是否需要更新，需要何种层次、何种内容、采用何种措施的更新。（2）通过对某一旧居住区现状指标值的大小进行对比和研判，从中可以发现旧居住区现状存在的问题，为下一步的旧居住区更新规划提供基础资料支撑以及更新规划设计提供依据。（3）采用以上评价体系和评价模型，可对同一区域中的多个旧居住区进行评价，从而对本区域的旧居住区更新的重要性和迫切性进行排序。$TORSE_i$ 值越大，意味着旧居住区更新的重要性和迫切性越高，从而为相关管理部门实施本区域内的旧居住区更新管理提供依据。

4.5　实证研究：以南京市秦淮区旧居住区现状调查与评价为例

4.5.1　评价主体与评价对象选择

（1）评价主体

评价主体解决的是"由谁评估"的问题。本书研究的是"旧居住区现状综合评价指标体系"，其评价主体主要是生活在旧居住区内的居民。居住区与居民的关系犹如产品与顾客的关系，居民作为评价主体最能真实反映旧居住区的现存状况。然而，对于任何一个评价主体而言，因其自身特定的评价视角和认知态度的差异性，不同的评价主体亦存在难以克服的评价局限，他们都会对评价结果的有效性产生强烈的影响。为此，旧居住区现状综合评价需要培育和完善多元化的评价主体，从而达到互补的作用。笔者认为，城市旧居住区现状综合评价的评价主体可以包括本社区居民和社区管理者两类人群。

旧居住区现状综合评价反映的是居民对旧居住区的现存状况的满意程度，居民无疑就成为旧居住区评价的最直接的评价主体。尽管居民因年龄、教育程度、社会地位、收入等的差异性，必然对居住区的认知和参与存在一定的差异性，但评价旧居住区现存状况的好与坏则要以"居民满意"为标准，以居民切身感受、情感需求、期望等为主要依据。根据以上研究，笔者将居民对旧居住区的现存住宅状况、公共设施配套、总体环境、社会人文环境作为评价居住区的重要指标，充分体现和谐社区建设的参与性、广泛性和效益性。

同时，评价主体还应包括社区管理者，其原因是社区管理者在旧居住区更新中扮演着双重角色。一方面社区管理者是居住区建设与管理的直接参与者和实施者，他们离政权最远而离居民又最近，最了解居住区与居民的关系，也是最知晓旧居住区的现存状况；另一方面，他们也生活在本居住区中，对本居住区的关注甚至更强于其他居民。因此，他们无疑也是旧居住区更新的最直接评价主体之一（图4-7）。

图4-7 问卷调查现场
资料来源：作者拍摄

（2）评价对象选择

根据前文构建的旧居住区更新现状综合评价体系，在得出各个指标的权重设置并确定指标评分标准之后，即可对旧居住区的现状进行评价。基于笔者前期参加的《南京市秦淮区总体规划（2014—2020）》中的"旧居住区更新专题研究"，对秦淮区旧居住区进行了大量问卷调查和田野调查，为此，笔者选取南京市秦淮区御河新村、御道街 34 号、扇骨里三个旧居住区进行评价（图 4-8，表 4-10）。御河新村是我国众多大中城市住宅产权为公有的单位制住区的典型代表，御道街 34 号住区是我国产权为私有的单位制住区的典型代表，扇骨里是我国大多数城市建于 1990 年代左右、产权为私有的商品型住区的典型代表。据笔者调查，南京市主城区范围内绝大部分建于 1980 年代的旧居住区都具有和扇骨里类似的特征。

表 4-10　评价对象基本情况统计一览表

序号	名称	面积（hm²）	人口（人）	建造年代	产权性质	所在区位
1	御河新村	2.66	1 550	1973 年	公私兼有	秦淮区瑞金路街道瑞金路 6 号
2	御道街 34 号	2.97	1 860	1993 年	私有	秦淮区瑞金路街道御道街 34 号
3	扇骨里	2.14	1 490	1982 年	私有	秦淮区夫子庙街道扇骨营 148 号

资料来源：作者根据相关统计数据和调查数据整理绘制

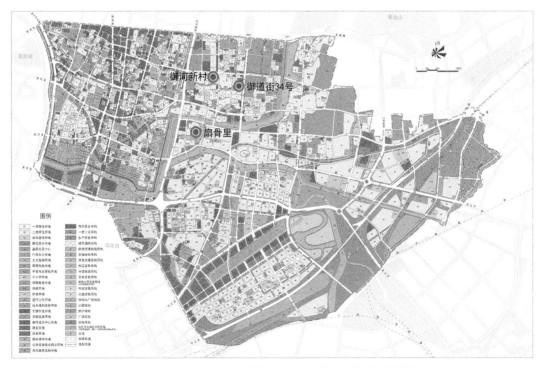

图 4-8　御河新村、御道街 34 号、扇骨里在秦淮区的位置
资料来源：作者绘制

（3）评价对象概况

1）御河新村概况

御河新村住区位于南京市秦淮区瑞金路和解放路交叉口西南角，南临金鑫园小区，东临解放路，西接南京市第一中学初中部，北接瑞金路，总占地面积约 2.66 hm²，总人口约 1 550 人，住宅产权性质为公房，户均租金约 30~50 元 / 月。御河新村始建于 1973 年，是原南京汽车制造厂和原南京机床厂职工宿舍区，建筑层数为 3~6 层，户均建筑面积约 30 m²，缺少独立的厨卫设施，现居住人员主要为企业退休人员和部分租户。御河新村因年久失修，建筑物质性衰败和功能性衰败较为严重，由于缺乏独立的厨卫设施，居民生活十分不便，生活水平明显偏低（图4-9，图4-10）。

可以说，御河新村是我国众多大中城市公有产权住房的单位制住区的典型代表，也是我国住房短缺时代住区发展的烙印。

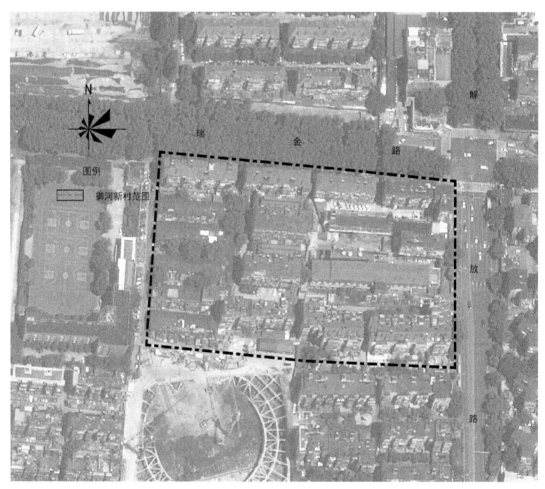

图 4-9　御河新村现状影像图
资料来源：作者在谷歌影像图基础上整理绘制

图 4-10　御河新村现状住宅
资料来源：作者拍摄

2）御道街 34 号概况

御道街 34 号住区位于南京市秦淮区明御河路与瑞阳街交叉口东北角，北临瑞阳小区，东临明御河，西接瑞阳街，南接明御河公园，总占地面积约 2.97 hm²，总人口约 1 860 人。御道街 34 号住区始建于 1993 年，住宅户型面积较小，主要有 58 m² 和 63 m² 两种户型，且户型不成套，住宅层数为 3~4 层（图 4-11，图 4-12）。该居住区原为中国电子集团五十五所职工家属楼，产权为中国电子集团五十五所所有。住房制度改革以后，大部分居民将住宅产权一次性买下，现住宅产权归居民所有。

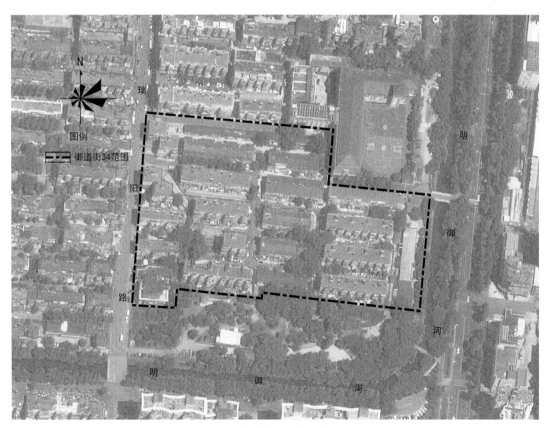

图 4-11　御道街 34 号现状影像图
资料来源：作者在谷歌影像图基础上整理绘制

图4-12　御道街34号现状住宅
资料来源：作者拍摄

3）扇骨里概况

　　扇骨里住区位于南京市秦淮区扇骨营路与清水塘路交叉口西南角，北接扇骨营路，南至清水塘，西临枫丹白露花园水秀苑，东至清水塘路，总面积约2.14 hm²，总人口约1 490人。扇骨里住区始建于1982年，住宅层数一般为5~6层，住宅户型面积一般为40~60 m²不等，厨卫设施齐全，住宅产权性质为私有。扇骨里住区是我国大部分城市八九十年代建成的、产权为私有的住区典型代表，但由于年代较久，加上户型面积偏小，难以满足居民的生活需求（图4-13，图4-14）。

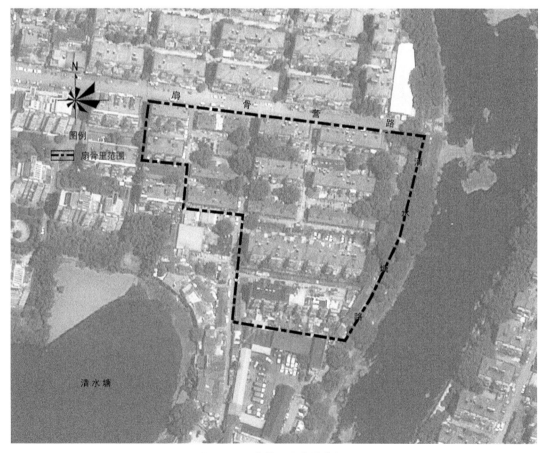

图4-13　扇骨里现状影像图
资料来源：作者在谷歌影像图基础上整理绘制

图 4-14　扇骨里现状住宅

资料来源：作者拍摄

4.5.2　调查问卷与数据采集

（1）问卷设计

基于本章的研究框架和研究目的，笔者设计了旧居住区现状调查和评价的调查问卷。问卷事先进行过试运行，中间又多次根据需要进行了深化和调整。限于居民的工作节奏和普遍素质，问卷采用选择题（如居民基本信息的调查）和直接打分（如居民对旧居住区现存状况的评价）相结合的方式。这样受访者比较容易接受，应答率也相对较高。问卷调查内容主要包括以下信息：

1）受访居民的基本资料，包括年龄、性别、职业、学历、收入、住房性质、居住人口等，这些信息一定程度上可以反映居民的基本信息。该部分包括 7 个问题，分别采用类别尺度衡量。

2）受访居民对旧居住区更新态度的评价。包括居民对现状居住区的满意状况和更新的预期。该部分从居民的角度，对旧居住区住宅质量、配套设施、整体环境 3 个维度进行满意度评价，以此找出现状居住区存在的突出问题，并作为第六章旧居住区更新规划路径的提出提供现实依据。该部分包括 9 个问题，分别采用李克特量表[①]评价尺度来衡量。

3）受访居民对旧居住区现存状况的评价。该部分从居民的视角，对旧居住区的现存住宅状况、公共设施、总体环境、社会人文环境 4 个方面进行评价。该部分共包括 19 个问题，分别采用李可特量表评价尺度来衡量。

（2）问卷调查

本次问卷调查的对象主要是 3 个旧居住区的居民和管理人员，问卷调查的对象采用抽样调查的方法选取，并分别对他们进行了非参与式观察和半结构化访谈，并于 2017 年 3 月 15 日—2017 年 4 月 3 日开展了访谈回收式问卷调查（表 4-11，图 4-15）。本次问卷共发放问卷 450份，其中有效问卷 402 份，问卷有效率为 89.3%。其中：御河新村发放问卷 150 份，有效问卷138 份，问卷有效率为 92.0%；御道街 34 号发放问卷 150 份，有效问卷 128 份，问卷有效率为85.3%；扇骨里发放问卷 150 份，有效问卷 136 份，问卷有效率为 90.7%。

---

① 李克特量表（Likert Scaling）是总加量表的一种特定形式，它是由美国社会心理学家李克特（R.A.Likert）于 1932 年在原有的总加量表的基础上改进而成的。李克特量表由一组陈述组成，每一陈述有"非常同意""同意""不一定""不同意""非常不同意"五种回答，分别记为 5、4、3、2、1，每个被调查者的态度总分就是他对各道题的回答所得分数的加总，这一总分可说明他的态度强弱或他在这一量表上的不同状态。

表 4-11　评价主体背景信息

评价对象	问卷份数			评价主体背景		
	派出问卷	回收问卷	有效问卷	男	女	评价主体
御河新村	150	143	138	76	62	居民、社区管理者
御道街 34 号	150	136	128	60	68	居民、社区管理者
扇骨里	150	148	136	74	62	居民、社区管理者

资料来源：作者绘制

图 4-15　问卷调查表打分
资料来源：作者拍摄

1）御河新村问卷调查

在对御河新村调查的有效问卷中，调查人群的性别比例为男性占 55.1%，女性占 44.9%，其中 35~50 岁以及 50~65 岁的人群占据比例较大，职业分布主要以退休人员和个体职业人员为主。究其原因，调查人员的职业分布与御河新村自身特征密切相关，御河新村以公房为主，房屋破损严重，大部分居民为企业退休人员，年轻人或部分条件较好的居民都已在城市其他地方购买住房，而将原房屋出租给外来务工人员。具体受访人员情况详见图 4-16。

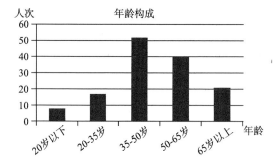

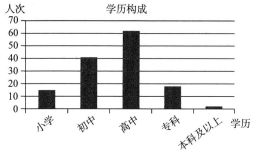

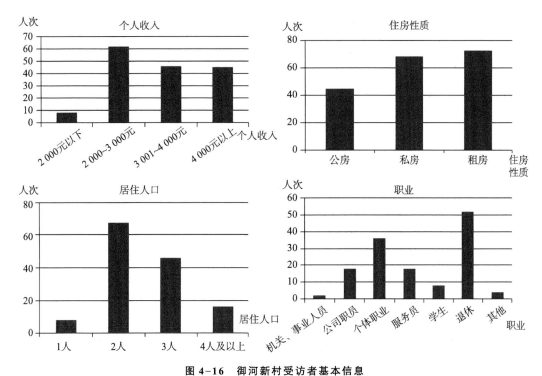

图 4-16　御河新村受访者基本信息
资料来源：作者根据问卷调查数据整理绘制

2）御道街 34 号问卷调查

在对御道街 34 号调查的有效问卷中，调查人群的性别男性占 46.9%，女性占 53.1%，其中 35~50 岁人群占据比例较大，职业分布主要以机关、企事业人员以及公司职员为主，具体受访人员情况详见图 4-17。

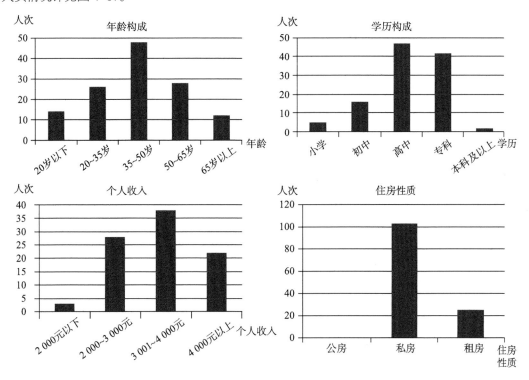

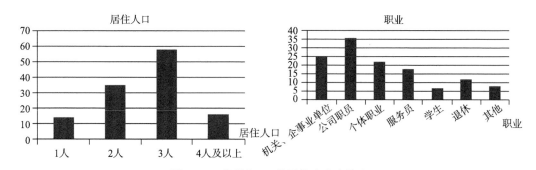

图 4-17 御道街 34 号受访者基本信息

资料来源：作者根据问卷调查数据整理绘制

3）扇骨里问卷调查

在对扇骨里调查的有效问卷中，调查人群的性别男性占 54.4%，女性占 45.6%，年龄主要集中在 20~50 岁之间，职业分布主要以企业单位人员、公司职员以及个体职业为主，具体受访人员情况详见图 4-18。

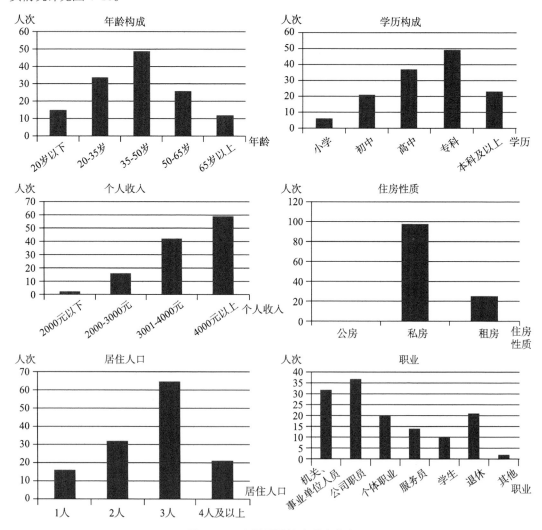

图 4-18 扇骨里受访者基本信息

资料来源：作者根据问卷调查数据整理绘制

（3）数据采集

问卷指标的测量方法采用李可特量表的方法，建立标准的结构问卷（见附录 I）。量表设计了 5 个一级评价指标、10 个二级评价指标和 28 个三级评价指标，分别从居民更新的态度、现存住宅状况、公共设施、总体环境、社会人文环境 5 个方面建构具体评价体系，这些指标能够充分反映居民对旧居住区最为关注的内容。评价等级可划分为 5 个测量等级：非常满意、较满意、一般、较不满意、很不满意，并分别对其赋值为：非常不满意 =1 分，较不满意 =3 分，一般 =5分，较满意 =7 分，非常满意 =9 分，理想分值为 10 分[①]。李克特量表可将回答者的主观评价结果转化为定距的等级测量层次，可以较为准确地反映测量者的态度，同时被访者也可以对每个问题自由地表达自己的意见，以修正封闭式问卷。

（4）信度检验

采用 Cronbach Alpha 系数检验问卷数据的内部一致性。数据分析显示，问卷的 28 个项目 α信度系数均在 0.7~0.9 之间（D20 自然通风除外）。根据 Henson[②]、吴明隆[③] 的研究成果，α 信度系数在 0.70 以上为最好，如果在 0.60~0.70 之间可以接受使用，但 α 信度系数在 0.60 以下，则应考虑重新修订量表或删减题项。本书利用 SPSS17.0 工具对问卷调查数据进行 α 系数测定，问卷 28 个项目的 Cronbach 的 α 系数均大于 0.70（D20 自然通风除外），问卷信度较好，其结果如表 4–12 所示。

表 4–12　调查数据克伦巴赫 α 系数检验

变量	α 系数	变量	α 系数	变量	α 系数
D1	0.820	D11	0.835	D21	0.785
D2	0.857	D12	0.852	D22	0.854
D3	0.869	D13	0.856	D23	0.898
D4	0.886	D14	0.755	D24	0.717
D5	0.742	D15	0.862	D25	0.731
D6	0.837	D16	0.713	D26	0.842
D7	0.885	D17	0.903	D27	0.727
D8	0.834	D18	0.915	D28	0.825
D9	0.868	D19	0.825		
D10	0.720	D20	0.669		

资料来源：作者绘制

① 这里的分值指评价主体对各指标因子评价结果的临界值。

② Henson R K, Kogan L R, Vacha-Haase T. A reliability generalization study of the teacher efficacy scale and related instruments [J]. Educational and Psychological Measurement. 2001, 61(3): 404–420

③ 吴明隆 . SPSS 统计应用实务 [M]. 北京：中国铁道出版社，2000

4.5.3 调查结果统计与分析

对以上三个旧居住区的问卷调查数据进行数据分析。首先笔者对调查问卷各评价因子的主观评价进行均值分析，判断各评价因子主观评分的总体趋势和总体水平。评价按照非常不满意、较不满意、一般、较满意、非常满意5个评价维度，分别以1、3、5、7、9分别对其进行赋值。三个旧居住区现状评价的均值统计结果如表4-13和图4-19所示。

表 4-13 三个旧居住区现状评价基本指标得分均值比较表

二级指标	基本指标		方案层		
	编码	指标	御河新村	御道街34号	扇骨里
居民对现状旧居住区的满意状况 C1	D1	对住宅质量的满意状况	3.15	7.56	6.59
	D2	对公共设施配套的满意状况	7.63	8.42	8.02
	D3	对旧居住区环境的满意状况	3.28	6.23	5.38
更新后的预期 C2	D4	市场价值的提升	6.89	5.16	6.13
	D5	室内外环境的提升	7.62	5.36	6.56
	D6	住宅物理寿命的延长	7.35	5.39	6.43
	D7	维护成本的降低	7.49	5.23	6.11
	D8	更新时间	5.25	7.31	6.03
	D9	更新期间生活的不便	4.96	5.95	5.25
结构的安全性 C3	D10	住宅历史使用状况	2.98	5.41	5.02
	D11	住宅外观质量	3.21	7.03	6.23
	D12	住宅的抗震设防	3.34	7.01	5.69
设计的灵活性 C4	D13	单元平面	2.89	5.69	5.82
	D14	住宅户型	3.02	4.56	5.68
服务配套设施方便程度 C5	D15	服务配套设施方便程度	7.82	8.62	8.45
公共设施配套 C6	D16	公共服务设施	6.59	8.23	7.15
	D17	市政服务设施	5.38	6.89	6.56
	D18	生活服务设施	6.88	7.89	7.59

续表

二级指标	基本指标		方案层		
	编码	指标	御河新村	御道街 34 号	扇骨里
室内环境 C7	D19	日照、自然采光	5.23	7.45	6.89
室外环境 C8	D20	自然通风	4.65	7.11	6.59
	D21	防水、防潮	1.98	6.35	5.02
	D22	噪声和隔音控制	2.24	7.05	4.82
	D23	绿化及景观环境	1.89	6.23	5.02
	D24	停车方便度	2.15	5.76	4.55
	D25	公共活动空间	1.36	5.39	4.13
历史文化价值的延续 C9	D26	历史文化价值的延续性	8.21	7.09	6.23
邻里关系和社会情感归属 C10	D27	邻里关系	8.63	5.12	6.59
	D28	居民归属感	8.78	5.62	7.03

资料来源：作者根据问卷调查数据整理绘制

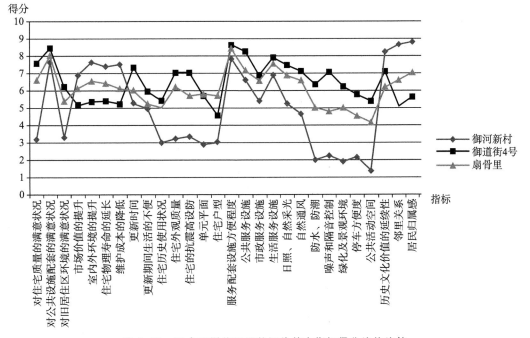

图 4-19　三个旧居住区现状评价基本指标得分均值比较

资料来源：作者根据问卷调查数据整理绘制

其次，根据表4-9所示的权重系数可分别依次计算出各旧居住区的二级指标和一级指标的得分均值。二级指标得分均值见表4-14，图4-20；一级指标得分均值见表4-15，图4-21。

表4-14 三个旧居住区现状评价二级指标得分均值比较表

一级指标	二级指标		方案层		
	编码	指标	御河新村	御道街34号	扇骨里
居民对更新的态度 B1	C1	居民对旧居住区的满意状况	4.45	7.27	6.51
	C2	更新后的预期	7.05	5.47	6.22
现存住宅状况 B2	C3	结构的安全性	3.19	6.55	5.68
	C4	设计的灵活性	2.96	5.13	5.75
公共设施 B3	C5	服务配套设施方便程度	7.82	8.62	8.45
	C6	公共设施配套	6.63	8.02	7.29
总体环境 B4	C7	室内环境	3.53	6.99	5.83
	C8	室外环境	1.83	5.79	4.57
社会人文环境 B5	C9	历史文化价值的延续性	8.21	7.09	6.23
	C10	邻里关系和社会情感归属	8.71	5.37	6.81

资料来源：作者根据问卷调查数据整理绘制

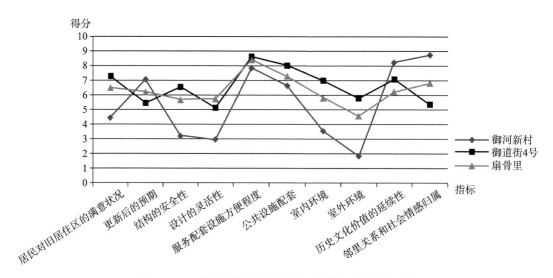

图4-20 三个旧居住区现状评价二级指标得分均值比较
资料来源：作者根据问卷调查数据整理绘制

表 4-15 三个旧居住区现状评价一级指标得分均值比较表

总目标	一级指标		方案层		
	编码	指标	御河新村	御道街 34 号	扇骨里
旧居住区现状综合评价 A	B1	居民对更新的态度	5.75	6.37	6.37
	B2	现存住宅状况	3.11	6.08	5.70
	B3	公共设施	7.42	8.42	8.06
	B4	总体环境	2.68	6.39	5.20
	B5	社会人文环境	8.54	5.94	6.62

资料来源：作者根据问卷调查数据整理绘制

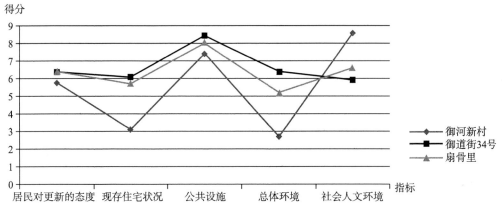

图 4-21 三个旧居住区现状评价一级指标得分均值比较
资料来源：作者根据问卷调查数据整理绘制

4.5.4 现状综合评价及其结果

根据前文确定的旧居住区更新现状综合评价体系，在得出各个指标的权重设置和确定指标评分之后，即可对某一具体旧居住区的现状情况进行综合评价。本书选择了南京市秦淮区御河新村、御道街 34 号、扇骨里三个旧居住区进行实证研究，并对其评价结果进行汇总，具体打分及其评价结果见表 4-16。

表 4-16 三个旧居住区指标打分及其结果

序号	评价指标	权重	评价对象打分值 z_i			理想值 z^*_i
			御河新村	御道街 34 号	扇骨里	
1	对住宅质量的满意状况 D1	0.067 3	6.85（3.15）	2.44（7.56）	3.41（6.59）	10
2	对公共设施配套的满意状况 D2	0.058 7	2.37（7.63）	1.58（8.42）	1.98（8.02）	10
3	对旧居住区环境的满意状况 D3	0.083 5	6.72（3.28）	3.77（6.23）	3.92（5.38）	10
4	市场价值的提升 D4	0.036 7	6.89	5.16	6.13	10

序号	评价指标	权重	评价对象打分值 z_i			理想值 z^*_i
			御河新村	御道街 34 号	扇骨里	
5	室内外环境的提升 D5	0.066 7	7.62	5.36	6.56	10
6	住宅物理寿命的延长 D6	0.024 8	7.35	5.39	6.43	10
7	维护成本的降低 D7	0.050 1	7.49	5.23	6.11	10
8	更新时间 D8	0.013 4	4.75（5.25）	2.69（7.31）	3.97（6.03）	10
9	更新期间生活的不便 D9	0.017 8	5.04（4.96）	4.05（5.95）	4.75（5.25）	10
10	住宅历史使用状况 D10	0.051 7	2.98	5.41	5.02	10
11	住宅外观质量 D11	0.062 3	3.21	7.03	6.23	10
12	住宅的抗震设防 12	0.063 7	3.34	7.01	5.69	10
13	单元平面 D13	0.044 4	2.89	5.69	5.82	10
14	住宅户型 D14	0.044 4	3.02	4.56	5.68	10
15	服务配套设施方便程度 D15	0.109 5	2.18（7.82）	1.38（8.62）	1.55（8.45）	10
16	公共服务设施 D16	0.030 2	3.41（6.59）	1.77（8.23）	2.85（7.15）	10
17	市政服务设施 D17	0.003 2	4.62（5.38）	3.11（6.89）	3.44（6.56）	10
18	生活服务设施 D18	0.021 4	3.12（6.88）	2.11（7.89）	2.41（7.59）	10
19	日照、自然采光 D19	0.012 8	4.77（5.23）	2.55（7.45）	3.11（6.89）	10
20	自然通风 D20	0.012 8	5.35（4.65）	2.89（7.11）	3.41（6.59）	10
21	防水、防潮 D21	0.012 8	8.02（1.98）	3.65（6.35）	4.98（5.02）	10
22	噪声和隔音控制 D22	0.012 8	7.76（2.24）	2.95（7.05）	5.18（4.82）	10
23	绿化及景观环境 D23	0.015 5	8.11（1.89）	3.77（6.23）	4.98（5.02）	10
24	停车方便度 D24	0.020 2	7.85（2.15）	4.24（5.76）	5.45（4.55）	10
25	公共活动空间 D25	0.015 5	8.64（1.36）	4.61（5.39）	5.87（4.13）	10
26	历史文化价值的延续性 D26	0.016 0	8.21	7.09	6.23	10
27	邻里关系 D27	0.016 0	8.63	5.12	6.59	10
28	居民归属感 D28	0.016 0	8.78	5.62	7.03	10

注：括号中的数值为初始打分值。
资料来源：作者根据问卷调查数据整理绘制

在将评价指标打分表回收以后，在对各旧居住区的评价指标进行均值统计分析的基础上，然后根据前文构建的现状综合评价模型 $TORSE_i = \sum_{j=1}^{n} z_i w_i$ ，将待评价旧居住区的各项评价指标得分的均值分别乘以其对应的权重值，然后再将这些数值进行累计相加，即可得出该旧居住区的现状评价得分，即 $TORSE_i$ 值。根据前文的计算说明，$TORSE_i$ 值反映了待评价旧居住区更新现状潜力的大小，也即 $TORSE_i$ 值越大，可更新潜力越高，更新的重要性和迫切性越高。

根据前文评价模型和上述计算说明，对南京市秦淮区御河新村、御道街 34 号、扇骨里这三个旧居住区的现状综合分值进行计算，具体计算过程及结果如下：

$TORSE_{御河新村\ 1}=$

（6.85×0.067 3+2.37×0.058 7+6.72×0.083 5）+（6.89×0.036 7+7.62×0.066 7+7.35×0.024 8+7.49×0.050 1+4.75×0.013 4+5.04×0.017 8）+（2.98×0.051 7+3.21×0.062 3+3.34×0.063 7）+（2.89×0.044 4+3.02×0.044 4）+（2.18×0.109 5）+（3.41×0.030 2+4.62×0.003 2+3.12×0.021 4）+（4.77×0.012 8+5.35×0.012 8+8.02×0.012 8+7.76×0.012 8）+（8.11×0.015 5+7.85×0.020 2+8.64×0.015 5）+（8.21×0.016 0）+（8.63×0.016 0+8.78×0.016）=5.045 3（十分制）

$TORSE_{御道街\ 34\ 号\ 1}=$

（2.44×0.067 3+1.58×0.058 7+3.77×0.083 5）+（5.16×0.036 7+5.36×0.066 7+5.39×0.024 8+5.23×0.050 1+2.69×0.013 4+4.05×0.017 8）+（5.41×0.051 7+7.03×0.062 3+7.01×0.063 7）+（5.69×0.044 4+4.56×0.044 4）+（1.38×0.109 5）+（1.77×0.030 2+3.11×0.003 2+2.11×0.021 4）+（2.55×0.012 8+2.89×0.012 8+3.65×0.012 8+2.95×0.012 8）+（3.77×0.015 5+4.24×0.020 2+4.61×0.015 5）+（7.09×0.016 0）+（5.12×0.016 0+5.62×0.016）=4.156 4（十分制）

$TORSE_{扇骨里\ 1}=$

（3.41×0.067 3+1.98×0.058 7+3.92×0.083 5）+（6.13×0.036 7+6.56×0.066 7+6.43×0.024 8+6.11×0.050 1+3.97×0.013 4+4.75×0.017 8）+（5.02×0.051 7+6.23×0.062 3+5.69×0.063 7）+（5.82×0.044 4+5.68×0.044 4）+（1.55×0.109 5）+（2.85×0.030 2+3.44×0.003 2+2.41×0.021 4）+（3.11×0.012 8+3.41×0.012 8+4.98×0.012 8+5.18×0.012 8）+（4.98×0.015 5+5.45×0.020 2+5.87×0.015 5）+（6.23×0.016 0）+（6.59×0.016 0+7.03×0.016）=4.587 3（十分制）

最后的评分结果基本能反映三个旧居住区现状的真实状况，也从一定程度上验证了上述旧居住区现状综合评价体系的适用性。本研究列举的御河新村、扇骨里、御道街 34 号三个旧居住区现状评价的分值从大到小排列顺序为：御河新村＞扇骨里＞御道街 34 号。该分值反映了旧居住区更新的潜力以及更新的迫切性，根据以上计算，三个旧居住区更新的潜力和更新的迫切性由大到小依次排序为：御河新村＞扇骨里＞御道街 34 号。

其中，御河新村的现状综合评价值为 5.045 3 分，其更新的潜力和更新的迫切性最大。御河新村始建于 1973 年，原为南京汽车制造厂和南京机床厂职工住宅楼，现状存在问题较多，主要有：一是建设年代较为久远，物质性空间衰败十分严重，每逢雨季，屋顶漏雨现象也常有发生；二是长期缺乏有效的管理与维护，建筑各部件老化残损情况随处可见，对住户的日常使用造成不良影响，由于居住面积不足，违章搭建现象随处可见；三是住宅的产权与使用权的分离，即住宅的产权所有者大多搬离，遗留下来的大多为老人、低收入人群以及外来务工人员，进一步加剧了该居住区无序混乱的状态。根据笔者实地踏勘和问卷调查，居民对本居住区更新的诉求较为强烈，可以说明，现状评价得出的结果与居民对本居住区的实际更新诉求是一致的。

相比之下，扇骨里的现状综合评价值为 4.587 3 分，其更新的潜力和更新的迫切性位居其次。扇骨里始建于 1982 年，距今已有 30 余年，现状存在问题主要有：一是由于该居住区距今年限较久，其物质性空间衰败较为严重，户均建筑面积不足，居住水平有待进一步提高；二是限于当时的建设标准，该居住区内公共活动空间、绿化、居民停车等问题异常突出；三是住房出租比例较高，居住区物业管理难度较大。

而另一旧居住区——御道街 34 号的现状综合评价值为 4.156 4 分，其更新的潜力和更新的迫切性位居第三。御道街 34 号始建于 1993 年，原为中国电子集团五十五所职工家属楼，住房制度改革以后，居民将住宅产权买下，现产权归居民所有。该居住区物质性衰败现象不明显，整体环境较好，居民整体素质和收入水平也相对较高，有很大一部分人群为中国电子集团五十五所退休人员。据笔者调查，这些退休人员的工资基本在 5 000 元左右。相比较而言，该居住区整体环境比御河新村、扇骨里两个旧居住区要好，但是，该居住区也存在部分问题，如居住面积不足、部分户型不成套、公共空间有待提升、物业管理有待加强等。

4.6　本章小结

本章对旧居住区更新的现状调查与评价做了较为深入的探讨。就城市旧居住区更新而言，开展旧居住区更新现状调查分析研究，是旧居住区更新工作必要的前期条件，有利于制定合乎实际、具有科学性的旧居住区更新规划方案，是科学、高质量的编制旧居住区更新规划方案的重要保证，是旧居住区更新规划"公众参与"和"动态调整"的基本手段。

首先，明确了现状调查的内涵，通过现状调查可以从立体、多维的视角描述旧居住区物质环境（开敞空间利用、居民的居住状况、公共设施配套等）和非物质环境（历史文化价值的延续、邻里关系和社会情感等）等状况，结合对居民的问卷调查，进而综合分析判定旧居住区的物质环境和非物质环境状况，初步确定旧居住区现状存在的主要问题，定量化标示旧居住区更新的必要性以及更新的迫切性。本书在研究旧居住区更新的现状调查及评价中引入了社会学中社会调查研究的理论与方法，对旧居住区更新社会调查的内涵与特征、功能、作用以及方法体系进行了逐一重点阐述，希望借此从本质上理解和分析旧居住区现状存在的问题。在此基础上，笔者尝试总结出适合我国国情的城市旧居住区现状调查评价的构架与流程，对于大部分的调查评价案例来说，其主要包含两大部分核心内容：一是针对旧居住区物质环境的评价，如现存住宅状况、公共设施、总体环境等的评价，二是旧居住区社会人文环境的评价，如居民对更新的态度、历史文化价值的延续、邻里关系以及居民归属感等的评价。

其次，在对旧居住区现状评价指标分析和前人相关研究成果的基础上，结合我国旧居住区实际情况，从环境心理学角度出发，即引入"使用者（居民）"的主观意识和评价来综合分析旧居住区现状情况，从而初步归纳和构建了"旧居住区更新现状综合评价体系"，该评价体系包括目标层、准则层、指标层 3 个层级，共计 28 个评价指标。

再次，在指标权重设置上，本书运用了德尔菲法和改进的层次分析法，通过专家评议、构造判断矩阵、判断矩阵综合、层次单排序权重确定、判断矩阵一致性检验、层次总排序权重的确定、层次总排序一致性检验等一系列步骤得到较为科学合理的指标权重赋值。

第四，在现状综合体系构建和权重设置的基础上，初步确定了我国城市旧居住区更新现状评价模型，该模型具有概念清晰、方法简便，便于实际应用等特征，为旧居住区更新提供了必要的判别依据。具体来说，其作用主要有：（1）可以定量化标示城市旧居住区更新的必要性，判断城市旧居住区是否需要更新，需要何种层次、何种内容、采用何种措施的更新。（2）通过对某一旧居住区现状指标值的大小进行对比和研判，从中可以发现旧居住区现状存在的问题，为下一步的旧居住区更新规划提供基础资料支撑以及更新规划提供直接依据。（3）根据评价指标体系和评价模型，可对同一区域中的多个旧居住区进行评价，从而对本区域的旧居住区更新的重要性和迫切性进行排序。评价模型 $TORSE_i$ 值越大，意味着旧居住区更新的重要性和迫切性越高，从而为相关管理部门实施本区域内的旧居住区更新管理提供依据。

最后，以南京市秦淮区御河新村、御道街 34 号、扇骨里三个旧居住区为例，对旧居住区更新的现状调查与评价进行了实证研究。笔者运用社会调查方法对以上三个居住区的居民和社区管理人员进行了非参与式观察和半结构化访谈，并发放调查问卷 450 份，并对回收的调查问卷进行数据分析和统计，结合上文的现状综合评价体系和评价模型对以上三个旧居住区进行实证研究，从而验证了该评价体系和评价模型具有一定的合理性、科学性和可行性。

第五章 城市旧居住区更新使用后评价

自诞生之日起，建成环境使用后评价就与城市规划密不可分，闪现着理论结合实践、设计创作与技术实证相结合的伟大思想。规划师（建筑师）对建成环境的探讨始于两千多年前维特鲁威提出的建筑"实用、坚固、美观"三要素。自 1960 年代开始，以弗雷德曼（Friedman）和普莱瑟（Preiser）等为代表的建筑学者将建成环境使用后评价与城市规划相结合，开始系统地对建成环境的绩效评估进行研究实践。半个多世纪以来，建成环境使用后评价已发展为面向不同时期使用价值、综合多种评估方式与步骤的系统体系，其研究对象涵盖公园、学校、住宅等多个类别，其研究方法也融合了现代心理学实验与评估、计算机动态模拟评估、大数据与实时监测、空间句法与城市性能评价等多种交叉学科方法。基于建成环境使用后评价的重要性，本书将"使用后评价"引入旧居住区更新之中，通过使用后评价，深入剖析使用者的需求和价值取向、更新后的旧居住区运行状况、更新使用后的效果以及更新所出现的问题，这些均为将来的旧居住区更新、运营、维护和管理提供坚实的依据和基础。

旧居住区更新不是一个单向发展的线性系统，而是一个螺旋发展的环形系统，需要对旧居住区更新使用后的效果及其产生的影响进行验证、衡量以及评价，以此对更新规划设计进行控制和反馈，这样才能针对现存问题提出合理的更新对策和建议，这才算是旧居住区更新项目的全生命周期。为此，作为旧居住区更新的一个重要环节，旧居住区更新使用后评价就显得尤为必要，通过评价发现问题、总结经验，为后续的旧居住区更新或同类项目的更新提供有价值的参考。

5.1 使用后评价（POE）概念解析

5.1.1 使用后评价的内涵与特征

（1）使用后评价的内涵

使用后评价（Post Occupancy Evaluation，简称 POE）源于 1960 年代的环境心理学和环境行为学领域，后逐渐引入以"人的活动"为中心的城市建成环境评价领域。1970—1980 年代是国外使用后评价理论研究的高峰，随后 POE 逐渐发展成为一门独立的学科，并建立起一套相对完整的评价方法体系。经过 50 多年的发展，POE 已迈向成熟发展阶段，并且在西方国家由开始的理论研究逐渐走向市场化实践（表 5-1）。国外对 POE 的研究与实践已经基本形成了一套完备的体系，主要表现在 [①]：1）研究范围广泛、深入，不仅包括建筑设计、城市设计、室内设计等广义

---

① 罗玲玲，陆伟 . POE 研究的国际趋势与引入中国的现实思考 [J] . 建筑学报，2004（8）：82-83

的环境设计，还包括对使用者心里感觉和行为、居民情况、周围环境等的关注；2）评价模型和标准逐渐成形，实际应用也日趋成熟；3）相关的 POE 服务机构也应运而生，如 1960 年代以来美国《建筑周刊》就开始对公共建筑进行使用后评价，并设立专门的使用后评价组织（BDP）；澳大利亚也专门设立了使用后评价组织——保护健康咨询服务机构（Health Care Consulting Services，简称 HCCS），主要为城市规划或建筑项目提供使用后评价，评价对象主要包括公共建筑、市政设施等。

表 5-1　国外使用后评价发展历程

时期	阶段划分	理论研究	实践研究	
			研究的建筑类型	研究的主要内容
1960—1970 年代初	初步发展阶段	随着建筑学综合化程度的加深和环境心理学等学科的发展，人们开始注重建筑与使用者心里与行为之间的关系，并关注使用者的满意度研究	局限于学生宿舍、住宅建筑等功能较为单一、资料获取相对容易的建筑类型	建筑环境的分析方法、建筑性能评价中主观和客观的相互关系
1970 初期—1980 年代末期	蓬勃发展和理论成熟阶段	众多学者纷纷发表著作，对 POE 的定义、理论框架提出各自的观点，POE 逐渐发展成为一门独立的学科，在理论、方法和实践运用上都取得了重大进展	扩展到办公建筑、军事建筑、医院、公共建筑等	对于建筑技术、建筑功能和使用者行为因素的全方位评价；主客观结合的评价探索；POE 的标准化以及将其纳入建筑项目运作过程多系统、多方法的评价研究
1990 年代以后	走向市场化的全面实践阶段	POE 在理论上受到更多相关学科的影响，并使原有的理论和实践经验更为完善，探索出更加综合、全面的理论和方法体系，使学科的综合化程度更高	实践研究的对象和范围越来越广，拓展到城市空间和整个城市环境范围	评价的具体操作上也开始利用高技术手段，如计算机虚拟现实辅助评价、GIS 系统的辅助评价等；人为社会科学的众多方法也被应用到 POE 实践研究中

资料来源：作者根据相关资料整理绘制

　　相对于国外而言，国内对使用后评价的研究目前更多地停留在理论研究层面，限于技术、财力、公众参与等多方面因素的制约，使用后评价真正应用于实践层面的案例屈指可数。就理论研究层面而言，国内对城市公园[1][2]、居住社区公共空间[3]、大学校园[4]等开放空间领域的使用后评价研究成果较为显著。然而，对使用后评价的内涵国内外学术界众说纷纭，不同学者根据自己的研究对象对使用后评价内涵的界定也存在一定的差别。国外学者对使用后评价的内涵进行研究的有：

　　弗雷德曼在《环境设计评估的结构：过程方法》一书中认为："使用后评价（POE）是关于

① 裘鸿菲.中国综合公园的改造与更新研究［D］.北京：北京林业大学，2009
② 张帆，邱冰.基于日常生活视角的城市开放空间评价：以南京市为例［J］.城市问题，2014（9）：16-21
③ 朱小雷.旧城社区公共街角空间的使用后评价［J］.华中建筑，2011（10）：78-81
④ 黄翼.广州地区高校校园规划使用后评价及设计要素研究［D］.广州：华南理工大学，2014

'度'的评价：是指建成后的环境如何支持和满足人们明确表达和暗含的需求"①。美国著名学者普莱瑟在其著作《使用后评价》一书中认为："使用后评价（POE）是指建筑物建成并经过一段时间的使用后，对建筑及其环境进行系统、严格地监测评价的方法。使用后评价关注的重点是使用者的需求、建筑设计的成败以及建筑建成后的性能，其目的是通过对建筑及其环境的运行状况进行评价，为后续或将来的建筑设计提供参考和依据"②。

国内学者对使用后评价的研究，根据研究对象的不同也有着对应的内涵与定义。当使用后评价的研究对象为建筑空间时，一般被称为"建筑使用后评价"。如我国使用后评价研究的领军人物吴硕贤院士认为："使用后评价是指对建筑物及其环境在建成并使用一段时间后进行的一套系统的评价程序和方法，它更多关注的是使用者的意见及其需求，其原理是通过对规划的预期目的与实际使用情况两者之间进行对照、比较，搜集使用的反馈意见，以便为同类项目的决策提供可靠的客观依据"③。当使用后评价的研究对象为室外环境时，则称为"建成环境使用后评价"，如朱小雷在其《建成环境主观评价方法研究》一书中认为："建成环境使用后评价是指按照某种标准对所涉及的场所在满足和支持人的外在或内在的需要及价值方面的程度判断，是1960年代以来在西方形成和发展起来的有关建筑环境设计和管理方面的一个新型交叉学科"④。虽然不同学者根据自身研究对象的不同对POE的内涵界定也各不相同，但是关于POE研究的理论基础和方法均是一致的。

综合以上研究，由于学科之间的差别以及研究对象的差异性，国内外学者对使用后评价内涵有着不同的见解。但笔者研究发现，通过国内外学者对使用后评价内涵的界定，基本可以找出一些具有共识的地方，具体表现在：1）使用后评价是对建成环境（包含物质环境和非物质环境）的一种评价方法；2）关注的重点是使用者及其需求；3）评价的目的是为修正前期所拟定的策略提供依据，或为日后类似的工程项目提供参考或依据。

为此，基于使用后评价以上三点共性特征，结合城市规划学科自身特征，笔者将"使用后评价"的内涵界定为：使用后评价是一种对建成环境（包括景观、城市、建筑单体或群体建筑及其内外部环境）的评价方法，是指规划项目在竣工并使用一段时间后，采用严格、系统的调查方式检测评估该项目存在的问题；同时搜集使用者对该项目的反馈或评价意见，经过科学缜密的分析、论证和研究，全面检测使用者对建成项目的满意程度；其着重点是使用者及其需求，最终目的是为修正前期所拟定的策略提供依据，或为日后类似的规划项目提供参考和依据，以便更好地提高规划设计项目的质量和综合效益。

（2）使用后评价的特征

随着城市的快速发展和人们生活水平的不断提高，可持续发展理念逐渐深入人心，使用后评价作为检验城市建设的重要工具，它与一般的主观评价方法存在较大差异，主要有：

1）评价方法的科学性和全面性。使用后评价是以"使用者需求"为中心展开研究，并以使用者的直观感觉判断和价值需求取向作为使用后评价的出发点和基石。随着使用后评价理论的

① Friedman A, Zimring. 环境设计评估的结构：过程方法［J］.新建筑，1990，27（2）：32-36
② Preiser W F E, Rabinowitz H Z, White E T. Post-occupancy evaluation［M］. New York: Van Nostrand Reinhold Company, 1988
③ 吴硕贤.建筑学的重要研究方向：使用后评价［J］.南方建筑，2009（1）：4-7
④ 朱小雷.建成环境主观评价方法研究［M］.南京：东南大学出版社，2005

不断发展和完善，它不仅包括建成环境的物质环境要素层面，还包括社会环境要素层面，并形成了具有较强综合性的研究方法。

2）评价内容的真实性和客观性。使用后评价以翔实的实地调查数据为基础，以科学系统的评价程序和评价技术为保障，并强调在原始资料和现有资料基础上进行系统分析；使用后评价还重点强调在真实的实体场景中开展评价，即评价是建立在建成环境正处于使用状态下进行，否则得出的数据和结论就失去一定的参考价值。

3）评价结论的时效性。使用后评价的对象会因时间、社会经济发展等因素的变化而发生变化，因此作为城市建设中重要的程序，使用后评价也需要随着评价对象影响因素的变化随时做出调整，并最终实现评价对象价值的整体显现。

5.1.2 使用后评价的类型与层次

使用后评价作为一种科学、系统的研究方法，根据不同的评价对象、评价目标以及评价的深度和广度，可以将其划分为多种不同的类型和层次。这样划分的意义在于：1）根据不同的评价对象、评价目标，根据评价的层次采用不同的评价方法，以便更为有效地解决问题。2）可针对不同的评价类型和层次采取不同的评价方法，与之对应所花费的时间、人力、财力、物力等所耗费的资源就有多少之分，避免浪费，增强使用后评价在城市规划实施过程中的科学性、经济性。

（1）使用后评价的类型

通常来说，根据研究的性质可将使用后评价可划分为应用型评价和理论型评价两种类型，具体为：1）应用型评价。应用型评价的结果通常用于城市规划或建筑项目的前期策划和设计阶段的设计决策，其最终目的是为了给正在使用的项目或同类项目更新参考和依据。如对公园、校园、步行街等城市开放空间以及单体建筑等的评价就为应用型评价。2）理论型评价。理论型评价的结果通常用于城市规划或建筑空间环境设计导则的修正工作，同时促进城市规划或建筑设计理论的创新和发展。如我国不同地区指定的环境影响评价技术导则、标准等就属于理论型评价（图5-1）。

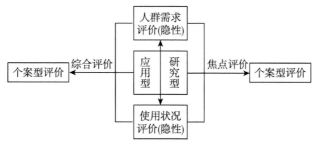

图5-1 使用后评价的类型划分
资料来源：作者绘制

就本研究而言，研究的对象（研究客体）为"旧居住区"，研究目标为"旧住区更新使用后状况"，包含主观评价和客观评价，其最终目的是评价旧居住区更新后的运行状况和探寻更新后所出现的问题，根据评价为后续的更新或同类型项目的更新规划提供指导和依据。为此，本研究应归属于应用型评价。

（2）使用后评价的层次

根据评价的深度，POE又可以划分为三个不同的层次。普莱瑟在其著作《使用后评价》一书中将其划分为3个深度层次[①]：1）描述性评价（Descriptive Evaluation），其目的是评价研究对象的优缺点，时间一般在2~14小时内即可完成；2）调查性评价（Investigative Evaluation），其目的是评价研究对象的各项性能指标（包括客观指标和主观指标）及其使用状况，时间一般控制在160~240小时以内可完成；3）诊断性评价（Diagnostic Evaluation），其目的是全面地考察和评价研究对象，从而揭示一些普遍性问题，由于评价的全面性以及评价的过程需要涉及测量程序，时间周期较长，一般需半年至一年内完。

马库斯、弗朗西斯在其著作《人性场所：城市开放空间设计导则》[②]中，将POE划分为两个层次，分别为：1）基于人们使用需求的评价，其目的是采用简易的调查方法探寻出评价主体的使用需求和价值取向。2）使用状况评价，其目的是采用科学系统的社会学调查研究方法详细了解研究对象的使用情况。

结合本研究的具体内容以及城市规划学科的自身特征，笔者根据使用后评价的深度将其划分为：1）探索性评价。初步发现评价对象存在的问题，为探索评价的正确方向而进行的先导性研究。2）描述性评价。即评价研究对象当前的状态，即"是什么"问题，本书第四章研究的内容就属于描述性评价。3）解释性评价。即解决"为什么"的问题。4）诊断性评价。即解决"怎么样"的问题。

本章研究的旧居住区更新使用后评价就属于"诊断性评价"，即：运用评价学原理和方法，侧重于评价旧居住区更新使用后的运行状况以及发现更新使用后所出现的问题，属于更新规划设计反馈研究，是检验旧居住区更新目标实现程度的科学程序。可以说，更新使用后评价也是对旧居住区更新规划设计成果的一种诊断——对旧居住区更新后的目标是否达成的检验。其作用是根据客观评价和主观评价所搜集到的数据或信息，对当前更新规划设计中暴露的问题采取补救措施，增补或修订规划设计准则，并且可对后续更新规划设计以及同类型项目的更新规划提供依据和实践支撑。

此外，从使用后评价应用的空间环境尺度来看，又可划分为宏观空间环境、中观空间环境以及微观空间环境三种评价。从时间维度来看，又可划分为共时性评价（时间横向评价）和历时性评价（时间纵向评价）[③]。

总体来说，由于划分依据的不同（目标维度、空间维度、时间维度、深度维度等），可将使用后评价划分为多种不同层次的类型（图5-2）。通过对不同评价目的、深度、层次和类型的划分，对运用恰当的评价技术和方法研究旧居住区更新具有十分重要的意义。

---

① Preiser W F E, Rabinowitz H Z, White E T. Post-occupancy evaluation [M]. New York: Van Nostrand Reinhold Company, 1988

② 克莱尔·库珀·马库斯，卡罗琳·弗朗西斯.人性场所：城市开放空间设计导则[M].俞孔坚，孙鹏，王志芳，等译.北京：中国建筑工业出版社，2001

③ "共时性评价"是指在某一时间点或时间中（一天或几天、或连续十几天中）进行的评价研究；"历时性评价"是指在不同时间点或较长时间内反复进行的评价工作。

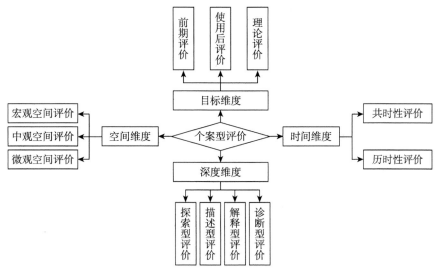

图 5-2 使用后评价的层次划分
资料来源：作者绘制

5.1.3 使用后评价的功能与意义

（1）使用后评价的功能

使用后评价是从实践—理论—实践的理性回归和具体体现，是旧城更新实践中的重要一环，同时也是旧城更新可持续发展和创新的重要手段。

可以说，使用后评价是一种科学的规划设计辅助工具和设计思维方式，它的主要作用有：

1）全面监测评价旧城更新项目的优劣和运行状况，以便针对使用中所出现的问题，及时地采取补救措施。

2）检验旧城更新项目规划设计方案的优劣，发现存在的问题、不足和新的使用需求，为改进当前的更新规划设计方案提出针对性的修改意见。

3）检讨旧城更新规划初期所拟定的内容和目标。

4）为同类项目的规划、开发等提供科学经验和使用反馈信息，通过使用后评价的居民信息反馈机制，可以改变以往仅仅依托规划师的个人经验或主观判断为设计依据的规划观念，以"人的需求"和"价值取向"为基础并贯穿规划设计的全过程，从而使相关项目规划、开发的整体质量得以显著提升。

5）促进城市规划设计科研水平的提高，使用后评价在我国尚属起步阶段，对此方向研究的不断深入可为日后修订旧城更新规划设计准则提供有效的科学依据。

（2）使用后评价的意义

通过以上分析，使用后评价对城市规划学科和行业具有深远的意义，主要表现在：

1）把实证的科学精神注入城市规划设计之中，从实证角度看待问题，强调用科学的方法来评价规划设计结果的合理性和正确性，这也是第二代城市规划范式的基本思想[1]。

---

① 刘先觉.现代建筑设计理论：建筑结合人文科学、自然科学与技术科学的新成就［M］.北京：中国建筑工业出版社，2000

2）有助于提高规划设计管理、决策以及政府行政职能的科学化，为设计管理提供监控手段。通过使用后评价的信息反馈机制，使城市规划管理部门的相关决策建立在翔实的调查研究基础上，扭转以往政府规划决策中单凭领导意图或专家经验做出的判断，使利益相关者能积极参与到规划决策中，以使用者需求和价值取向为宗旨和目标，可有效推动城市规划的民主化进程[1]，从而有利于政府对更新项目的前景和未来做出合理、正确的科学决策。

3）使规划设计程序和模式进一步科学化。把使用后评价引入旧城更新中，使旧城更新规划设计过程不再遵循"策划—更新规划—实施"这样单一线性的设计程序，而是通过"评价—策划—更新规划—规划实施—使用后评价"这一循环的设计过程（图5-3），使更新规划设计程序更为科学、合理。

4）有助于提高旧城更新的公众参与意识。公众参与是衡量现代社会民主化、法制化程度和城市治理水平的重要指标，是实现旧城更新民主化的重要手段[2]。公众参与旧城更新，其核心就是通过合理的方法和程序鼓励和引导更多的市民和公众能参与到那些与他们日常生活密切相关的旧城更新项目的制定和决策中来。使用后评价是公众表达生活意愿和需求的重要渠道，使公众的意愿和需求能充分恰当地反映并固化在生活环境中。

5）POE改变了传统的设计思维和范式，使旧城更新不仅仅局限于物质性空间，而是在翔实的社会调查研究基础上得到客观真实的调查数据，并立足于使用者的需求和价值取向，是实现以"人为中心"的设计思想的技术保障手段。作为一种科学的规划设计辅助工具和反馈机制，它对于从根本上提高规划设计决策和管理的科学性、提升规划设计质量等具有重要意义。

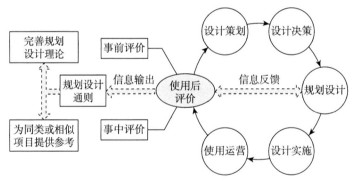

图5-3　使用后评价与规划实施的关系
资料来源：作者根据相关资料改绘

5.1.4　使用后评价在旧居住区更新中的意义

POE讲求评价方法、程序的科学化以及评价过程的民主化。旧居住区更新最大的难度是如何客观地评价旧居住区更新规划实施后各要素的运行状况，POE与旧居住区更新相结合，可为

① Bechtel R B, Marans. Methods in environmental & Behavioral research［M］. New York: Van Nostrand Reinhold Company, 1987

② 覃事妮. 论园林项目后评估的现实意义［J］. 林业建设，2005（2）: 38-40

旧居住区更新注入更多的理性思维。具体来说，使用后评价在旧居住区更新中具有以下意义[①②]：

（1）POE把实证的科学精神注入旧居住区更新规划之中

POE是以评价"使用者需求"和"价值取向"作为评价的基石，强调用社会调查的方式和科学的分析方法来评判旧城更新项目的成败或问题所在。而传统的更新项目主要以少数精英或行业专家的主观判断作为规划设计依据和标准，POE打破了这种传统的设计理念和思维方式，强调使用科学的标准和方法来衡量和评判规划成果的合理性。这是规划师价值理念的重大变革，同时也是实现城市规划理性回归的重要途径。

（2）POE使规划设计思维方式更为客观务实，并拓展了设计思考的空间范围

传统规划思维方式往往只关注规划对象本身，而规划方法也仅仅依靠规划师的创造性思维以及国内外成功案例的借鉴，即规划设计的视角停留在"规划师（设计主体）—设计对象（设计客体）"的二元范畴之中。将POE方法引入旧城更新中，即把更新规划建立在翔实的调查研究基础之上，以客观事实数据为依据，以评价为媒介，搭建了规划师—使用者—设计对象三者之间沟通的桥梁，从而为旧城更新规划注入了更多的客观因素和理性思维方式。

可以说，POE突破了传统的规划思维方式，其实质是把"人—环境"这两个既相互独立又互为联系的系统作为思考一切问题的出发点和立足点，规划师可以借此跳出个人主观主义和经验主义的狭小圈子，以更为理性、科学和实事求是的态度来看待现实问题，特别是站在使用者的视角来分析和解决城市问题。这种思维方式被引入传统的更新规划中，使得对"设计的合理性和科学性"的关注演变成为旧城更新规划的一种基本思维理念。

（3）POE有助于提高旧居住区更新规划管理和决策的科学性、合理性

POE作为一种信息反馈机制，为旧居住区更新规划管理和决策提供有效的监控手段。POE的实施必须坚持以客观翔实的调查数据为基础，以严谨科学的程序为准绳，这使得旧居住区更新规划的数据来源、更新目标、更新方法和标准均具有清晰的对比性和较强的可操作性，通过"评价—策划—更新规划—规划实施—使用后评价"这一循环的设计程序，可有效实现对更新规划设计成果的严密控制和规划设计综合效益的总体提升。

综上所述，POE经过近40余年的发展，并在西方国家的建筑设计和城市规划设计实践领域得到广泛应用，足以说明它的确是一种强有力的设计辅助工具和科学的思维范式。在中国将POE理论引入旧居住区更新中，可以促进旧居住区更新规划设计观念、思维方式、设计程序和模式、设计管理和决策的进步，引导公众参与以推动旧居住区更新的民主化进程，从而提高设计质量、增加设计人文内涵、提高设计水平，真正实现旧居住区更新的可持续发展和总体效益的综合提升。

① 朱小雷，吴硕贤.使用后评价对建筑设计的影响及其对我国的意义［J］.建筑学报，2002（5）：42-44

② Preiser W F E, Rabinowitz H Z, White E T. Post-occupancy evaluation［M］. New York: Van Nostrand Reinhold Company, 1988

5.2 使用后评价在旧居住区更新中的应用

5.2.1 概念解析：旧居住区更新使用后评价内涵

在旧居住区更新完成之后，问题随之而来：旧居住区更新后是否满足了居民的使用要求？是否创造出富于特色的空间体验和环境氛围？是否创造出良好的邻里空间和交往氛围？是否体现出良好的经济效益和社会效益？……要回答以上这些问题，就需要在旧居住区更新实施完成并经过一段时间的使用之后，对旧居住区更新结果及其所带来的影响进行验证、衡量和评判，分析成功与不足，总结经验与教训。基于全面性、综合性的要求，评价内容应涵盖更新后的住宅使用性能、公共设施配套、公共环境、住区安全与管理以及社会人文环境等多方面的因素，而对这些因素满足程度的评价其实涉及旧居住区更新完成后效果的"经济性""社会性""合理性"等问题。

旧居住区更新使用后评价属于"结果性评价"，既包括更新后所呈现出来的客观属性指标，也包括使用主体对更新结果的需求满足状况及主观体验感受。因此，对旧居住区更新完成后的效果进行综合评价的时候，同时也应考虑主观与客观两个方面：一方面，旧居住区更新从规划设计到实施均需要遵循相关的法律法规和规范标准，而这些具体要求可以细化到一个个针对性很强的客观指标之中，如：公共设施配套、住宅建筑单体的设计、公共绿化等指标，通过这些客观指标的衡量与评价，便可以对旧居住区更新是否能够实现预设的目标做出相对客观准确的判断；另一方面，旧居住区更新作为人们社会实践活动的产物，其本质在于满足人这一主体的种种需求。住宅从早期的遮风挡雨到后来的精神追求，而对主体需求满足与否及其程度的具体衡量则应体现在相应的主观指标之中，如住宅使用性能的优化、公共环境的提升、邻里关系维护、居住区辨识度提升等。这些主观指标的引入使得对旧居住区更新使用后效果的认识不仅仅停留在客观物质层面，还体现在人的主观能动性，促进了主体和客体的互动交流，以实现全面整体的综合评价。

5.2.2 流程解析：旧居住区更新使用后评价流程

近年来，随着我国使用后评价研究水平的不断提高，研究深度和广度上的不断拓展，有关学者对有关居住区的使用后评价研究也逐渐增多，这方面的研究主要集中在住宅建筑性能评价[1]、居民的满意度评价[2]、居住环境质量[3][4]等方面，但鲜有从公共环境、公共设施配套、社会人文环境等层面对居住区进行全面、综合的评价，尤其是缺乏对旧居住区更新使用后评价的研究。笔者在对国内外使用后评价成果进行分析的基础上，总结使用后评价在旧居住区更新中的主要应用模式，并从中提炼适用于旧居住区更新使用后评价的方法、步骤、模式等，结合当前使用较广的使用后评价方法，试图让使用后评价在旧居住区更新中得以合理使用。

---

① 中华人民共和国建设部.住宅性能评定技术标准（GB/T 50362—2005）[S].北京：中国建筑工业出版社，2005

② 刘勇.上海旧住区居民满意度调查及影响因素分析[J].城市规划学刊，2010（3）：98-104

③ 陈青慧，徐培玮.城市生活居住环境质量评价方法初探[J].城市规划，1987（5）：52-58

④ 金路.基于居民需求的居住区建成环境评价研究：以合肥市幸福里小区为例[D].合肥：合肥工业大学，2014

具体来说，旧居住区更新使用后评价主要包括准备阶段、实施阶段和应用阶段三个阶段。从流程上来说，主要遵循确定评价目标、确定评价因子集合、选定合适的评价方法、资料收集与整理、数据分析、评价结果的应用与推广六大流程（图5-4）。

1）确定评价目标：为保证评价结果的准确性，需要多方权衡和考察评价目标和实现目标需做到的各项事宜。

2）确定评价体系：根据评价目标，通过查阅文献资料，同时充分结合行业专家和居民意见，从而得出旧居住区更新使用后评价的指标体系。

3）确定评价方法：评价方法通常需根据评价对象、评价目标以及评价指标体系的特征三者共同确定。

4）资料收集：主要通过文献资料收集与分析、现场踏勘、问卷调查、访谈调查、认知地图等多种方式进行资料收集和相关数据采集。

5）数据分析：根据评价标准，在评价指标的基础上，选择合适的评价方法，从多方位对评价目标进行综合评价。综合评价运用相关专业知识和技术手段，通过指标模型，基于整体的观念来研究问题，从而得到评价结果。

6）评价结果的推广与应用。

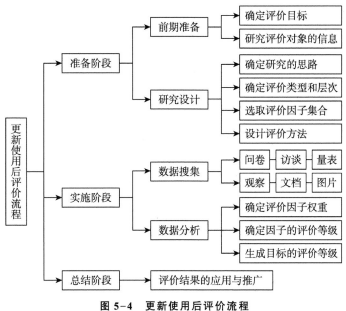

图 5-4　更新使用后评价流程
资料来源：作者根据相关资料整理绘制

5.3　旧居住区更新使用后评价的指标体系构建

5.3.1　文献回顾

国外与居住区使用后评价研究直接相关的文献较多，但主要集中在住宅性能研究方面。以"Residence Area"和"Post Occupancy Evaluation"为检索词，限定"Title or Keyword"对Web of

Science 数据库进行检索，1960 年代①至今与本研究直接相关的文献仅有 18 篇。相近的研究主要集中在居住区环境质量②、住宅性能③、居住区公共空间④以及居住满意度⑤4 个方面。

我国的使用后评价研究起步较晚，始于 20 世纪 80 年代。以常怀生⑥、杨公侠⑦、林玉莲⑧、吴硕贤⑨等为代表的学者进行了大量的探索和研究。以中国期刊网全文数据库（CNKI）收录的核心期刊论文和学位论文来看，在居住区使用后评价方面缺乏深入和系统的探讨，1980 年代至今以题名包含"（居）住区 OR 社区"和"使用后评价"的仅 5 篇，以"（居）住区 OR 社区"为题名且与使用后评价问题有关联的文献不足 25 篇，这些主要涉及环境景观质量⑩、居住满意度⑪、绿色生态住区⑫等 3 个方面，其中尤以"环境景观质量"研究的文献数量最为显著（图 5–5）。

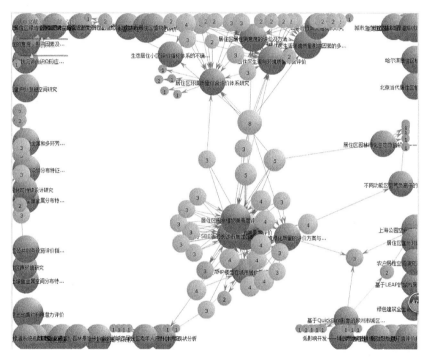

注：每个圆点大小表示它的总被引次数

图 5–5　居住区更新使用后评价研究作者聚类知识图谱

资料来源：作者基于中国知网数据库平台整理绘制

① 使用后评价（POE）产生于 1960 年代的环境心理学领域，此后才有众多学者对其进行研究。

② Cole R J. Building environmental assessment methods: redefining intentions and roles [J]. Building Research & Information, 2005, 33(5): 455–467

③ Petersen S R. Retrofitting existing housing for energy conservation: An economic analysis [R]. National Bureau of Standards, Building Science Series, 1974: 65–71

④ Whyte W H. The social life of small urban spaces [M]. Washington: The Conservation Foundation, 1980

⑤ Ladewing H, McCann G C. Community satisfaction: Theory and measurement [J].Rural Sociology, 1980, 45(1): 110–131

⑥ 常怀生.建筑环境心理学 [M].北京：中国建筑工业出版社，1990

⑦ 杨公侠.视觉与视觉环境 [M].上海：同济大学出版社，2002

⑧ 林玉莲，胡正凡.环境心理学 [M].北京：中国建筑工业出版社，2000

⑨ 吴硕贤.音乐厅音质综合评价 [J].声学学报，1994，19（5）：382–392

⑩ 周春玲，张启翔，孙迎坤.居住区绿地的美景度评价 [J].中国园林，2006，22（4）：62–67

⑪ 刘勇.上海旧住区居民满意度调查及影响因素分析 [J].城市规划学刊，2010（3）：98–104

⑫ 刘启波.绿色住区综合评价的研究 [D].西安：西安建筑科技大学，2005

以"使用后评价"为题名的文献主要集中在建筑和城市规划领域中关于公共建筑（剧场[①]、学校建筑[②]、商业建筑[③]、医院[④]等）和开放空间（城市公园[⑤]、校园[⑥]、广场[⑦]等）使用后评价的研究，这与使用后评价研究的起源有关——由环境心理学引入到建筑科学领域，并继续沿袭国外学者对公共建筑、城市公园、校园等领域的研究。其余研究成果零散分布于宏观经济管理与可持续发展、旅游、环境科学与资源利用领域中关于工程项目[⑧]、风景区（国家级、地区级森林公园[⑨]和风景区[⑩]）等文献中（表5-2）。这些研究均采用了先进的技术工具和复杂的统计手段，如层次分析法[⑪]、主成分分析法[⑫]、因子分析法[⑬]、模糊综合评价法[⑭]等。

表5-2　以"使用后评价"为题名检索的文献学科分布状况

学科	建筑科学（城市规划）	经济管理与可持续发展	旅游	环境科学与资源利用	交通运输	其他
数量（篇）	361	9	6	15	11	38

资料来源：作者根据中国知网（CNKI）整理绘制

总体来说，近年来，随着我国使用后评价研究水平的不断提高、研究的深度和广度的不断拓展，有关学者对于对有关居住区的使用后评价研究也逐渐增多，但也存在诸多不足之处：

1）研究对象停留在居住区的某一维度，如住宅建筑性能评价[⑮]、居民满意度评价[⑯]、居住环境质量[⑰]三个方面的研究，鲜有从住宅使用性能、公共设施配套、公共环境、社会人文环境等方面对旧居住区进行评价，尤其是缺乏对旧居住区更新使用后评价的研究。

2）研究视角主要集中在公共建筑和开放空间视角，缺乏以"使用者需求"为价值取向的旧居住区更新使用后评价的研究。

3）在研究的形容方法上，并没有综合运用观察、问卷调查、认知底图、访谈等社会调查方法，对资料的整理和总结也缺乏较为科学、系统的研究方法。

---

① 陈向荣.我国新建综合性剧场使用后评价及设计模式研究［D］.广州：华南理工大学建筑学院，2013
② 宁先锋，胡晶，黄明，等.湖南工程学院新校区主教学楼使用后评价研究［J］.中外建筑，2015（1）：116-119
③ 夏海山，钱霖霖.城市轨道交通综合体商业空间调查及使用后评价研究［J］.南方建筑，2013（2）：59-61
④ 王任重.综合性医院住院环境使用后评价研究［D］.广州：华南理工大学，2012
⑤ 石金莲，王兵，李俊清.公园使用状况评价（POE）应用案例研究：以北京玉渊潭公园为例［J］.旅游学刊，2006，21（2）：67-70
⑥ 黄翼.广州地区高校校园规划使用后评价及设计要素研究［D］.广州：华南理工大学大学，2014
⑦ 芦建国，孙琴.火车站站前广场使用状况的调查研究：以南京火车站站前广场为例［J］.建筑学报，2008（1）：34-37
⑧ 金琳.国内外工程项目后评价的比较分析［D］.杨凌：西北农林科技大学，2010
⑨ 张志斌，曹琦.城市山体公园使用后评价：以兰州五泉山公园为例［J］.西北师范大学学报（自然科学版），2010，46（5）：114-119
⑩ 孟妍君，秦鹏，王伟烈.白云山风景区摩星岭景观使用后评价研究［J］.湖北农业科学，2015，54（16）：4100-4103
⑪ 陈向荣.我国新建综合性剧场使用后评价及设计模式研究［D］.广州：华南理工大学，2013
⑫ 魏薇，王炜，胡适人.城市封闭住区环境和居民满意度特征：以杭州城西片区为例［J］.城市规划，2011，35（5）：69-75
⑬ 张志斌，曹琦.城市山体公园使用后评价：以兰州五泉山公园为例［J］.西北师范大学学报（自然科学版），2010，46（5）：114-119
⑭ 张为先.基于使用后评价的城市公园更新设计研究［D］.重庆：重庆大学，2012
⑮ 中华人民共和国建设部.住宅性能评定技术标准（GBT 50362—2005）［S］.北京：中国建筑工业出版社，2005
⑯ 刘勇.上海旧住区居民满意度调查及影响因素分析［J］.城市规划学刊，2010（3）：98-104
⑰ 陈青慧，徐培玮.城市生活居住环境质量评价方法初探［J］.城市规划，1987（5）：52-58

4）在评价体系构建上，使用后评价实践中也只是引用了相关学科，如心理学、社会学中的方法，但并没有构建符合国情的、系统化的、适用的使用后评价方法体系。

5）主要研究成果集中在使用后评价的指标体系构建和评价方法上，对于采用何种方法更为科学，尚无定论。

6）评价结果比较微观化，仅适用于样本调研点，很难从评价结果中获取有助于从整体层面认识旧居住区更新使用后的运行状况、更新效果以及存在的问题。为此，这些不足和问题促成了本章研究的方向和突破点。

第一，创新一个以"使用后评价"认知旧居住区更新的视角，尝试以"使用者需求"和"价值取向"为媒介，以主观评价和客观评价相结合的方法，从整体层面对更新实施后的旧居住区进行评价，评价更加注重使用者的感受。

第二，设计一种方法，能在下列要求下获取使用者需求和价值取向的信息：一是方法本身具有开放性和普适性，对于不同类型的旧居住区更新仍具有一定的适用性；二是对旧居住区更新使用后评价的研究不是为了建立一个一成不变的评价模式，而是为了建立一个开放性的旧居住区更新研究体系的一个环节，使评价成为有效促进旧居住区更新研究体系迈向科学化、合理化；三是回避探讨使用后评价值精度的问题，使用后评价只是媒介和手段，而不是最终目的，通过评价发现旧居住区更新使用后存在的问题；四是评价指标能反应更新后的旧居住区运行状况及其更新实施后的效果，以期对后续更新规划设计、管理以及同类项目的更新提供一定的参考和指导。

5.3.2 旧居住区更新使用后评价指标体系

在浅见泰司[①]、阳建强[②]、刘慧[③]等人研究的基础上，根据世界卫生组织（World Health Organization，简称 WHO）对居住环境提出的四个基本要求[④]，结合旧居住区更新的自身特征，立足使用者的基本需求和价值取向，笔者初步归纳和构建了旧居住区更新使用后评价的三级指标体系（表 5-3）：第 1 层级是目标层（旧居住区更新使用后评价）；第 2 层级是准则层（住宅使用性能、公共设施配套、公共环境、交通设施、住区安全与管理、社会人文环境）；第 3 层级是指标层（住宅单元、住宅套型、住宅设备设施、住宅节能、住宅安全、服务配套设施方便程度、公共服务设施等）。共包括 22 个指标，每个评价指标又有具体的评价标准。

使用后评价指标体系采用了树状分支的多层级结构形式，从而能够按照层级分别进行评价，对于全面评价和大类评价都具有一定的适用性。旧居住区更新使用后评价指标体系的设置就具有这样的特征，如在实际操作中可以以目标层（旧居住更新使用后评价）为评价目标进行全面的更新改造使用后评价；也可以以准则层（住宅使用性能、公共设施配套、公共环境、交通设施、住区安全与管理、社会人文环境）中的某一项或某几项作为评价目标对旧居住区更新后的某一维度进行评价，如在旧居住区更新后可专门针对住宅使用性能和公共环境两个方面来评价

① 浅见泰司.居住环境评价方法与理论［M］.高晓路，张文忠，李旭，等译.北京：清华大学出版社，2006
② 阳建强，吴明伟.现代城市更新［M］.南京：东南大学出版社，1999
③ 刘慧.城市居住区宜居性及其评价体系建构的研究：以合肥市为例［D］.合肥：合肥工业大学，2010
④ 1961 年世界卫生组织（WHO）总结了满足人类生活要求的条件，提出了居住环境的四大基本理念，即安全性（Safety）、保健性（Health）、便利性（Convenience）和舒适性（Amenity），该居住环境理念为世界各国广泛采用。

其更新效果。

表 5-3　旧居住区更新使用后评价指标体系

总目标	一级指标	二级指标	评价要素
旧居住区更新使用后评价	A 住宅使用性能	A1 住宅单元	入口设门厅或进厅、楼梯设置合理
		A2 住宅套型	户型功能齐全、面积配置合理、采光通风良好
		A3 住宅设备设施	给排水设施、燃气设施、电气设施等完备，屋顶防水良好，管道管线布置合理，空调机位布置合理
		A4 住宅节能	住宅防护结构节能、供热采暖系统、照明系统等
		A5 住宅安全	结构安全、防火安全、防护结构安全、防盗门
	B 公共设施配套	B1 服务配套设施方便程度	是否方便地到达居住区的各项配套服务设施
		B2 公共服务设施	教育设施、社区医疗设施、文化体育设施、商业服务设施、行政管理设施等完善
		B3 市政服务设施	给排水管线、燃气管线、电力电讯线缆、路灯、消防设施等完善
		B4 生活服务设施	服务设施方便可达、公共厕所配置合理、垃圾箱配置合理、垃圾收集和运输合理
	C 公共环境	C1 住宅外观造型及色彩	建筑风格统一协调、住宅立面外观、沿街店铺外观
		C2 环境卫生	道路、公共空间的清洁度
		C3 绿化及景观环境	绿地率、绿化的总体印象、绿化景观的丰富程度
		C4 公共活动空间	公共活动的布置、活动设施的配置
	D 交通设施	D1 公共交通通达度	居民选择公共交通出行的便捷程度
		D2 住区停车方便度	停车位设置是否合理，数量是否满足居民停车需求
		D3 住区内部交通组织	道路系统构架清晰顺畅，避免住区外交通穿行
	E 住区安全与管理	E1 住区安全	治安状况、交通安全、避灾防灾状况、住区封闭状况、住区监控系统
		E2 住区管理	居委会管理、住区物业管理
	F 社会人文环境	F1 住区辨识度	色彩、符号、建筑艺术风格
		F2 住区活动组织	住区活动组织的内容和频次
		F3 邻里关系	邻里之间的互帮互助与和睦程度
		F4 公众参与程度	公众参与居住区管理的程度

资料来源：作者绘制

　　本章构建的旧居住区更新使用后评价体系的六个方面内容既相互独立，又各有侧重。住宅是旧居住区的重要组成部分，同时也是人活动的主要空间，一般而言，旧居住区是否需要更新主要取决于住宅质量的好坏；公共设施配套与居民日常生活联系最为密切，它不仅能展示旧居住区的精神面貌，也是旧居住区对外展示的窗口，同时在居住区经济发展、社会和谐方面也担负着重要作用；公共环境主要是结合各种居民日常活动场所进行的绿化景观配置，包括各种环境功能设施的应用和美化；交通设施是否健全和完善直接决定了居民出行的安全指数和便利程度，包括居住区对外交通设施和内部交通设施两大体系；与其他新建商品型居住区相比，旧居住区的安全防御性功能通常较差，而管理人员的缺乏、管理模式的低下是旧居住区安全性难以达标的重要因素之一，旧居住区的管理与安全也是旧居住区居民关注的重点问题；社会人文环境是旧居住区价值需求的最高层次，从精神层面展现旧居住区文化和人文关怀。

5.3.3　旧居住区更新使用后评价指标体系特征

基于使用者需求和价值取向，以居民为评价主体的旧居住区更新使用后评价指标体系，用于评价更新使用后居民对旧居住区实际情况的满意程度，这是居民根据自身的需求目标而对客观环境做出的主观判断。总体来说，评价指标体系具有以下两个方面的特征：

（1）评价的视角

基于使用者需求和价值取向的视角对使用后评价在旧居住区更新中的应用做进一步探讨。本书立足于"使用者需求和价值取向"这一视角去评价客体环境，研究重点是旧居住区更新后居民对旧居住区实际情况的满意程度，评价体系中每个指标的选择应以居民需求为核心，并能反映居民对旧居住区更新使用后总体状况的需求。

（2）评价的主体

主要以居民作为评价主体（也包括部分社区管理者），是居民对于客体环境的主观评价。评价指标的选取充分考虑到居民进行主观评判的特点，确保居民能够容易理解指标的含义且容易做出主观判断。

5.4　旧居住区更新使用后评价标准与量化方法

5.4.1　评价标准的确定

所谓标准是指衡量事物的准则，是"人们在评价活动中对评价对象的价值尺度或界线的判断，每一个评价指标都应有对应的价值判断准则或尺度"，高标准往往预示着高品质。对于城市旧居住区而言，其更新后的品质应与城市的经济、社会、技术等情况相适应，而不能盲目追求超越实际情况的高标准。由于旧居住区既是一个物质空间，同时也是一个社会、经济空间，影响因素众多，比如各个地区的经济、生活水平以及人们生活习惯等的差异性，因此要制定一个通用的评价标准是十分困难的，也是不切实际的。为此，在确定评价指标的评价标准时，需要综合考虑评价对象的现状和自身特征。通常来说，确定定量指标的评价标准可遵循以下原则[①]：

①　采用国内或国际现有的相关标准的指标；

②　参考国内外旧居住区更新的指标值；

③　结合当前经济、社会发展理论，结合旧居住区更新特征，尽可能地将指标定量化；

①　盛学良，彭补拙，王华，等.生态城市建设的基本思路及其指标体系的评价标准［J］.环境导报，2001（1）：5-8

④ 尽可能地借鉴我国已有的旧居住区更新评价确定的目标值，或优于其目标值；

⑤ 对部分当前资料缺失或不完整的情况下，但该指标在评价指标体系中又占有十分重要的地位，应咨询多方专家予以综合确定。

其实，品质的高低也仅仅是一个相对的概念，对于不同的人群、不同地区的经济发展水平和消费水平，品质的评价标准也不尽相同，而且随着时代和社会的发展，评价的标准也在不断地变化之中。笔者认为，既然旧居住区更新使用后评价是基于居民需求和价值取向的评价，其标准还需充分考虑居民的实际情况与居民需求间的契合（或满足）作为本次的评价标准。为此，在遵循以上原则的基础上，本次评价标准还需从以下几个方面来考虑：1) 居民的需求标准是一定时期、一定地域空间范围内的社会心理标准；2) 从旧居住区的使用功能上确定评价标准；3) 对具体的对象而言，应借鉴统计学中的"平均人"这一概念。

5.4.2 层次分析法与权重设置

层次分析不仅可以帮助建立树状分支和多层级的综合评价指标体系，还可将目标层对准则层的权重及准则层对目标层的权重进行综合，最终可确定各指标的权重。这在数学上可归结为计算判断矩阵的最大特征根以及相应的特征向量，然后通过 AHP 计算程序，在确定有关判断矩阵的数值后，可快速计算出本层次单排序的各因素权重值，进而将此结果结合上一层级的各因素权重值，又可计算出本层次各因子相对于更高层级的相对重要性权重值，如此层层递进，最终可以形成总体指标的权重分配体系。此外，还需要对主观判断矩阵进行"一致性检验"，以判断矩阵中数据的有效性和一致性。若出现一致性不通过的情形，则需要重新调整权重分布和相关数据，避免由于主观判断或其他因素而导致判断矩阵中可能因两两比较赋值而出现片面性错误。

本章采用主观赋权法中常用的层次分析法确定评价指标的权重，并对层次分析法的不足进行了改进，即采用"改进的层次分析法"确定指标权重（具体内容详见 4.3.2 节）。以西园新村住区更新使用后评价为例，表 5-4 列出了西园新村住区更新使用后评价的二级指标的判断矩阵及单排序值。

表 5-4 准则层的判断矩阵及单排序值

更新使用后评价指标体系	住宅使用性能	公共设施配套	公共环境	交通设施	住区安全与管理	社会人文环境
住宅使用性能	1.000 0	0.250 0	0.500 0	2.000 0	0.333 3	5.000 0
公共设施配套	4.000 0	1.000 0	3.000 0	5.000 0	2.000 0	9.000 0
公共环境	2.000 0	0.333 3	1.000 0	3.000 0	0.500 0	8.000 0
交通环境	0.500 0	0.200 0	0.333 3	1.000 0	0.125 0	2.000 0
住区安全与管理	3.000 0	0.500 0	2.000 0	8.000 0	1.000 0	7.000 0
社会人文环境	0.200 0	0.142 9	0.125 0	0.500 0	0.142 9	1.000 0

资料来源：作者绘制

5.4.3　模糊综合评价的原理与方法

模糊综合评价法（Fuzzy Comprehensive Evaluation，简称 FCE）是一种基于模糊数学的综合评价方法。该方法是根据模糊数学中的隶属度理论将定性评价转化为定量评价，即用模糊数学对受到多种因素制约的事物或对象做出一个总体的评价。它具有结果清晰，系统性强的特点，能较好地解决模糊的、难以量化的问题，适合各种非确定性问题的解决[①]。实际上，旧居住区更新使用后评价作为一个包罗万象的复杂系统，各因素之间相互联系，很难绝对地将其分离，而且具有多层次性。在旧居住区更新使用后评价中，使用后评价作为对评价主体需要和满足程度的量化衡量，无论采用何种技术或方法手段，其结果都是无法精确计算的，而我们只是尽可能地将计算得出的评价结果接近其实际值，而模糊综合评价对于解决这样的问题来说是十分合适的。因此，通过引入模糊数学中的隶属度理论和模糊综合评价方法，进行旧居住区更新使用后的模糊评价，有助于在复杂的层次关系中建立系统性，同时将定性评价转化为定量评价，从而实现评价的科学性、可靠性。

（1）确定评价指标的隶属度

在对旧居住区各指标进行隶属度计算时，首先要确定各评价指标的标准值。将旧居住区更新使用后评价的各个指标评分水平根据九级记分制度，标准赋值为 1~9 分，即分别为非常不满意：1 分；较不满意：3 分；一般：5 分；较满意：7 分；非常满意：9 分。第 i 评价因子的隶属度，其线性函数表达式可定义如下[②③]：

"非常不满意"级隶属函数为：

$$r_{i1} = \begin{cases} 1 & 0 \leq N < 1 \\ -\dfrac{1}{2}(N-5) & 1 < N \leq 3 \\ 0 & N > 3 \end{cases}$$

"较不满意"级隶属函数为：

$$r_{i2} = \begin{cases} \dfrac{1}{2}(N-1) & 1 \leq N \leq 3 \\ -\dfrac{1}{2}(N-5) & 3 < N \leq 5 \\ 0 & N < 1 \text{ 或 } N > 5 \end{cases}$$

"一般"级隶属函数为：

$$r_{i3} = \begin{cases} \dfrac{1}{2}(N-3) & 3 \leq N \leq 5 \\ -\dfrac{1}{2}(N-7) & 5 < N \leq 7 \\ 0 & N < 3 \text{ 或 } N > 7 \end{cases}$$

① 资料来源：http://www.baike.com/wiki/ 模糊综合评价法
② 方述诚，汪定伟 . 模糊数学与模糊优化［M］. 北京：科学出版社，1997
③ 周红波，姚浩，卜庆 . 城市既有住区改造绿色施工技术模糊综合评价［J］. 施工技术，2007，36（5）：52-55

"较满意"级隶属函数为：

$$r_{i4} = \begin{cases} \dfrac{1}{2}(N-5) & 5 \leqslant N < 7 \\[2mm] -\dfrac{1}{2}(N-9) & 7 < N \leqslant 9 \\[2mm] 0 & N < 5 \text{ 或 } N > 9 \end{cases}$$

"非常满意"级隶属函数为：

$$r_{i5} = \begin{cases} \dfrac{1}{2}(N-7) & 7 \leqslant N \leqslant 9 \\[2mm] 1 & 9 < N \leqslant 10 \\[2mm] 0 & N < 7 \end{cases}$$

将指标量化后得到的数值 N 分别代入隶属函数，可得到指标对 5 个等级的隶属值。隶属函数图如图 5-6 所示。

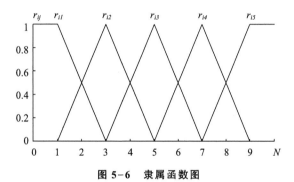

图 5-6　隶属函数图

资料来源：周红波，姚浩，卜庆.城市既有住区改造绿色施工技术模糊综合评价［J］.施工技术，2007，36（5）：52-55

（2）模糊评价的步骤[①]

1）将评价因子集按因子的属性分成 6 个子集，记作 U_1，U_2，$\cdots$，U_6，满足：

$$\bigcup_{i=1}^{6} U_i = U \quad U_i \bigcap U_j = \varphi (i \neq j)$$

设每个子集 $U_i = \{U_{i1}, U_{i1}, \cdots, U_{in}\}$，其中 $i = 1, 2, \cdots, 6$，对每一个 按一级模型分别进行综合评判，假定评判集 $V = \{v_1, v_2, \cdots, v_5\}$，$U_i$ 中的权值分配为 $V = \{v_1, v_2, \cdots, v_5\}$，$U_i$ 中的权值分配为 $W_i = \{w_{i1}, w_{i2}, \cdots, w_{in}\}$，要求 $\sum_{j=1}^{ni} w_{ij} = 1$，$U_i$ 的单因素的评价矩阵为 R_i，于是第一级综合评判为 $B_i = W_i \times R_i = (b_{i1}, b_{i2}, \cdots, b_{in})$，其中 $i = 1, 2 \cdots, 6$。

2）作为一个元素看待，用它的单因素评判，这样：

---

① 周红波，姚浩，卜庆.城市既有住区改造绿色施工技术模糊综合评价［J］.施工技术，2007，36（5）：52-55

$$R = \begin{bmatrix} B_1 \\ B_2 \\ \vdots \\ B_6 \end{bmatrix} = \begin{bmatrix} b_{11} & b_{12} & \cdots & b_{1m} \\ b_{21} & b_{22} & \cdots & b_{2m} \\ \vdots & \vdots & \vdots & \vdots \\ b_{61} & b_{62} & \cdots & b_{6m} \end{bmatrix}$$

是 $\{U_1, U_2, \cdots, U_6\}$ 的单因素评价矩阵，每个 U_i 作为 U 中的一部分，反映 U 的某种属性，可按它们的重要性给出权值分配：$W = (w_1, w_2, \cdots, w_6)$，这样则得出第二级综合评价：

$B = W \times R = (b_1, b_2, \cdots, b_6)$

最后根据最大隶属度原则可确定旧居住区更新使用后评价指标的等级。

5.5 实证研究：以合肥市西园新村更新使用后评价为例

5.5.1 西园新村概况

西园新村位于合肥市老城区西部，南临龙河路和安徽大学老校区、北接屯溪路和安徽中医药大学、西接合作化南路、东接肥西路和安徽医科大学，距离合肥市中心约 3 km，交通十分便捷（图5-7）。西园新村始建于 1985 年，1987 年底建成完工，占地面积约 23 hm²，总建筑面积约 23 万 m²，居住人数约 1.3 万人，建筑层数主要以 6 层为主，具体现状建设指标和配套设施情况见图5-8，图5-9，图5-10，表5-5，表5-6。

由于"研究工作的先进性和大规模解决居民居住问题"，西园新村分别荣获 1988 年度荣获联合国人居中心颁发的"国际特别荣誉奖"以及 1989 年度建设部住宅建设优秀设计二等奖。西园新村作为 1990 年代左右建成的优秀住区代表，在当时不论是规划还是建筑设计、景观设计都是非常成功的。然而，随着时代变迁，西园新村也面临物质性

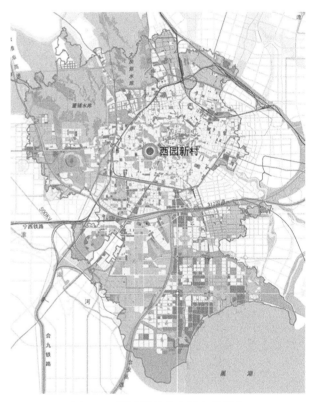

图 5-7　西园新村在合肥市的区位
资料来源：作者绘制

和结构性老化、功能性衰退等问题。为此，2013 年西园新村被列为蜀山区人民政府旧居住区更新的重点工程之一。西园新村作为我国 1990 年代左右建设的典型住区代表，其更新状况以及更新使用后所出现的问题在一定程度上也代表了国内相当大一部分城市的旧居住区更新实情。

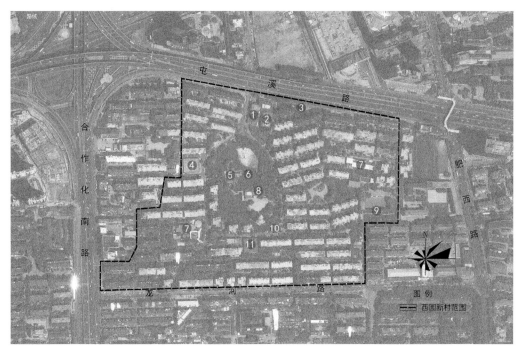

1．综合商场 2．菜场 3．变电站 4．养老指导中心 5．青年活动室
6．西园湖 7．幼儿园 8．居委会 9．小学 10．公厕 11．派出所

图5-8 西园新村现状影像图

资料来源：作者在谷歌影像图的基础上整理绘制

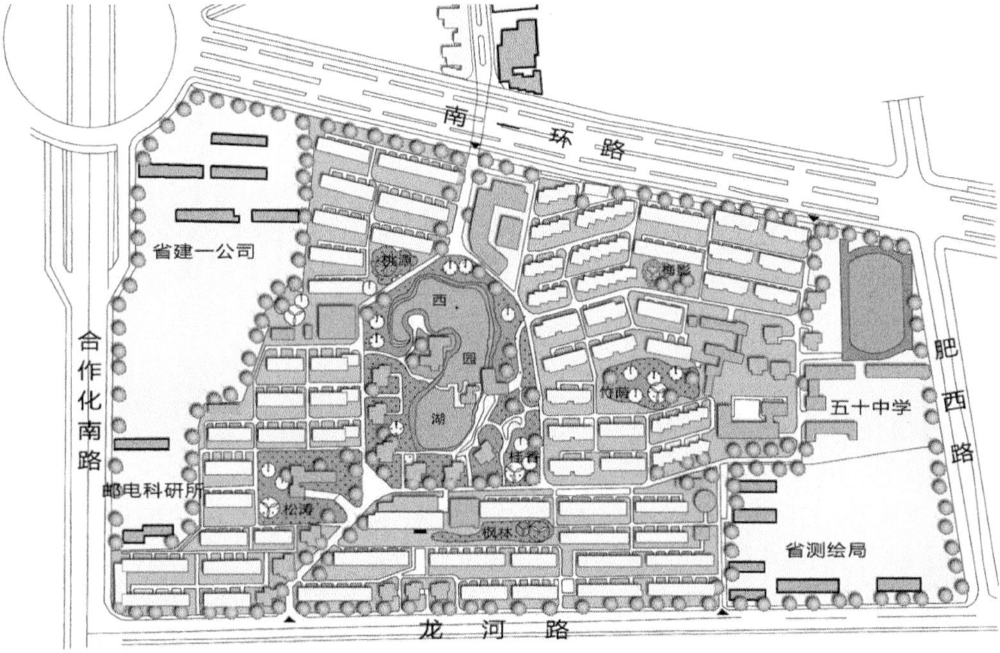

图5-9 西园新村总平面图

资料来源：孙杨．低碳视角下城市既有住区公共空间环境更新方法与策略［D］.

合肥：合肥工业大学，2013

（a）西园新村入口

（b）广场与社区中心

（c）住宅建筑

图 5-10 西苑新村现状

资料来源：作者拍摄

表 5-5 西园新村现状用地构成表

用地	占地面积（hm²）	人均占地面积（m²/人）	占比（%）
居住用地	13.21	9.99	56.8
道路用地	2.13	1.60	9.2
绿地	3.43	2.60	14.8
公共设施用地	4.48	3.39	19.2
合计	23.25	—	100

资料来源：高大龙，金刚.合肥西园新村规划构思［J］.城市规划，1991（3）：51-54

表 5-6 西园新村现状主要指标一览表

序号	项目	单位	数量	指标
1	总居住人数	万人	1.3	约 3.5 人/户
2	总居住户数	户	3 779	—
3	总建筑面积	万 m²	23.1	—
4	其中：住宅面积	万 m²	20.1	55.29 m²/户
5	建筑密度	%	27.3	
6	容积率	—	1.0	

资料来源：作者根据调研数据整理绘制

这里需要说明的是，由于旧居住区更新的周期较长，加上博士研究生学习的时间限制，笔者难以选取到合适的同一旧居住区对其更新前的现状评价及更新实施后的效果评价展开对比研究。为此，前一章选取了南京市秦淮区的三个旧居住区为评价对象对其展开现状调查与评价实证研究，而本章选取合肥市西园新村为评价对象对其展开更新使用后评价实证研究，这也为本课题的研究留下较多的遗憾和不足。然而，尽管评价对象不同，但以上两个评价对象在区位、建成年代、用地规模、人口构成、建筑高度等方面均存在较多的相似之处，这也使得本研究得出的结论具有一定的理论意义和实践价值（表5-7）。

表 5-7 评价对象的相似之处

评价阶段	评价对象	相似之处					
		区位	建设年代（年）	用地规模（hm²）	人口（人）	建筑高度（层）	产权性质
更新现状调查与评价	御河新村	中心城区	1973	2.66	1 550	3~4	公私兼有
	御道街34号	中心城区	1993	2.97	1 860	3~4	私有
	扇骨里	中心城区	1982	2.14	1 490	5~6	私有
更新使用后评价	西园新村	中心城区	1985	2.3	1 300	6	私有

资料来源：作者根据相关统计数据和调查数据整理绘制

5.5.2 研究设计

（1）研究目的

西园新村旧居住区更新使用后评价以西园新村居民和居委会管理人员（下文简称使用者）为主要评价主体，力求达到以下目的：

1）检验更新后的西园新村在实际使用中的总体使用状况，得到使用者对更新后的西园新村的整体态度；

2）探讨使用者对更新后的西园西村的影响因素作相关性分析；

3）探索我国旧居住区更新使用后评价的主要影响因素、重要因子排序及相应权重，为建立评价因子集提供客观依据；

4）通过问卷调查和数据整理、分析和评价，找寻西园新村住区更新使用后存在的问题。

（2）研究内容

1）先导性研究：了解与旧居住区更新（旧城更新）研究有关的国内外学术成果，笔者亲赴西园新村体验其实际使用状况，通过问卷调查和入户访问相结合的方式了解使用者的切身感受，从而确保研究的可行性和可靠性；

2）研究设计：设计和优化研究调查问卷，选择具有一定代表性的样本；

3）研究实施：以使用者群体（居民样本、居委会管理人员样本）为控制变量的使用后评价研究；

4）问卷派发回收及数据分析：通过多种途径和方式发放调查问卷，并进行问卷回收和后续追踪，保证调查问卷的数量和质量，然后分步实施具体研究，以数理统计方法为依据，采用专业的数据分析软件对获得的数据的信度和效度进行分析和验证。

（3）研究框架

研究框架主要包括确定研究对象、明确研究目的、探索性研究、研究设计、问卷发放与回收、数据分析、模糊综合评价以及评价结论9个部分，具体研究框架见图5-11。

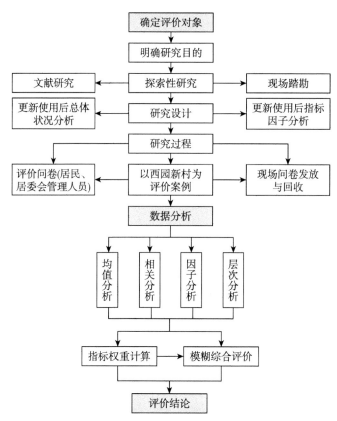

图 5-11 西园新村住区更新使用后评价研究框架
资料来源：作者绘制

（4）研究方法

1）采用统计调查评级法。在先导性研究的基础上构建评价指标集，主要包括住宅使用性能、公共设施配套、公共环境、交通设施、住区安全与管理、社会人文环境六大评价因子，使因子具体化并具有一定的可操作性。然后选择合适的、具有一定代表性的评价样本，进行问卷调查和收据收集，通过统计分析获得使用者的主观评价。

2）采用 SPSS 17.0、YAHHP 11.0、MATLAB 7.0、EXCEL 2010 等数理统计分析软件结合运用的方式，对调查问卷所获得的数据进行均值分析、相关分析、因子分析等，得到定量的评价结果，找到影响旧居住区更新使用后评价的主要因素。

3）对各评价层次的评价因子进行两两比较赋值的方法判断指标因子的相对重要性，进而构造判断矩阵，经过运算得出各评价因子的权重向量，最终对末级层次上的因子进行总体排序。

表 5-8 评价主体背景信息

评价对象	问卷份数			评价主体背景		
	派出问卷	回收问卷	有效问卷	男	女	备注
西园新村	150	142	131	67	64	居民、居委会管理人员

资料来源：作者绘制

（5）问卷调查与数据采集

1）问卷调查

本次调查的对象主要为西园新村居民以及居委会管理人员，问卷调查的对象采用抽样调查的方法选取，并分别对他们进行了非参与式观察和半结构化访谈，并于2017年7月1日至2017年7月20日开展了访谈回收式问卷调查。本次问卷调查在合肥市的同学帮助下共发放问卷150份，其中有效问卷131份，问卷有效率为87.3%（图5-12，图5-13）。评价主体背景信息详见表5-8，问卷调查表详见附录Ⅱ。

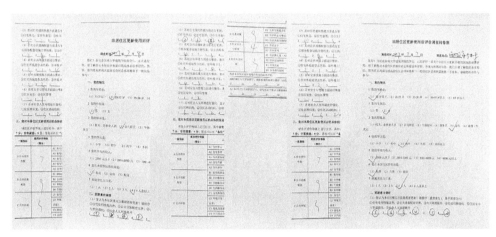

图5-12　调查问卷打分
资料来源：作者拍摄

图5-13　问卷调查现场
资料来源：作者拍摄

在有效问卷中（图5-14，图5-15），调查人群的性别男性占51.1%，女性占48.9%，性别分布较为均匀，其中20~35岁的人群占据比例较大，职业分布以公司职员为主。此外，教师、离退休人员明显偏多，其原因是西园新村正处于安徽大学、安徽医科大学等高校所围合的区域，由此可以说明这部分人群与居住区的关系更为密切，调查结果更接近于实际情况。受访者的学历构成主要以高中和本科学历为主，家庭常住人口一般以3人为主，其次是2人和4人居住，由此可以说明合肥市两代共同居住的现象较少，但随着老年化社会的到来，两代人共同居住的比例可能会有所增加。此外，在笔者调查时发现，很多老年人更愿意选择单独居住，基于老人单独居住的居住区更新规划设计也应该是未来老龄化时代旧居住区更新需要考虑的重要方面。

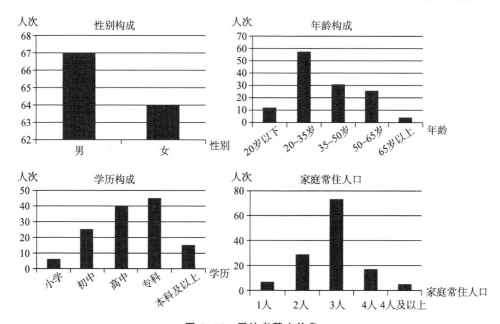

图 5-14　受访者基本信息
资料来源：作者根据问卷调查数据整理绘制

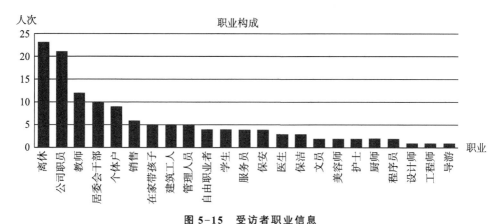

图 5-15　受访者职业信息
资料来源：作者根据问卷调查数据整理绘制

2）数据采集
问卷指标的测量方法采用李克特量表的方法，建立标准的结构问卷（见附录Ⅱ）。量表设计了 5 个一级评价指标和 22 个二级评价指标，分别从住宅使用性能、公共设施配套、公共环境、交通设施、住区安全与管理、社会人文环境等方面构建具体评价体系，这些指标能够充分反映使用者关心的大部分内容。评价等级可划分为 5 个测量等级：非常满意、较满意、一般、较不满意、很不满意，并分别对其赋值：非常满意 =1 分，较满意 =2 分，一般 =3 分，较不满意 =4 分，非常不满意 =5 分[①]。通过赋值将回答者的主观评价结果转化为定距的等级测量层次，这样可以较为准确地反映测量者的态度，居民也可以对每个问题自由地表达自己的意见，以修正封闭式问卷，具体评价标准见表 5-9。

表 5-9　评价定量标准

评价值 x_i	评价语	定级
$x_i \leqslant 1.5$	非常满意	E1
$1.5 < x_i \leqslant 2.5$	较满意	E2
$2.5 < x_i \leqslant 3.5$	一般	E3
$3.5 < x_i \leqslant 4.5$	较不满意	E4
$x_i > 4.5$	非常不满意	E5

资料来源：作者绘制

5.5.3　调查结果统计与分析

（1）均值分析

均值分析可以准确地反映样本的集中趋势。笔者对调查问卷的各评价因子和总体使用状况的主观评价进行均值分析，判断各评价因子主观评分的总体趋势和总体水平（图 5-16）。

研究结果表明，更新后的西园新村的总体得分为 2.86 分（总分为 5 分），评价结果为"一般"。调查数据还显示，"住区活动组织、公众参与程度、住宅节能、住区停车方便度"四项指标得分高于 3.5 分（3.5 分为一般至较不满意的临界值），说明更新后的西园新村在此四项方面明显存在不足，这些不足广泛存在于我国大部分城市旧居住区中，使用者对其评价为"较不满意"也是可以理解。相反，"服务配套设施方便程度、公共交通通达度"这两项指标均低于 1.5 分（1.5 分为较满意至非常满意的临界值），说明使用者对西园新村在此两项指标上表现为"非常满意"。究其原因，这主要和西园新村所在的区位（位于合肥市老城区且被各大高校环抱）以及当时的高标准建设密切相关。此外，其余 16 项指标的得分都在 2.50 分上下浮动，16 项指标的均值为 2.56 分，一定程度上可以说明使用者对更新后的西园新村评价为"一般"，这与使用者对西园新村的总体评价也是基本一致的。

经统计分析，22 个评价因子得分的平均值为 2.74 分，与总体评价得分 2.86 分非常接近，表明总体评价得分较为准确地反映各评价因子的得分情况。然而，这两个数值都只能代表使用者评价的一种趋势，而不能作为总体综合评价的依据，其原因是各评价因子对总体评价目标的

---

① 这里的分值指评价主体对各指标因子评价结果的临界值。

重要性存在差异性，故不能将平均值作为本次综合评价值。

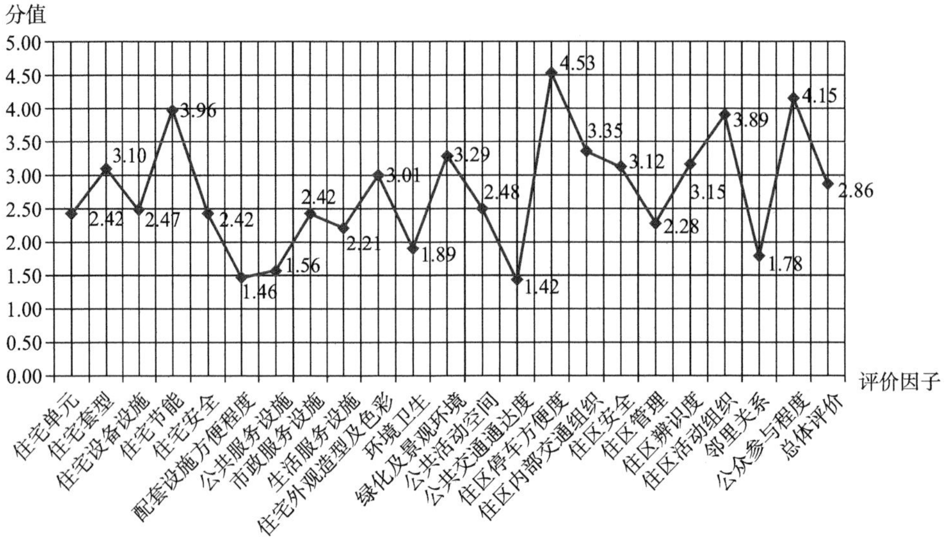

图 5-16　评价因子的平均值分析

资料来源：作者根据问卷调查数据整理绘制

（2）相关分析

相关分析是研究两个或多个变量之间密切程度的一种常用统计方法，即：当其中一个变量发生变化时，另一个变量是否也随之发生变化，以及发生变化的可能性程度的高低。相关系数是指描述变量之间线性关系程度和方向的统计量，常用 r 表示，相关系数 r 的绝对值越大，相关性越强；相关系数越接近于 0，相关度越弱。

以评价问卷的总体评价和各评价因素为变量，计算各因素之间的相关性关系（表 5-10）。结果表明，总体评价与其他各因素之间为正相关关系。其中与公共服务设施、绿化及景观环境、住区停车方便度、住区安全等因素对总体评价的影响较为显著。

对数据的相关分析显示，在 0.05 显著性水平下，A1 住宅单元、A3 住宅设备设施、A4 住宅节能、B3 市政服务设施与总体评价存在极弱的相关关系；在 0.01 显著性水平下，其余各因素总体评价存在中低度的线性相关关系，且相关性系数均大于 0.3。尤其以 B2 公共服务设施、C3 绿化及景观环境、D2 住区停车方便度、E1 住区安全等因素相关性最强（Spearman Correlation ≥ 0.500）。而 A3 住宅套型、B1 服务配套设施方便程度、C2 环境卫生、D1 公共交通通达度、E2 住区管理、F3 邻里关系等因素的相关性也很明显。

表 5-10　因子间的相关性分析结果

评价因子	r	Sig.	评价因子	r	Sig.
A1 住宅单元	0.224*	0.007	C3 绿化及景观环境	0.502**	0.000
A2 住宅套型	0.482**	0.000	C4 公共活动空间	0.381**	0.001
A3 住宅设备设施	0.201*	0.012	D1 公共交通通达度	0.469**	0.001
A4 住宅节能	0.205*	0.024	D2 住区停车方便度	0.513**	0.000

续表

评价因子	r	Sig.	评价因子	r	Sig.
A5 住宅安全	0.374**	0.000	D3 住区内部交通组织	0.326**	0.000
B1 服务配套设施方便程度	0.486**	0.001	E1 住区安全	0.525**	0.000
B2 公共服务设施	0.501**	0.000	E2 住区管理	0.482**	0.017
B3 市政服务设施	0.213*	0.009	F1 住区辨识度	0.392**	0.006
B4 生活服务设施	0.373**	0.000	F2 住区活动组织	0.463**	0.000
C1 住宅外观造型及色彩	0.366**	0.004	F3 邻里关系	0.414**	0.003
C2 环境卫生	0.465**	0.006	F4 公众参与程度	0.381**	0.000

注：r 表示斯皮尔曼（Spearman）相关系数；
　　** 表示显著性水平 < 0.01；
　　* 表示显著性水平 < 0.05。
　　资料来源：作者绘制

（3）因子分析

因子分析法就是用少数几个因子去解释多个指标或因素之间内在联系的一种统计方法，即将相关性比较密切的几个变量进行分类，每一类变量就成为一个因子，其目的是寻找变量间存在的一种概括性的、便于理解和掌握的关系属性，这一方法可以大大简化指标的构成[①]。因子分析法所反映的潜在指标结构对认识旧居住区使用后评价心里标准具有重要意义。

1）适用检验

信度分析：采用 Cronbach Alpha 系数检验问卷数据的内部一致性。数据分析显示，问卷的22 个项目 α 信度系数均在 0.75 以上。根据 Henson[②]、吴明隆[③]的研究成果，α 信度系数在 0.70 以上为最好，如果在 0.60~0.70 之间可以接受使用，但 α 信度系数在 0.60 以下，则应考虑重新修订量表或删减题项。本研究的数据显示，22 个项目的 Cronbach'α 系数大于 0.70，问卷信度较好。

效度分析：采用巴特利（Bartlett）球形检验、KMO（Kaiser-Meyer-Olkin Measure of Sampling Adequacy）方法对问卷数据进行 KMO 抽样适当性检验和 Bartlett 球度检验。数据分析显示，本研究 KMO 抽样适度测定统计值为 0.886，Bartlett 球形检验的近似卡方值为 2 419.496（df=131，p=0.000）。根据 Hu[④]（1995）等人的研究成果，当 KMO > 0.50 时，即可以进行因子分析。检验结果显示，各变量存在显著的相关性（表 5–11），可对各组变量进行因子分析。

---

　　① 子分析的基本思想是：依据相关性的大小将变量分组，使得同组内的变量之间相关性较高，但不同组的变量相关性较低。每组变量代表一个基本结构，这个基本结构称为公共因子。对于所研究的问题就试图用最少个数的不可测的所谓公共因子的线性函数与特殊因子之和来描述原来观测的每一分量。

　　② Henson R K, Kogan L R, Vacha-Haase T. A reliability generalization study of the teacher efficacy scale and related instruments [J]. Educational and Psychological Measurement. 2001, 61(3): 404–420

　　③ 吴明隆 . SPSS 统计应用实务 [M]. 北京：中国铁道出版社，2000

　　④ Hu L, Benler P M. Evaluating model fit [M] // Hoyle R H. Structural equation modeling Concepts and applications, Thousand Oaks: Sage, 1995

表 5-11　KMO and Bartlett 球形检验

KMO 抽样适度测定统计值		0.886
Bartlett 球形检验	近似卡方（x^2）	2 419.496
	df	131
	Sig.	0.00

资料来源：作者绘制

2）因子提取

采用主成分分析法对因子进行提取。分别对各组数据尝试性地指定特征根个数，根据因子提供的总体效果进行对比分析，最终确定按 7 个特征根进行因子分析，分别为配套设施因子、住宅适用性因、视觉环境因、交通可达性因子、安全与管理因子、社会人文因子、交通流线因子 7 个相互独立的公共因子（累计方差贡献率为 76.389%）。

3）因子分析

采用最大方差法（Varimax）对因子载荷矩阵进行正交旋转，使获得的因子具有命名解释性。指定按第一个因子载荷降序的方式输出旋转后的因子载荷矩阵，得出包括各类变量的公共因子构成以及各评价因子的载荷矩阵模型（表 5-12）。由表可知，旋转后的因子载荷模型可归纳为 7 个相互独立的公共因子，具体为：

公共因子 1：因子 1 的载荷排序为 B2 公共服务设施、B4 生活服务设施、C4 公共活动空间、D2 住区停车方便度、B3 市政服务设施，该因子可称为配套设施因子。

公共因子 2：因子 2 在 A2 住宅套型、A5 住宅安全、A4 住宅节能、A3 住宅设备设施、A1 住宅单元上载荷较大，该因子可称为住宅适用性因子。

公共因子 3：因子 3 在 C2 环境卫生、C3 绿化及景观环境、C1 住宅外观造型及色彩、F1 住区辨识度上载荷较大，该因子可称为视觉环境因子。

公共因子 4：因子 4 的载荷排序为 B1 服务配套设施方便程度、D1 公共交通通达度，该因子可称为交通可达性因子。

公共因子 5：因子 5 的载荷排序为 E2 住区管理、E1 住区安全，该因子可称为安全与管理因子。

公共因子 6：因子 6 的载荷排序为 F2 住区活动组织、F3 邻里关系、F4 公众参与程度，该因子可称为社会人文因子。

公共因子 7：因子 7 在 D3 住区内部交通组织上最突出，可称为交通流线因子。

以上 7 个相互独立的公共因子，共同确定了西园新村更新使用后的主观总体评价。因子的组成和排序反映了使用者评价旧居住区总体环境的基本心理结构。其中：首先是与居民生活密切相关的配套设施的完备性、住宅建筑空间的适用性和合理性受到使用者更多的关注。相比于住宅室内空间而言，长期居住生活于此的居民对居住区的户外空间环境质量和交通可达性则更加重视，主要体现在居住区的环境卫生、绿化及景观环境、服务配套设施方便程度、公共交通通达度以及住区的管理与安全等方面。值得注意的是，使用者对居住区的社会人文空间（公众参与、邻里关系、住区活动组织等方面）关注较少，可能的原因是西园新村居民的使用人群年龄主要分布在 20~50 岁之间，这部分人群的主要职业为公司职员、教师等，他们正是单位的中坚力量，无暇顾及和参与到旧居住区更新的各项事宜。

表 5-12 旋转后的因子载荷矩阵模型

序号	公共因子名称	变量	公共因子						
			1	2	3	4	5	6	7
1	配套设施因子	B2 公共服务设施	0.875	0.105	0.034	0.048	0.115	-0.007	0.102
		B4 生活服务设施	0.862	0.189	0.078	0.123	0.094	-0.053	0.133
		C4 公共活动空间	0.858	0.187	0.076	0.169	0.043	-0.052	0.046
		D2 住区停车方便度	0.846	0.063	0.126	-0.018	0.025	0.388	-0.052
		B3 市政服务设施	0.827	-0.074	0.233	0.066	-0.109	-0.168	0.096
2	住宅适用性因子	A2 住宅套型	0.157	0.781	0.066	0.203	0.008	0.351	0.141
		A5 住宅安全	0.136	0.773	-0.149	-0.083	0.029	-0.200	0.186
		A4 住宅节能	0.126	0.764	0.429	-0.003	0.229	0.116	0.293
		A3 住宅设备设施	0.166	0.672	0.382	-0.026	-0.049	-0.098	-0.197
		A1 住宅单元	0.193	0.623	0.321	0.276	-0.008	0.219	0.286
3	视觉环境因子	C2 环境卫生	0.203	0.016	0.764	0.073	0.156	0.155	0.106
		C3 绿化及景观环境	0.117	0.298	0.746	0.303	0.259	0.162	-0.066
		C1 住宅外观造型及色彩	0.046	0.369	0.623	0.326	0.368	0.029	0.273
		F1 住区辨识度	0.038	-0.154	0.582	-0.082	0.037	-0.016	0.036
4	交通可达性因子	B1 服务配套设施方便程度	0.268	0.115	0.112	0.861	0.102	0.472	0.166
		D1 公共交通通达度	-0.059	0.426	0.424	0.722	0.135	0.150	0.002
5	安全与管理因子	E2 住区管理	0.152	0.083	0.078	0.052	0.793	0.045	0.138
		E1 住区安全	0.86	0.152	0.325	0.106	0.625	-0.245	0.109
6	社会人文因子	F2 住区活动组织	-0.184	0.154	0.325	0.108	0.152	0.839	0.105
		F3 邻里关系	0.89	0.213	0.142	0.096	0.001	0.783	-0.006
		F4 公众参与程度	0.329	0.143	0.146	0.085	0.093	0.702	-0.033
7	交通流线因子	D3 住区内部交通组织	0.091	0.212	0.144	0.098	0.065	0.112	0.723
	特征值		8.662	3.472	2.869	1.945	1.457	1.321	1.138
	方差贡献（%）		34.065	13.692	8.583	7.569	6.210	4.932	4.542
	累计方差贡献率（%）		34.065	47.763	58.695	63.623	65.389	71.635	76.389

资料来源：作者绘制

5.5.4 指标权重计算

（1）利用问卷调查确定各指标的重要性排序

在问卷调查中笔者要求受访者对 A、B、C、D、E、F 六个一级指标（准则层）的重要性进行排序，从最重要到最不重要的依次记为 5、4、3、2、1 分，从而得到一级指标的得票数（频次），以此可以确定一级指标的相对优劣顺序，结果如表 5-13。数据表明，排名第 1 位的是 B 公共设施配套，排名 2 至 6 位的依次是：E 住区安全与管理、C 公共环境、A 住宅使用性能、D 交通设施、F 社会人文环境。

表 5-13　调查问卷中一级指标的重要性排序

准则层指标	A 住宅使用性能	B 公共设施配套	C 公共环境	D 交通设施	E 住区安全与管理	F 社会人文环境
重要性得分	172	326	212	158	287	106
重要性排序	4	1	3	5	2	6

资料来源：作者根据问卷调查数据统计整理绘制

（2）指标权重计算

在对各指标的重要性排序后，可按照论文第三章和第四章中介绍的 Delphi 法和改进的 AHP 权重计算方法，通过构造两两比较判断矩阵、层次单排序、层次总排序、一致性检验等步骤来计算各层次指标的单排序权值和总排序权值，具体各层次指标权重见表 5-14、表 5-15。

表 5-14　更新使用后评价体系各层次指标判断矩阵及其权重

1）更新使用后评价指标体系判断一致性比例：0.016 8；对总目标的权重：1.000；λ_{max}：5.076 9

更新使用后评价指标体系	住宅使用性能	公共设施配套	公共环境	交通设施	住区安全与管理	社会人文环境	权重 W_i
住宅使用性能	1.000 0	0.250 0	0.500 0	2.000 0	0.333 3	5.000 0	0.120 0
公共设施配套	4.000 0	1.000 0	3.000 0	5.000 0	2.000 0	9.000 0	0.317 1
公共环境	2.000 0	0.333 3	1.000 0	3.000 0	0.500 0	8.000 0	0.196 0
交通设施	0.500 0	0.200 0	0.333 3	1.000 0	0.125 0	2.000 0	0.054 9
住区安全与管理	3.000 0	0.500 0	2.000 0	8.000 0	1.000 0	7.000 0	0.284 1
社会人文环境	0.200 0	0.142 9	0.125 0	0.500 0	0.142 9	1.000 0	0.027 9

2）A 住宅使用性能判断一致性比例：0.036 2；对总目标的权重：0.120 0；λ_{max}：5.125 7

住宅使用性能	住宅单元	住宅套型	住宅设备设施	住宅节能	住宅安全	权重 W_i
住宅单元	1.000 0	0.333 3	2.000 0	7.000 0	0.500 0	0.229 6
住宅套型	3.000 0	1.000 0	5.000 0	7.000 0	2.000 0	0.381 5
住宅设备设施	0.500 0	0.200 0	1.000 0	3.000 0	0.333 3	0.106 7

续表

住宅使用性能	住宅单元	住宅套型	住宅设备设施	住宅节能	住宅安全	权重 W_i
住宅节能	0.142 9	0.142 9	0.333 3	1.000 0	0.200 0	0.038 6
住宅安全	2.000 0	0.500 0	3.000 0	5.000 0	1.000 0	0.243 7

3）B 公共设施配套判断一致性比例：0.038 2；对总目标的权重：0.317 1；λ_{max}：4.264 7

公共设施配套	服务配套设施方便程度	公共服务设施	市政服务设施	生活服务设施	权重 W_i
服务配套设施方便程度	1.000 0	0.200 0	3.000 0	0.200 0	0.131 7
公共服务设施	5.000 0	1.000 0	7.000 0	3.000 0	0.478 9
市政服务设施	0.333 3	0.142 9	1.000 0	0.200 0	0.050 2
生活服务设施	5.000 0	0.333 3	5.000 0	1.000 0	0.339 2

4）C 公共环境判断一致性比例：0.015 9；对总目标的权重：0.196 0；λ_{max}：4.023 6

公共环境	住宅外观造型及色彩	环境卫生	绿化及景观环境	公共活动空间	权重 W_i
住宅外观造型及色彩	1.000	0.200 0	0.142 9	0.333 3	0.050 2
环境卫生	5.000 0	1.000 0	0.333 3	5.000 0	0.339 2
绿化及景观环境	7.000 0	3.000 0	1.000 0	5.000 0	0.478 9
公共活动空间	3.000 0	0.200 0	0.200 0	1.000 0	0.131 7

5）D 交通设施判断一致性比例：0.018 6；对总目标的权重：0.054 9；λ_{max}：3.174 5

交通设施	公共交通通达度	住区停车方便度	住区内部交通组织	权重 W_i
公共交通通达度	1.000 0	0.333 3	3.000 0	0.291 5
住区停车方便度	3.000 0	1.000 0	5.000 0	0.605 4
住区内部交通组织	0.333 3	0.200 0	1.000 0	0.103 1

6）E 住区安全与管理判断一致性比例：0.037 9；对总目标的权重：0.284 1；λ_{max}：2.358 9

住区安全与管理	住区安全	住区管理	权重 W_i
住区安全	1.000 0	0.333 3	0.250 0
住区管理	3.000 0	1.000 0	0.750 0

7）F 社会人文环境判断一致性比例：0.030 3；对总目标的权重：0.027 9；λ_{max}：4.352 9

社会人文环境	住区辨识度	住区活动组织	邻里关系	公众参与程度	权重 W_i
住区辨识度	1.000 0	3.000 0	7.000 0	5.000 0	0.507 2

社会人文环境	住区辨识度	住区活动组织	邻里关系	公众参与程度	权重 W_i
住区活动组织	0.333 3	1.000 0	5.000 0	3.000 0	0.295 9
邻里关系	0.142 9	0.200 0	1.000 0	0.333 3	0.053 1
公众参与程度	0.200 0	0.333 3	3.000 0	1.000 0	0.143 7

综上，经过以上一系列权重计算，可最终得出西园新村更新使用后评价体系中各层次评价指标对于总目标层的单排序值和综合权值（表 5-15）。由表 5-15 可知，居民对更新后的西园西村重视程度的排名前 5 位的因素分别是：E2 住区管理、B2 公共服务设施、B4 生活服务设施、C3 绿化及景观环境、E1 住区安全。由此可以看出，居民的需求因素与前文研究的马斯洛的"需求理论"也是基本相符的。

表 5-15 西园新村更新使用后评价指标权重

总目标	准则层	指标层	指标层相对准则层权重 W_i	综合权重 W	排序
西园新村更新使用后评价体系 1.000 0	A 住宅使用性能 0.120 0	A1 住宅单元	0.229 6	0.027 6	11
		A2 住宅套型	0.381 5	0.045 8	7
		A3 住宅设备设施	0.106 7	0.012 8	16
		A4 住宅节能	0.038 6	0.004 6	20
		A5 住宅安全	0.243 7	0.029 2	10
	B 公共设施配套 0.317 1	B1 服务配套设施方便程度	0.131 7	0.041 8	8
		B2 公共服务设施	0.478 9	0.151 9	2
		B3 市政服务设施	0.050 2	0.015 9	14
		B4 生活服务设施	0.339 2	0.107 6	3
	C 公共环境 0.196 0	C1 住宅外观造型及色彩	0.050 2	0.009 8	17
		C2 环境卫生	0.339 2	0.066 5	6
		C3 绿化及景观环境	0.478 9	0.093 9	4
		C4 公共活动空间	0.131 7	0.025 8	12
	D 交通设施 0.054 9	D1 公共交通通达度	0.291 5	0.016 0	13
		D2 住区停车方便度	0.605 4	0.033 2	9
		D3 住区内部交通组织	0.103 1	0.005 7	19
	E 住区安全与管理 0.284 1	E1 住区安全	0.250 0	0.071 0	5
		E2 住区管理	0.750 0	0.213 1	1

续表

总目标	准则层	指标层	指标层相对准则层权重 W_i	综合权重 W	排序
西园新村更新使用后评价体系 1.000 0	F 社会人文环境 0.027 9	F1 住区辨识度	0.507 2	0.014 2	15
		F2 住区活动组织	0.295 9	0.008 3	18
		F3 邻里关系	0.053 1	0.001 5	22
		F4 公众参与程度	0.143 7	0.004 0	21

资料来源：作者绘制

5.5.5　模糊综合评价

（1）评价指标量化评分

根据西园新村的特点和更新使用后情况，采用 Delphi 法组织专家（本次研究共邀请了合肥本地的 5 位专业技术人员，其中 3 位为城市规划专业、1 位为建筑设计专业、1 位为遗产保护专业）对其更新使用后的评价指标进行评分，各指标量化评分赋值介于 0～10 之间，其中：5 代表该指标在符合相关法律、法规的前提下所在地的平均行业实践，10 为该指标的上限值，0 为该指标的下限值。西园新村更新使用后的指标评分结果如表 5-16 所示。

表 5-16　西园新村更新使用后评价指标评分表

序号	一级指标及权重	二级指标及权重	指标评分（N）
1	住宅使用性能 w_1	住宅单元 w_{11}	6
		住宅套型 w_{12}	5
		住宅设备设施 w_{13}	6
		住宅节能 w_{14}	4
		住宅安全 w_{15}	5
2	公共设施配套 w_2	服务配套设施方便程度 w_{21}	9
		公共服务设施 w_{22}	8
		市政服务设施 w_{23}	6
		生活服务设施 w_{24}	6
3	公共环境 w_3	住宅外观造型及色彩 w_{31}	5
		环境卫生 w_{32}	6
		绿化及景观环境 w_{33}	4
		公共活动空间 w_{34}	6

序号	一级指标及权重	二级指标及权重	指标评分（N）
4	交通设施 w_4	公共交通通达度 w_{41}	8
		住区停车方便度 w_{42}	3
		住区内部交通组织 w_{43}	4
5	住区安全与管理 w_5	住区安全 w_{51}	6
		住区管理 w_{52}	5
6	社会人文环境 w_6	住区辨识度 w_{61}	6
		住区活动组织 w_{62}	4
		邻里关系 w_{63}	7
		公众参与程度 w_{64}	4

资料来源：作者绘制

（2）指标权重向量

1）一级指标权重向量。根据前文 Delphi 法和改进的 AHP 权重计算方法得出一级指标的权重向量为：

$$W = [\,0.120\,0,\ 0.317\,1,\ 0.196\,0,\ 0.054\,9,\ 0.284\,1,\ 0.027\,9\,]$$

2）二级指标权重向量，可采用与一级指标权重计算相同的方法得出：

住宅使用性能：$w_1 = [\,0.229\,6,\ 0.381\,5,\ 0.106\,7,\ 0.038\,6,\ 0.243\,7\,]$

公共设施配套：$w_2 = [\,0.131\,7,\ 0.478\,9,\ 0.050\,2,\ 0.339\,2\,]$

公共环境：$w_3 = [\,0.050\,2,\ 0.339\,2,\ 0.478\,9,\ 0.131\,7\,]$

交通设施：$w_4 = [\,0.291\,5,\ 0.605\,4,\ 0.103\,1\,]$

住区安全与管理：$w_5 = [\,0.250\,0,\ 0.750\,0\,]$

社会人文环境：$w_6 = [\,0.507\,2,\ 0.295\,9,\ 0.053\,1,\ 0.143\,7\,]$

（3）模糊综合评价

1）确定判断矩阵

将上文运用 Delphi 法量化的二级指标数值 N 代入隶属度函数中，可计算出二级指标的评判语集，然后将评判语集进行组合便可形成隶属度矩阵。

"住宅使用性能"评判矩阵：

$$R_1 = \begin{bmatrix} 0 & 0 & 0.5 & 0.5 & 0 \\ 0 & 0 & 1 & 0 & 0 \\ 0 & 0 & 0.5 & 0.5 & 0 \\ 0 & 0.5 & 0.5 & 0 & 0 \\ 0 & 0 & 1 & 0 & 0 \end{bmatrix}$$

"公共设施配套"评判矩阵：

$$R_2 = \begin{bmatrix} 0 & 0 & 0 & 0 & 1 \\ 0 & 0 & 0 & 0.5 & 0.5 \\ 0 & 0 & 0.5 & 0.5 & 0 \\ 0 & 0 & 0.5 & 0.5 & 0 \end{bmatrix}$$

"公共环境"评判矩阵：

$$R_3 = \begin{bmatrix} 0 & 0 & 0.5 & 0 & 0 \\ 0 & 0 & 0.5 & 0.5 & 0 \\ 0 & 0.5 & 0.5 & 0 & 0 \\ 0 & 0 & 0 & 1 & 0 \end{bmatrix}$$

"交通设施"评判矩阵：

$$R_4 = \begin{bmatrix} 0 & 0 & 0 & 0.5 & 0.5 \\ 1 & 1 & 0 & 0 & 0 \\ 0 & 0.5 & 0.5 & 0 & 0 \end{bmatrix}$$

"住区安全与管理"评判矩阵：

$$R_5 = \begin{bmatrix} 0 & 0 & 0.5 & 0.5 & 0 \\ 0 & 0 & 1 & 0 & 0 \end{bmatrix}$$

"社会人文环境"评判矩阵：

$$R_6 = \begin{bmatrix} 0 & 0 & 0.5 & 0.5 & 0 \\ 0 & 0.5 & 0.5 & 0 & 0 \\ 0 & 0 & 0 & 1 & 0 \\ 0 & 0.5 & 0.5 & 0 & 0 \end{bmatrix}$$

2）模糊综合评价结果

进行一级模糊运算，将一级指标、二级指标的权重向量 W_i 分别与评判矩阵 R_i 进行模糊综合运算，便可得到一级指标的评价结果，结果如下：

$B_1 = W_1 \times R_1 = [0, 0.019, 0.181, 0.168, 0]$

$B_2 = W_2 \times R_2 = [0, 0.025, 0.330, 0.579, 0]$

$B_3 = W_3 \times R_3 = [0, 0.240, 0.434, 0.301, 0]$

$B_4 = W_4 \times R_4 = [0.605, 0.657, 0.052, 0.146, 0.146]$

$B_5 = W_5 \times R_5 = [0, 0, 0.875, 0.125, 0]$

$B_6 = W_6 \times R_6 = [0, 0.220, 0.473, 0.307, 0]$

然后进行二级模糊运算，便可得到西园新村住区更新使用后的评价结果：

$$B = W \times R = W \times \begin{bmatrix} B_1 \\ B_2 \\ B_3 \\ B_4 \\ B_5 \\ B_6 \end{bmatrix} = W \times \begin{bmatrix} 0.120\,0 \\ 0.317\,1 \\ 0.196\,0 \\ 0.054\,9 \\ 0.284\,1 \\ 0.027\,9 \end{bmatrix} \times \begin{bmatrix} 0 & 0.019 & 0.181 & 0.168 & 0 \\ 0 & 0.025 & 0.330 & 0.579 & 0 \\ 0 & 0.240 & 0.434 & 0.301 & 0 \\ 0.605 & 0.657 & 0.052 & 0.146 & 0.146 \\ 0 & 0 & 0.875 & 0.125 & 0 \\ 0 & 0.220 & 0.473 & 0.307 & 0 \end{bmatrix}$$

$$= [0.043\,2, \ 0.099\,5, \ 0.506\,1, \ 0.314\,9, \ 0.028\,0]$$

3）评价结果分析

① 目标层评价结果分析

根据最大隶属度原则，"一般"级对应的隶属度值最大，为 0.506 1，即："一般"的可能性为 50.61%，"非常不满意"级的可能性为 4.32%，"较不满意"级的可能性为 9.95%，"较满意"级的可能性为 31.49%，"非常满意"级的可能性为 2.80%（图 5-17），可知西园新村住区更新使用后评价等级为"一般"。由此可以看出，本次的评价结果与前文的均值评价结果基本一致，评价结果均为"一般"。

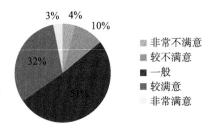

图 5-17 目标层评价结果
资料来源：作者绘制

② 准则层评价结果分析

根据上文目标层的评价步骤和方法，可得出西园新村住区更新使用后准则层的评价指标等级，详见表 5-17。由表可知，西园新村住区更新后的 B 公共设施配套、D 交通设施的更新效果为"较满意"，F 人文与社会环境的更新效果则为"较不满意"，A 住宅使用性能、C 公共环境、E 住区安全与管理三个指标的更新效果则为"一般"。

表 5-17 西园新村更新使用后评价指标评分表

序号	一级指标（准则层）	评价等级	二级指标（指标层）	评价等级
1	A 住宅使用性能	一般	A1 住宅单元	一般
			A2 住宅套型	一般
			A3 住宅设备设施	一般
			A4 住宅节能	较不满意
			A5 住宅安全	一般
2	B 公共设施配套	较满意	B1 服务配套设施方便程度	较满意
			B2 公共服务设施	较满意
			B3 市政服务设施	一般
			B4 生活服务设施	较满意
3	C 公共环境	一般	C1 住宅外观造型及色彩	一般
			C2 环境卫生	一般
			C3 绿化及景观环境	一般与较不满意之间
			C4 公共活动空间	一般
4	D 交通设施	较满意	D1 公共交通通达度	较满意
			D2 住区停车方便度	较不满意
			D3 住区内部交通组织	一般与较不满意之间

续表

序号	一级指标（准则层）	评价等级	二级指标（指标层）	评价等级
5	E 住区安全与管理	一般	E1 住区安全	一般
			E2 住区管理	一般
6	F 社会人文环境	较不满意	F1 住区辨识度	一般
			F2 住区活动组织	较不满意
			F3 邻里关系	一般
			F4 公众参与程度	较不满意

资料来源：作者绘制

③ 指标层评价结果分析

由表 5–17 可知，根据最大隶属度原则，西园新村住区更新使用后评价指标层的评价结果为：B1 服务配套设施方便程度、B2 公共服务设施、B4 生活服务设施、D1 公共交通通达度 4 项指标的评价结果为"较满意"。

A1 住宅单元、A2 住宅套型、A3 住宅设备设施、A5 住宅安全、B3 市政服务设施、C1 住宅外观造型及色彩、C2 环境卫生、C4 公共活动空间、E1 住区安全、E2 住区管理、F1 住区辨识度、F3 邻里关系 12 项指标的评价结果为"一般"。

C3 绿化及景观环境、D3 住区内部交通组织 2 项指标的评价结果为"一般与较不满意之间"。

A4 住宅节能、D2 住区停车方便度、F2 住区活动组织、F4 公众参与程度 4 项指标的评价结果为"较不满意"。

5.5.6　问题分析与总结

西园新村作为合肥市最早建设的住区典型代表，同时也是 2013 年合肥市蜀山区旧居住区更新的重点工程之一，其更新使用后所出现的问题在一定程度上代表着我国大部分城市旧居住区更新实情。

根据模糊综合评价的结果可以发现，居民对更新后的西园新村的整体评价结果属于"一般"等级，与居民的需求标准还存在一定的差距。归纳起来，更新后的西园新村存在的问题主要有以下几点：

（1）公众参与仍显薄弱，更新忽视社会网络的保存与延续

正如阿瑟·梅尔霍夫所说："住区设计并不是关于怎样形成更多漂亮的建筑物、更有趣的景象和更吸引人的景点，住区设计实质上是调动当地居民重新塑造他们自己理想的未来"[①]。西园新村住区更新主要是由政府部门发起和执行，政府在更新过程中占有绝对的主导地位，包括更新政策、标准的制定，更新资金的来源以及更新的规划设计、施工以及管理实施等，从而导致居民参与西园新村住区更新尚且停留在浅层次层面，主要体现在：一是更新前期规划设计人员为了了解住区现状情况，而在公众中展开的问询、民意调查、座谈等形式的调查；二是更新

---

① 阿瑟·梅尔霍夫.社区设计［M］.谭新娇，译.北京：中国社会出版社，2002

方案制定完成后，政府或专业人员对公众所做的宣传、教育等。公众仅仅是在更新规划决策制定后"学习"规划方案，而居民缺乏相关途径和渠道表达自身的更新意愿和诉求。这种被动式的"接受"和"认可"的参与方式，按照谢莉·安斯汀（Sherry Amstein）在《市民参与的梯子》（A Ladder of Citizen Participation）中的公众参与观点[1]，这种参与方式都只能归为假（非）参与和象征性参与[2]（图5-18）。这种"被动式"的参与方式往往导致居民产生抵触情绪以及对更新结果的不满意，使得旧居住区更新事倍功半。

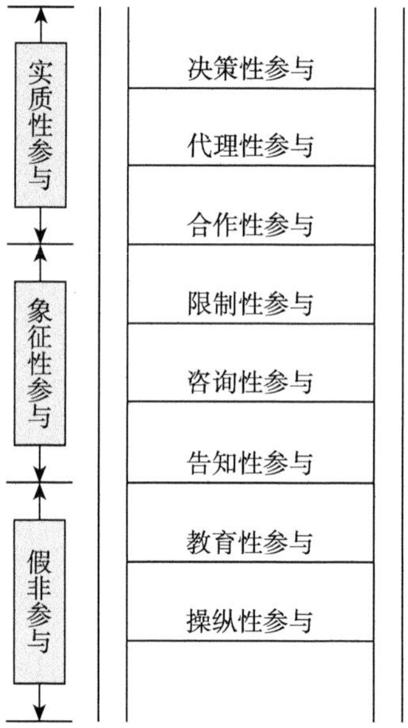

此外，西园新村住区更新因过度重视物质空间环境的改善而忽视了对社会、经济、文化的延续，致使更新后的住区环境和场所未能给社会网络的延续提供良好的平台。旧居住区更新不仅仅是为了提升居民的生活品质，更应为居民之间的交往提供更多的机会和场所，从情感需求视角实现对旧居住区居民的人文关怀。然而，西园新村住区在更新过程中由于文化保护和邻里关系维护工作方面的疏忽，更新缺乏对居民情感的关注和旧居住区文化的延续。

图5-18　市民参与的梯子
资料来源：梁鹤年.公众（市民）参与：北美的经验与教训［J］.城市规划，1995（5）：49-53

（2）住区管理系统混乱，后续维护管理不足

居委会作为旧居住区社会生活和行政管理的基本单元，西园新村住区居委会管理人员的管理意识尚且停留在行政管理这一肤浅认识层面，缺乏对居民社会生活的关注和人文关怀，出现的后果是旧居住区管理漏洞百出、居民社区意识和邻里关系淡薄等，居民参与旧居住区更新更新无从谈起。与此同时，加上旧居住区物业管理的不足，导致公共空间遭到人为破坏、基础设施老化加速、路面坑洼、垃圾随意堆放、安全隐患严重等一系列问题，这些问题严重影响居民的日常生活秩序和生活品质，同时也使得旧居住区的更新成果难以长期有效的保持。

（3）更新周期不完整，缺乏更新使用后评价这一程序

旧居住区更新依旧遵循"策划—规划设计—更新实施"这一单一线性的更新程序，缺乏"评价—策划—规划设计—更新实施—更新使用后评价"这一循环的更新设计过程。西园新村住区更新关注更多的是项目本身，却极少甚至是没有考虑更新实施后的居民使用情况。这方面发达国家已积累了较为成熟的经验，如在更新使用后的一段时间内，通过系统、严格和规范的程序，获得使用者的相关使用情况资料以及使用者对建成项目的评价，经过科学的整理和研究，以此为基础对建成项目进行科学、合理的评价，并得到最终的评价结果，并将这个评价结果进一步反馈给设计师，从而为后续的旧居住区更新或同类项目的更新提供有价值的参考。政府管理人员和规划师理应重视更新使用后评价这一重要环节在旧居住区更新的重要作用，随着使用后评价理论研究的不断发展和完善，将使用后评价理论与旧居住区更新评价实践相结合，完善旧居住区更新周期是十分有必要的。

① 梁鹤年.公众（市民）参与：北美的经验与教训［J］.城市规划，1995（5）：49-53
② 谢莉·安斯汀把公众参与分为三类：假（非）参与、象征性参与和实质性参与，操纵性参与和教育性参与都归属为假（非）参与。

5.6 本章小结

旧居住区更新使用后评价是在某一旧居住区更新改造工作完成并投入使用一段时间后，对其更新的效果及其产生的影响进行验证、衡量以及评价，它属于"结果性评价"，既包括更新后所呈现出来的客观属性指标，也包括使用主体对更新结果的需求满足状况及主观体验感受，以期通过评价发现问题、总结经验，为后续的旧居住区更新提供有价值的参考。本章试从"使用者需求和价值取向"视角对使用后评价在旧居住区更新中的应用做进一步探讨。

首先，对更新使用后评价相关概念进行了剖析，主要包括使用后评价的内涵与特征、类型与层次等多个方面。对于旧居住区更新而言，最大的难度是如何客观地评价旧居住区更新规划实施后各空间要素现状存在的问题，而使用后评价与旧居住区更新相结合，可为旧居住区更新规划注入更多的理性思维。为此，在对使用后评价相关概念阐释的基础上，对使用后评价在旧居住区更新中的意义做了重点探讨。其后，在上文研究的基础上，对旧居住区更新使用后评价的相关内涵、流程做了进一步探讨。

其次，在相关文献回顾的基础上，利用改进的层次分析法（AHP）模型构建了"旧居住区更新使用后评价"指标体系，整个评价体系分为3大层次：一是目标层（旧居住区更新使用后评价），二是准则层（住宅使用性能、公共设施配套、公共环境、交通设施、住区安全与管理、社会人文环境），三是指标层（住宅单元、住宅套型、住宅设备设施、住宅节能、住宅安全、服务配套设施方便程度、公共服务设施等），共包括22个评价指标，每个评价指标又有具体的评价要素。

再次，初步建立旧居住区更新使用后评价标准，从而使具体的评价过程有据可依。其后对旧居住区更新使用后评价的评价方法和量化技术进行研究，运用了改进的层次分析法、模糊综合评价法等技术方法在旧居住区更新使用后评价中的应用。层次分析不仅可以帮助建立树状分支和多层级的综合评价指标体系，还能通过AHP计算程序计算判断矩阵的最大特征根以及相应的特征向量，确定总体指标体系的权重分配。而模糊综合评价则通过引入模糊数学中的隶属度理论和模糊评价方法，有助于在复杂的层次关系中建立系统性，同时将定性评价转化为定量评价，从而实现评价的科学性、可靠性。

最后，在确定研究目的、研究内容、研究框架、研究方法、问卷调查与数据采集（统称"研究设计"）的基础上，结合合肥市西园新村更新工程实践进行了使用后评价实证研究。实证研究是以实验为基础，实验过程中应用到的数据采集方法、分析原理、计算方法均具有普适性，实验过程具有再现性，分析结果正确、可靠。

第六章 城市旧居住区更新的规划路径

在前文研究的基础上，本章提出了未来我国城市旧居住区更新的规划路径，更新规划路径的制定主要秉承以下原则：使物质形态更新成为社会形态更新的载体，同时社会形态更新的论述结合物质形态更新规划路径在城市旧居住区空间上的落实。具体规划路径可归纳为：首先，从"整体层面"提出了我国旧居住区更新的总体思路；其次，从"物质空间"层面提出了我国城市旧居住区更新的规划路径；最后，从"社会空间"层面提出了我国城市旧居住区更新的规划路径。

6.1 城市旧居住区更新的总体思路

6.1.1 确定合理的更新单元

旧居住区更新终究要落实到具体的空间范围内，这就涉及旧居住区更新单元规模界定的问题。更新单元规模偏大，可能会带来更新周期长、更新实施难度大、更新资金不足等诸多问题。更新单元规模偏小，则很难起到典型的更新示范作用。例如1980年代左右受苏联规划思想影响的、经过统一规划建设的有机单一型住区（工人新村、单位制住区），可以以单个居住组团为单位进行渐进式更新，但对于大多数城市来说存在数量最多、人口构成最为复杂的传统居住混合型住区来说并不合适，其原因在于：1）社会层面，这类旧居住区居住人口复杂，有退休工人、外来务工人员以及刚毕业的大学生等，每类居住人群对更新的诉求不尽相同；2）空间布局上，这类传统混合型住区最大的问题是空间布局不尽合理，建筑密度大，甚至部分相互毗邻的两个居住组团之间存在一定的社会空间分异，仅对某一居住组团进行更新而不考虑各组团之间的关系，也仅仅只能解决部分物质环境问题，而对旧居住区整体环境（包括社会环境和经济环境）的改善与提升成效十分有限。

为此，旧居住区更新不能只从单一的物质空间维度的更新着眼，而应立足全面整体的视角，以道路、山水、绿地等为边界划分适宜规模的旧居住区更新单元，这样便于从总体上做出更新规划安排。当然更新规划实施也非常重要，可以一次性更新，也可以采用渐进式更新。

6.1.2 正确处理旧居住区建筑实体的存留

以往旧居住区更新走向了两个极端：一种是将旧居住区问题简单化，通常采取大规模推倒重建的更新方式，把基地看作一张白纸进行重新规划，这种更新方式无疑破坏了旧居住区原有的社会网络，同时造成建筑资源的大量浪费；另一种是缺乏全面、系统的更新观念，采取头疼医头、脚痛医脚的简单、局部的更新方式，如上海 1990 年代兴起的"平改坡"以及我国大部分城市正在进行的旧居住区环境整治和建筑立面出新等。大规模推倒重建的更新方式与西方国家二战后大规模清楚贫民窟的做法有众多相似之处，但这种做法对旧居住区的打击是致命的；局部、简单的更新方式（如平改坡、环境整治、建筑立面出新等）只能使旧居住区局部或表面问题得以缓解，难以触及旧居住区深层次的实质性问题。

因此，旧居住区更新必须以发展的视角看待当前存在的问题，可采取渐进式的更新方式，而不仅仅着眼于建筑实体的存留问题。世界城市发展的规律和经验告诉我们，有选择地拆除或淘汰部分不合理建筑是城市发展或城市新陈代谢的正常需要，而短期内大规模拆除或推倒重建则与城市的发展规律背道而驰。

6.1.3　保持旧居住区空间的异质性

多样性是维持旧居住区活力的源泉，这一观点已被国内外众多研究所证实[①]。旧居住区更新不是为了要消除旧居住区在居住功能、居民构成、居住空间分布等方面的异质性，创造同质化的居住空间，而是要在保持旧居住区异质性的基础上，通过调整、改造或剔除旧居住区中存在的不合理因素，改变其衰败、混乱与隔离的空间状态，最终实现多元统一的效果，以至于让旧居住区多样性的积极要素更好地发挥出来，即实现旧居住区的有机更新。

6.2　物质空间更新规划路径

6.2.1　土地开发强度控制

1950 年代以后，土地利用方式和土地利用强度成为城市空间形态发展的重要影响因素，而城市空间形态与城市可持续发展也逐渐成为当前城市研究的重要课题。有关城市土地利用的研究可概括为两个方向：合理的开发强度与规模控制的研究以及合理土地利用形态与分布的研究[②]。

国内外众多学者通过对多个城市空间形态的对比研究后发现，土地利用强度对城市交通、城市社会活力、能源消耗等社会生活方面产生巨大影响[③④⑤⑥]。同时，土地利用强度与城市可持续发展之间并非呈单一的线性关系，过高或过低的土地利用强度都会对城市经济、社会、能源消耗等方面产生负面影响[⑦]。为此，城市发展应确定合理的土地利用强度，具体衡量标准主要有以下两点：一是土地资源的承载能力，即容量控制；二是达到一定社会活动密度的门槛，即密

① 吴岩，戴志中. 基于群体多样性的住区公共服务空间适老化调查研究 [J]. 建筑学报，2014（5）：60-64
② 卜雪旸. 当代西方城市可持续发展空间理论研究热点和争论 [J]. 城市规划学刊，2006（4）：106-110
③ 林红，李军. 出行空间分布与土地利用混合程度关系研究 [J]. 城市规划，2008，32（9）：53-74
④ 韦亚平，潘聪林. 大城市街区土地利用特征与居民通勤方式研究：以杭州城西为例 [J]. 城市规划，2012，36（3）：76-84，89
⑤ Simmonds D, Coombe D. Transport effects of urban land-use change [J]. Traffic Engineering and Control, 1997, 38(12): 660-665
⑥ Vergil G S, Frank J K. Transportation and land development [M]. Englewood Cliffs, N.J: Prentice-Hall, 1988
⑦ Kitamura R, Mokhtarian P, Laidet L.A Micro-analysis of land use and travel in five neighborhoods in the san francisco bay Area [J]. Transportation, 1997(24): 125-158

度控制。

事实上，由于城市与城市之间、城市与区域自然环境之间的联系与物质交往越来越密切，对于一个城市或者城市中的某用地单元而言，其"容量"的确定理论上是较为困难的，也是不现实的。而在城市规划实践中，一般采用城市发展关键的自然要素的极限容量（如地理与气候条件以及与其直接相关的日照、通风间距等）以及周边用地和设施情况（如基础设施支撑能力、道路通行能力等）来综合确定某用地单元开发的容量。结合用地及其周边情况，让该用地单元开发达到一定社会活动密度的门槛，即土地的开发强度应既可以保持城市经济、社会生活的活力，又避免过度拥挤而引发城市交通、环境和社会治安等一系列问题。

（a）居住人口密度与居民交通生态足迹的关系

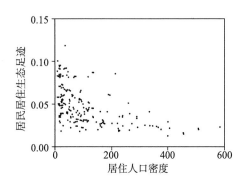
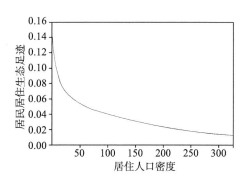

（b）居住人口密度与居民居住生态足迹的关系

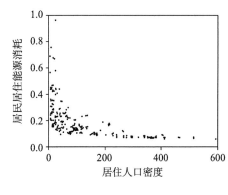
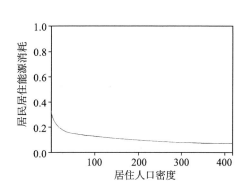

（c）居住人口密度与居民居住能源消耗的关系

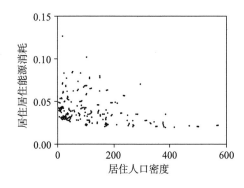
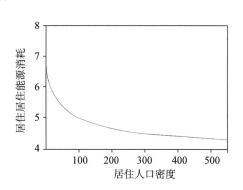

（d）居住人口密度与居民采用公交出行频率的关系

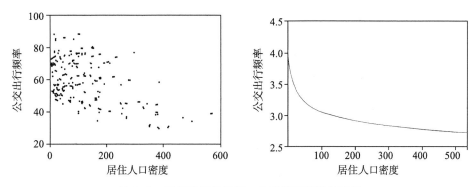

图 6-1　居住密度与能源、生态足迹关系的研究

资料来源：作者根据 Ivan Muniz, Anna Galindo. Urban form and the ecological footprint of commuting:
The case of Barcelona［J］. Ecological Economics, 2005(55): 499-514 相关数据整理绘制

对于旧居住区更新而言，其开发强度是否适宜，还与居民的生活习惯存在较大关系。如西班牙 Ivan Muniz 等学者以巴塞罗那都市圈内的 163 个旧居住区为研究对象，通过对它们的居住规模、密度、与市中心的距离、公共交通的使用频率、居民生活的人均能源消耗等指标进行统计分析，总结了不同的居住形态与能源消耗之间的关系（图 6-1，图 6-2，表 6-1）。

表 6-1　巴塞罗那市不同的居住形态与能源消耗间的关系

大都市圈	自治区数量 （个）	距离市中心的平 均距离（km）	居住人口密度 （人 /hm²）	人均居住能源消 耗（kW·h）	公交出行率 （次 / 月）	平均人口 （万人）
巴塞罗那	1	2.5	366	366	41	16.00
一环	10	12.2	378	378	29	8.82
二环	23	20.3	241	241	19	2.32
副中心	7	38.1	169	169	15	8.52
副中心通勤区	20	41.3	54	54	13	0.54
都市圈通道	101	41.2	69	69	16	0.58

资料来源：作者根据相关资料整理绘制

图 6-2 居住生活质量同土地开发强度之间的关系分析

资料来源：Michael Crilly, Adam Mannis. Sustainable urban management system［M］. In:
Katie Williams, 2005

基于以上学者的研究，对于旧居住区更新的开发强度而言，笔者引入"低冲击开发"①（Low Impact Development，简称 LID）的思路和理念对旧居住区更新的用地强度进行合理分配，旧居住区更新的实质是各主体经济利益的再分配。为此，旧居住区更新前需对旧居住区用地进行合理评估，测算土地的增值，使旧居住区更新开发强度建立在合理合适的基础之上，同时需摒弃以往追求经济利益最大化的原则，过分集中的高强度、高密度更新开发必然会对城市环境带来巨大冲击，同时也将会损害城市整体的社会效益和环境效益，不利于城市的可持续发展。因此，在旧居住区更新过程中，应在系统的经济技术分析的基础上，以居民利益至上为出发点，以适时、适度的更新开发为原则，合理分配更新区域的开发强度。

图 6-3　华强北地区现状影像图
资料来源：作者根据谷歌影像图整理绘制

笔者以深圳市华强北地区更新为例，探讨如何确定旧居住区更新的土地利用强度。根据《上步片区城市更新规划》将华强北片区划分为 16 个更新单元（图 6-3，图 6-4）。首先，规划从片区整体均衡发展和环境承载力的视角，初步测算出该片区的总体开发容量必须控制在 140 万 m² 以内；其次，结合每个更新单元的自身条件和目标诉求，将总体开发容量进行分解，得出每个更新单元的容量，从而实现了每个更新单元发展权益的初次分配；再次，在完成对空间发

① 低冲击开发（Low Impact Development，简称 LID）是 20 世纪 90 年代初最先应用于美国 Maryland 州的一种雨洪管理技术，现今已被纳入美国生态城市评价体系及绿色评价标准。LID 是指在场地开发过程中，通过源头分散的小型控制设施，将雨水控制技术与现场规划及景观设计相结合，以生态系统为基础，利用渗透、储存、调节等措施，从源头控制雨水径流过程中径流系数增大、面源污染、洪峰流量增加等问题，使开发区域的水文特征尽量维持开发前的自然水文循环状态。其核心思想是在开发建设过程中，采取各种技术手段减轻对水环境的冲击和破坏，保持和恢复自然生态。随着国内外对"低冲击开发"研究的深入，其概念和内涵得到了较大的延伸，部分学者将"低冲击开发"的概念扩展到城市规划的各个领域，从而指导我国的城市建设，尤其在旧城更新领域应用较为广泛。

展权初次分配的基础上，通过对宗地的"三类属性评价"（包括区位价值属性评价、更新紧迫属性评价、综合贡献属性评价）和"二次交融取值"（包括确定宗地的更新方式和宗地分得空间增量的多寡），最后通过专家打分和层次分析法相结合，通过模型运算，进而得出每个单元宗地的容量分配（图6-4）。该案例可以说明，通过对更新单元的发展权益分配—三类属性评价—二次交融取值这一方法，为旧居住区更新单元开发容量的确定提供了途径，在确保居民权益的前提下，同时也兼顾了城市公平和整体效益的提升，在一定程度上解决了旧居住区更新土地开发强度确定难这一问题。

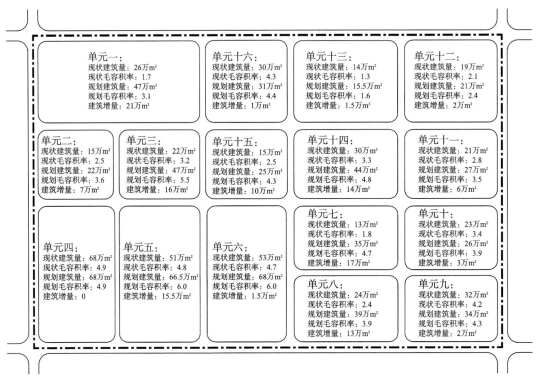

图6-4　单元划分及测算后容积率增量分配规划
资料来源：作者根据相关资料整理绘制

6.2.2　旧居住区功能优化

（1）对现代功能主义的反思

当前，我国众多城市的规划建设仍受"功能分区"思想的影响，旧居住区更新也不例外，将城市空间功能机械地划分为居住、工作、游憩、交通四大功能类型，对传统城市空间的功能混合持否定态度，过分强调土地利用的"纯净化"。尤其是1990年代住房制度改革以后，城市建设速度明显加快，大量新的居住区、工业园区的集中式建设加剧了城市的郊区化蔓延，从而进一步加剧了居住和工作之间的隔离（图6-5）。这一空间隔离现象已被实践证明是引发城市交通混乱、资源消耗严重、空间活力缺乏等社会问题的重要原因。为此，国内外众多城市规划学者都开始意识到"土地功能适度混合"的重要性。

其实，霍华德在其"田园城市"思想中就提出了"社区平衡"这一规划理念，其核心思想

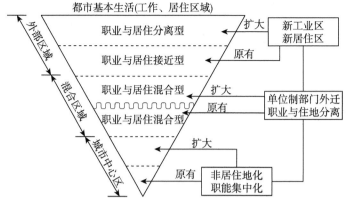

图6-5 中国城市居住空间区域变化的一般趋势
资料来源：段进.城市空间发展论［M］.南京：
江苏科学技术出版社，1999

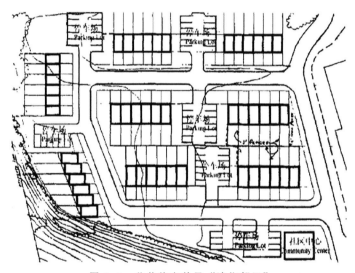

图6-6 公共住宅单元"迷你邻里"
资料来源：Oscar Newman. Creating defensible space, U.S.
department of housing and urban development［J］. Office of Policy
Development and Research, 1996:81

是："城市建设不仅仅是居住区的郊区化建设，而是建设工作和生活等方面能自给自足和职住平衡的居住社区"。第二次世界大战以后，在功能分区思想指导下的西方国家进行的大规模"城市更新"运动，给众多城市带来了前所未有的巨大破坏，并由此引发了中心区衰败、环境恶化、邻里关系消失、空间失落等一系列城市问题。

为此，引发1960年代后期城市规划界对现代提倡"功能分区"规划思想的深刻反思[1]。如《马丘比丘宪章》对"功能分区"思想进行了强烈反驳——认为《雅典宪章》为了过分追求清晰的功能分区而牺牲城市的有机构成。书中还强调："在今天，规划、建筑设计都不应当将城市当作一系列的组成部分而拼在一起进行设计，而应该去努力创造一个综合的、多功能的城市环境，即功能混合的思想"，这一思想标志着城市功能系统整合思维理念在城市规划的最终确立。此外，简·雅各布斯在《美国大城市的死与生》一书中指出："多样性是城市的天性，城市的活力来自适度的功能混合和多样性的街区，她强烈反对城市大公园和高层建筑建设（大公园易成为犯罪活动的据点，高层建筑易成为贫困阶层的聚居场所）。同时，她强调城市建设应始终把'眼睛盯着街道'和社区"[2]。雅各布斯的这一观点对后期的旧城更新和居住空间建设产生深远影响。例如奥斯卡·纽曼（Oscar Newman）在约克斯市的公共住宅更新开发项目中，运用了"迷你邻里"（Mini-Neighborhood）的模式，成功地把200个低收入者居住单元整合到中产阶级邻里中，从而实现不同阶级之间的居住融合（图6-6）。

① 王彦辉.走向新社区：城市居住社区整体营造理论与方法［M］.南京：东南大学出版社，2003
② 简·雅各布斯.美国大城市的死与生［M］.金衡山，译.南京：译林出版社，2006

（2）旧居住区功能空间混合的自身需求

基于以上分析，笔者认为旧居住区更新应实现功能空间的适度混合，主要有以下几点优势：

1）多样化促进居住社区生态系统的均衡稳定

一个功能相对齐全的居住社区本身就是一个独立的生态系统，其通常具有居住、商业、教育、文化娱乐、办公等功能空间，这种相对多样、功能多样的空间混合形成一个完整的功能网络，以满足不同层次、不同类型的生活和就业需求。这种功能混合的居住区社区不仅使当地消费、办公和就业成为可能，同时也大大缓解了城市交通的压力，也减少了城市环境的污染排放。这种功能混合型居住社区不仅增强了自身功能和自我独立的同时，也降低了对城市其他功能片区的依赖，从而使得本社区主体间的物质、信息和能量交流更加频繁。

2）多功能混合促进居住社区的安全

一条繁荣、富有活力的城市街道，通常是一条具有足够安全性的街道。正如简·雅各布斯在对多个城市调查后发现，在一个功能复合、多样化的社区内，全天不间断地有人在活动，这势必会吸引街道两旁建筑内的人们不间断地观察外面的人群，他们通过观察街道上时刻发生的活动以自娱。对于街道上的行人或街道两旁建筑内的人而言，这种行为对他们彼此都具有一定的约束、监督和控制作用。这种行为的存在原因是，该片区具有较多的商店或公共场所，简·雅各布斯将这些公共空间称之为"街道眼"。这一理念在后续发达国家的旧城更新中产生了极为重要的影响，奥斯卡·纽曼在简·雅各布斯"自然监视"理论的基础上形成了"可防卫空间"理论。

但是，我国当前的旧居住区更新规划通常对此视而不见，这就直接导致更新后的旧居住区新的不安全因素的屡次发生。其实，中国许多传统居住街巷空间的商业店铺均具有"街道眼"的功能，而当前旧居住区更新，忽视了沿街商业店铺的作用，不仅给居民日常生活带来不便，同时对这些功能的客观需求（如贫困阶层居民的早点摊、菜摊等）又使得部分流动摊贩占道经营，街道环境恶劣，这不仅仅影响居民的居住环境质量，同时更容易成为不安全因素滋生的重要场所。

3）适度的功能混合适应当今中国城市居住社区发展需求

首先，伴随城市产业的转型升级和社会分工的细化，各种社区行政服务、家政服务、居民日常生活的功能空间需求十分强烈，如幼儿托管、家政服务、教育培训、快递服务、老年社区服务中心等，尤其是网络化社会中的家庭办公、自由职业等职业类型逐渐增多，社区中需要有集中进行集中办公、社区服务、商务接待以及休闲的功能空间。其次，随着网络化时代的到来，第三产业、信息产业使得办公或工作空间变小且无污染，这些功能空间具备了与居住空间混合的条件。再次，旧居住区中通常拥有较多无技术的失业人员，而社区内商业、服务业的兴起可以为各种团体组织和无技术的失业人员创造更多的工作岗位，从而为居民提供了以社区服务为基础的工作机会，这尤其对解决相关无技术人员再就业，减少社区居民通勤时间与距离等具有显著作用。这方面在社区组织发展较为完善的美国表现突出，据相关数据调查显示，美国有10%的就业人口（约80万人）在社区服务系统中就业，而我国则与之相比相差甚远[①]。

4）有利于居住社区的可持续发展

居住社区发展需要一定的资金支持，居住社区内微型工程、商业机构的引入，为居住社区发展所需要的资金提供了重要来源。从国外经验来看，社区建设资金主要来源于三个方面：政

---

① 张鸿雁. 侵入与接替：城市社会结构变迁新论 [M]. 南京：东南大学出版社，200

府资助、社会捐赠或赞助及社区组织有偿服务收取的费用[①]。

当然，居住社区内的各种团体组织的建立与发展以及商业性服务机构的引入大多是规划师、建筑师所无法左右的，它需要政府"自上而下"的规范与引导，以及社区居民"自下而上"的主动参与。但是，这丝毫不能降低它们在居住社区整体营造中的地位和作用，其中最直接的影响是对居住社区提出新的公共空间需求，并对社区营造的管理及参与机制的产生重要影响。

（3）旧居住区功能优化的思路

这里笔者以天津市虹桥区"大胡同旧居住区更新规划"为例，重点探讨旧居住区功能空间优化的思路。大胡同地区位于天津市中心城区，距今已有600余年历史，是天津市重要的商业街区之一，但这里所说的大胡同旧居住区主要是指大胡同地区以居住功能为主体的居住地段（图6-7）。大胡同旧居住区的四至范围为：北至南运河南路，南至北马路，西至金钟桥大街，东至大胡同。历史上这里就曾是集商业、居住等功能于一体的居民集聚地，这里商贾云集，居民稠密，异常繁华。1976年，由于受唐山大地震辐射的影响，大胡同地区的住宅受损严重，于是从1977年开始恢复重建。重建规划综合考虑这一片区原作为商业、居住的功能属性，在对原有住宅进行部分重建式更新的基础上，另新建了约4.24万 m^2 的公共设施配套，包括各类商铺、旅馆、饭店、书店、电影院等，更新后的大胡同居住区呈现为一个典型的商住混合功能片区。

图6-7 大胡同住区区位
资料来源：作者绘制

从原规划来看，大胡同住区内部以十字形干道为骨架将居住片区划分为四个居住组团，其中爱华里是规模最大、最完整且商业混合度最高的一个居住组团，其他三个组团依旧以居住功能为主，但商业混合度相对较低。居住区内部商业主要沿影院街呈带状布局，商业和居住在空间分布上较为明确，彼此互不干扰。但在随后的发展演变过程中，由于优越的区位条件和良好的商业氛围，该地段开始逐渐出现商业设施不断"入侵"的现象。与此同时，居民结构也在不断发生变化，商业的入侵，使得流动人口对本地区的住房需求逐渐增加，引发原居民逐步搬出，外地人口（商户）不断搬入，房屋出租供不应求。受周边商业的影响，居住区内部逐渐自发发展成商业内街。2007年以后，部分街道再一次被侵占，沿影院街、新开大街建起呈倒"L"状的商业沿街店铺，这部分交通空间完全被商业功能所取代，爱华里居住组团被四周商业环绕，同时组团内部建筑密度也在不断增加，商业开始逐步向组团内部延伸。至今大胡同旧居住区已经演变成为一个集商业、居住为一体的商住混合片区（图6-8）。

---

① 谢玲丽.美国社区中的非政府组织[J].探索与争鸣，1998（6）：38-39

（a）2007年以前商业布局　　　　　　（b）当前（2018年）商业布局

图6-8　虹桥区大胡同旧居住区的演变过程

资料来源：作者绘制

简·雅各布斯曾基于"激发城市多样性"的视角提出了"混合功用"的规划理念，随着混合功用理念的推广，这一理念也开始应用于城市更新领域，并逐渐对欧美国家的旧城更新产生重要影响。简·雅各布斯从城市功能使用时间的视角来研究城市的经济社会职能，提出了有别于传统功能（Function）分区理念的城市空间职能划分——城市功用（Uses），这一理念对于城市多样性发展具有重要的社会经济意义。简·雅各布斯认为："一条繁荣、受人喜爱的街道，必然在一天内的大多数时间都有人休闲、购物或活动"。"将人们的出行时间尽可能地分散在一天中的各个时段"（Spread People Through Time of Day）[①]是雅各布斯混合功用的思想基础，她将城市功用划分为"基本功用"（Primary Uses）[②]和"从属功用"（Secondary Uses）[③]两种类型的城市空间功用。

"他山之石，可以攻玉"。雅各布斯的这一观点对研究我国旧居住区更新有着重要的借鉴意义。

1）基本功用

即首要功能。首要功能是指人们在城市某个区域活动的基本功能，简·雅各布斯在《美国大城市的死与生》一书中指出："城市片区的首要功能应该是多样化的，且最少有两个以上的功能方能保证该地区不间断人流的存在"。在更新实践中，以往众多城市的旧城更新也证明了首要功能的复合多样性是激发和保持城市活力的关键。

2）从属功用

从属功能是由首要功能衍生出的，是对首要功能供应不足而对其进行的补充或衍生。从属

① 简·雅各布斯.美国大城市的死与生［M］.金衡山，译.北京：译林出版社，2008
② 基本功用：是指那些自身能够吸引人们到某个特定地点来的城市职能，如生产、办公、居住、文化娱乐、教育等。
③ 从属功用：是指为那些被基本功用所吸引来的人提供某种服务的城市职能，也就是我们平时所说的服务业，例如那些需要顾客光临的零售商店、餐馆等各种小型企业。

功能往往具有规模小、灵活多变等特征，通常是首要功能所无法替代的。可以说，从属功能的存在是保证首要功能发挥持久活力的关键。同时，从属功能也必须围绕首要功能进行多样化、特色化的设计，从功能的共时性和历时性视角出发，满足居民的多样化生活需求。

就大胡同旧居住区而言，按照简·雅各布斯的城市功能划分，在原规划中，居住功能是大胡同住区的首要功能，商业是其从属功能，但从属功能同时也为城市提供服务，而不仅仅服务于首要功能。也正因为这两类功能的有机结合，对大胡同住区多样性的产生和活力的保持发挥了重要作用。实际上，大胡同住区就是一个功能划分明确、充满活力、居民日常生活便利、市场繁荣的商住混合型居住社区。随着大胡同住区的发展，居住区的商业功能得到进一步发展，逐渐发展成为除居住区功能以外的第二种首要功能，并且有取代居住功能的趋势。但是，从属功能如果想保持持久的活力和发挥长久的功用，就必须依赖多样性的首要功能而非单一的首要功能。正如城市中心区的繁荣，其主要原因在于它同时存在多种首要功能。

随着时代变迁和城市产业转型，如今的大胡同住区已经转变为一个功能交织混杂，相互干扰，商业环境差、居民日常生活受到严重干扰的商业、居住高度混合的混合型居住社区。同时，大胡同住区在朝单一功能发展，可以说，大胡同住区已经出现了衰败的趋势，为了住区与城市的协调发展，对于此类住区的功能优化已经不容忽视。城市功能混合是一个相当复杂的研究课题，限于篇幅在此不能得出完整的结论，并且大胡同住区位于大胡同商贸区内，其未来发展在一定程度上已经超出了本书的研究范围。因此，本书只想借此提出旧居住区功能优化的基本思路：

1）旧居住区更新的目的不是要将其功能"纯净化"，旧居住区功能调整应在保持功能多样性的前提下，改变其功能混杂的现状，最终实现旧居住区多样性功能的有机融合，旧居住区功能优化就是在这一思路指导下进行的功能有机化过程。

2）全面考察旧居住区当前存在的多种功能对旧居住区的作用和影响，分析这些功能的结合是否有利于旧居住区总体效益的发挥，不要因局部利益而损害旧居住区的整体利益。

3）旧居住区内存在的多种功能应做适当分离，使其之间相互支持而非相互制约。

4）适当考虑将部分居住功能置换为其他从属功能，以满足旧居住区自身发展和居民日常生活的需求。功能置换尽可能地与周边地块的更新相结合，妥善安排因功能置换而引发的居民搬迁安置问题。

6.2.3　道路系统组织架构

（1）居住区交通社会性的提出

现代居住区交通规划大致经历从"交通的安全性"的关注转向对"交通社会性"的关注，相应的交通规划也逐渐由"人车分流"向"人车混行"思维方式转变。随着可持续发展理念的提出和国家对生态环境保护的重视，步行交通和公共交通被提高到经济、社会和环境可持续发展的高度。

1920年代，随着欧美国家汽车拥有量的急剧增长，由小汽车所引发的交通拥挤、人车混杂、交通事故频发等问题层出不穷，在此背景下，美国社会学家佩里率先提出了人车分流思想。以汽车为主的机动车任意穿梭于大街小巷，使得居住环境日益恶化，交通事故日益频繁，导致居民深居简出，街道变得毫无生活气息，失去了应有的生活魅力。此后，伴随城市郊区化发展、城市空间结构调整等因素的影响，人车分流思想在交通路网结构、功能分区等方面进行了一系列变革。至今，对当代城市规划产生重要影响的人车分流思想的有斯泰恩等的"雷德朋体系"、佩里的"邻里单位"以及屈普的分级划区构想。

　　人车分流通过提供分道运行或增加隐蔽的路线，提高居民的居住安全，但同时也存在诸多弊端。首先，随着车流量的大幅度增加，道路变得愈发难以跨越，这种无法跨越的道路逐渐成为人与人之间沟通的障碍，继而交通的社会性被提出来；其次，大量实证研究发现，人车分流虽然解决了人与车之间的矛盾，为居民提供了安全的生活保障，但道路功能单一化，车行道上只有车辆匆匆驶过，车行道变得冷冷清清，事故发生不断增加；再次，单一功能的道路使得街道的文化生活不复存在，并逐渐使人们的生活习惯、行为方式也被迫随之改变。为此，1963年，亚历山大在其著作《公共性与私密性》以及简雅各布斯在其著作《美国大城市的死与生》中都以不同方式表达对小汽车带来的居住空间的私密性和对城市街道生活性的破坏提出不满和批评。

　　基于上述对人车分流交通的社会性认识，社区（居住区）规划理论也开始重新审视人、车彻底分离的交通体系。怎样既解决交通问题又利于建立社区生活，这一话题成为此后社区（住区）交通规划的目标。继而，可达性和人车混行的新构想被随之提出。

　　1）"可达性"和"空间交往"并重的模式

　　1965年英国交通部发表了题为"城市交通"的布恰兰（Buchanan）报告。报告认为："城市道路不仅要承担日常交通功能，还应包括空间交往和可达性功能，居住区内部道路也不例外"。基于此，报告提出"居住环境区"和"集散道路"这一概念，并将它们形象地比喻为房间和走廊的关系。同时，报告还认为"将分散城市交通的走廊（集散道路）与房间（居住环境区）进行有效的分离，使人们可以在其中自由地行走和活动，无须提防汽车的房间（居住环境区）"（图6-9）。

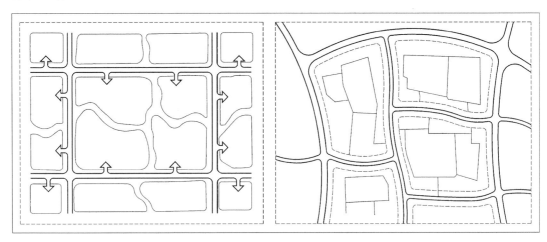

（a）布恰兰报告中的细胞　　　　　　　　（b）集散道路和居住环境

图6-9　布恰兰报告中细胞集散道路模式图

资料来源：訾晓军.我国现代城市居住区内部交通设计研究［D］.天津：天津大学，2008

　　2）人车混合的模式——汽车与儿童游戏共存的规划思想

　　荷兰埃蒙（Emmen）大学波尔教授认为："社区生活和环境改善的关键是使人人都能公平地

使用道路，并能在其上进行自由活动。为此，1963 年他在探讨如何解决城市道路上小汽车的使用和儿童游戏之间的矛盾时，设计了一种全新的道路平面，设计这种道路的目的不是为了人车分流，而是重新设计道路，试图让小汽车使用和儿童游戏能够并存"。波尔尝试取消居住区的尽端路——纯粹的步行道设计，采取人车混行的方式，汽车停放在经过精心设计的道路上，在道路上设置了活动空间，被称之为"生活庭院"（Woonerf），如图 6-10。这是一种有效的、人车共享的道路空间设计手法，而且部分小汽车可以停放在道路旁边的适当位置上。

"生活庭院"人车共存体系的基本思想是：① 适当控制居住区内的车行交通，发展以步行或自行车交通为主的交通方式；② 重塑街道空间的日常生活功能，使之具有活力和富有人情味，为居民日常生活购物、交往、休憩、儿童活动等提供良好的场所；③ 美化街景。这种人车共存体系不仅满足了市民日常生活的需要，对城市街道景观的塑造发挥积极的作用。这一体系所产生的良好效果使得它在欧美等发达国家得以迅速推广，而且还被新加坡、日本等国家效仿[①]。

（2）旧居住区中的道路

沈磊等人通过观察，发现在一定的街道范围，人的行为模式大致可分为穿越行为、出行 / 抵达行为、自由行为、停顿行为四种行为模式[②]（图 6-11）。借用这一划分方法可以帮助我们理解旧居住区道路上所发生的各种日常行为：

1）穿越行为。指目的地或出发地不在本居住区内的临时通过行为，居住区内的活动仅仅是作为临时过渡，是目的地与出发地的必经、便捷之路，其交通轨迹更趋向于便捷的直线型。如果没有一定的社会秩序（如交通法规等）或障碍，其轨迹基本上呈直线型。

2）出行 / 抵达行为。指出发地或目的地（家所在地、走亲访友等）在本居住区内，由本居住区出发向既定目的地行进或以另一地为起点回到本居住区的交通行为。这种行为的目的与动机较为明确，如办事、上下班等。

3）自由行为。指居民在居住区内只有出行动机而无明确目的性的出行行为，如游览、散步等。这种行为特点是行进速度慢、节奏舒缓，行动轨迹不一定明确，有充裕的时间细细体验、欣赏和感受街道（居住区）空间，对空间的整体印象较为深刻。

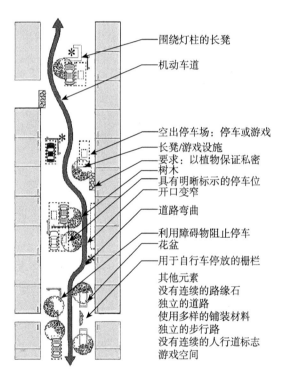

围绕灯柱的长凳

机动车道

空出停车场：停车或游戏
长凳/游戏设施
要求：以植物保证私密
树木
具有明晰标示的停车位
开口变窄
道路弯曲
利用障碍物阻止停车
花盆
用于自行车停放的栅栏
其他元素
没有连续的路缘石
独立的道路
使用多样的铺装材料
独立的步行道
没有连续的人行道标志
游戏空间

图 6-10　荷兰的生活庭院（Woonerf）平面
资料来源：沈磊，孙洪刚. 效率与活力：现代城市街道结构［M］. 北京：中国建筑工业出版社，2007：27

4）停顿行为。指在居住区内特定地点的短暂停留行为，一般包括交谈、休憩、约会等，多

①　王丽洁. 对生态住区的实态调查与探讨［D］. 天津：天津大学，2004
②　沈磊，孙洪刚. 效率与活力：现代城市街道结构［M］. 北京：中国建筑工业出版社，2007

呈现明显的生活性特征。在安全性得到保障的前提下，常常还有品茶、下棋、纳凉、闲聊等富有生活情趣的行为。

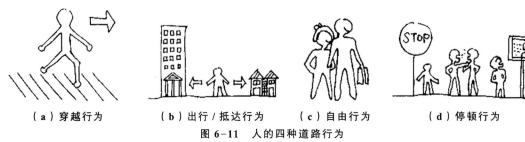

（a）穿越行为　　（b）出行/抵达行为　　（c）自由行为　　　（d）停顿行为

图 6-11　人的四种道路行为

资料来源：沈磊，孙洪刚.效率与活力：现代城市街道结构[M].北京：中国建筑工业出版社，2007

通常来说，"出行/抵达行为"人群所占的比例越高，说明该道路活动的规律性越强，除此出行/抵达时间外，该道路其他时间的活动氛围趋于平淡；"穿越行为"人群所占的比例越高，说明该道路承担日常步行交通的地位和作用越大，生活节奏越快，道路越趋于繁忙；"自由行为"和"停顿行为"人群所占的比例越高，说明该道路的吸引力和亲和力越大，也说明该道路承担居民日常生活中慢节奏的散步、交谈、休憩、等候等自由行为的作用更加突出，这也有利于激发居民交往、加强邻里关系等行为的发生[①]。通过人的行为模式的分析，可以使我们能够区分不同街道对旧居住区交通和交往功能的满足程度，进而对旧居住区交通现状做出合理评价。

一是"穿越行为"。就旧居住区更新而言，大多数旧居住区并不希望过多穿越行为的发生，尤其避免无关的机动车辆进入旧居住区，以保持住区安宁、安全的生活氛围，所以"顺而不穿、通而不畅"长久以来成为我国居住区道路规划布置的基本原则。但是，旧居住区作为城市的组成部分，不应脱离城市而孤立存在。尤其是近几年大量新建的大型封闭式居住区对城市交通所造成的众多负面影响已越来越引起城市规划专家、学者们的警觉，因此有学者从住区规划结构、住区规模等方面提出小街坊住区、开放式住区等建议。从城市的角度来分析穿越行为的利弊，就要求对一些较大规模的旧居住区做出适当调整。其他三类出行行为的发生也都与居住区居民自身需求密切相关，行为主体主要包括居住区居民、居住区内其他单位人员以及非居住区人员（如访友、货物运送、邮件投递及消防、救护）等。这里我们主要从居住区内占数量最多的居民的出行目的类型、方式、路径三方面来分析。

二是"出行/抵达行为"。居民出行/抵达行为一般以"家"为出发地或目的地，出行/抵达的另一端则指向工作单位、学校、商场等；出行的目的一般有工作、购物、娱乐、送儿童上学、访友等，其中工作、上学和购物是频率最高的出行目的，同时，不同年龄段居民的出行目的也有所不同。居民的出行方式一般综合考虑出行距离、交通成本、便捷程度及出行的舒适度等因素选择步行、非机动车、公共交通或自驾出行等交通方式。

三是"自由行为"。由于出行具有明确的动机和目的，对出行路径要求快捷、畅通。居住区内外的散步、观景等"自由行为"，通常目的性并不明确，出行时间自由度大，因而行为轨迹随机性较强，并可能伴随着停顿行为的发生。居住区内的自由出行行为一般以步行为主。

四是"停顿行为"。停顿行为多与其他几类出行行为伴随发生，一般没有经过预先设定，如

---

① 沈磊，孙洪刚.效率与活力：现代城市街道结构[M].北京：中国建筑工业出版社，2007

熟人偶遇打招呼、被一些事情吸引停下来观看等。停顿行为要求道路设计提供休息座椅、小品、空余空间等适宜的驻足停留场所，与街道软质景观质量有直接关系。居民选择不同的交通方式出行，在出行过程中都有可能发生停顿行为，这一行为有利于促进居民交往，但并非所有情况下都适合产生街道上的停顿行为，需要视街道类型与地段而定。

旧居住区道路系统组织无疑会对上述几类街道行为的发生产生很大影响。旧居住区内部道路系统是伴随各单元的建设自发形成的，大部分旧居住区缺乏清晰的路网结构，道路系统和路网结构随机设置，彼此之间相互隔离，交通较为混乱。由于这类居住区道路组织不畅通，与城市道路衔接较差，一般较难吸引穿越行为，同时也难以很好地满足居民的出行/抵达行为要求，再加上旧居住区自身环境质量较差，使得居民的自由出行行为大打折扣，相应的，主动的停顿行为发生概率也较小。

总体而言，旧居住区内部道路现状对住区交通和交往功能的满足程度都相对较低。为此，亟须对旧居住区内部道路系统进行组织和完善，通过有意识的更新引导，更好地平衡穿越行为、出行/抵达行为、自由行为、停顿行为四种行为的发生，同时满足旧居住区居民街道生活的各种诉求，这也是当前旧居住区更新的重要内容。

（3）旧居住区道路系统架构

1）形成多种交通方式并存的道路结构体系

通常来说，居民对于出行方式的选择主要基于出行距离、经济、体能以及快速便捷等多种因素综合考虑的结果。旧居住区更新应通过对道路系统的调整与优化，创造适于居民道路行为模式的多种交通方式并存的道路结构体系。具体来说，对于旧居住区内部交通和旧居住区外部短距离交通，不论它是属于出行/抵达行为还是自由行为，都应该提倡步行或非机动车出行的绿色出行方式，通过道路调整将旧居住区内各种公共设施和公共场地有效地连接起来，增强设施和场地的可达性，同时加强旧居住区和城市系统的联系，确保居民方便地抵达目的地。对于较长距离的交通出行，应充分鼓励居民利用公交出行，这就要求：其一，优化和完善城市公共交通系统建设，提高旧居住区周围公交站点的覆盖率；其二，合理调整和优化路网结构，加强旧居住区内部道路与城市道路之间的联系，提高旧居住区与公交站点的通达性。

2）实现人车有机共存的道路结构体系

人车分行与人车混行是旧居住区交通组织的两种基本形式。人车分行的交通组织方式是在机动车大量出现以后产生的，进入20世纪后，随着小汽车的广泛应用，以往街道上人车合流、彼此相安无事的平静局面被打破，大量机动车交通不仅使得道路拥堵、环境恶化，而且事故频出，孩子们不敢到街上玩耍，人们的日常出行也受到影响。在此情形下，一些建筑师开始寻求对策，人车分行的方式应运而生。佩里在他的邻里单位理论中着重强调城市交通不穿越邻里的原则，体现了交通性街道和生活性街道的分离。C. 斯泰恩（Clarence Stein）和 H. 莱特（Henry Wight）在新泽西州的雷德朋（Radburn）首先提出人车分流的道路系统。

人车分流道路系统较好地解决了人车矛盾，因而成为西方国家一段时期内处理居住区内部交通问题的典范。然而将居民多样性的出行行为分门别类地限定在两类性质完全不同的单一功能道路上，与人个性化的行为方式和生活习惯是不相一致的。步行的出行/抵达行为、自由行为和停顿行为很难在车行道路上发生，以致除了车辆偶尔匆匆驶过之外，道路上空无一人，缺少了居住区道路应有的生机和活力。1960年代以后，居住规划理论开始以更加均衡的理念来重新审视交通问题与居住区居民生活，进行了卓有成效的探索与创新。至此，人车混行的思想再度被提出，其中较为典型的是荷兰的"生活庭院"（Woonerf）交通体系（参见图6-10）。"生活庭院"是一种"努力在步行条件下综合地区性的机动交通"的规划理念，街道设计步行优先，小汽车虽然可以开到住户门前，但只能在规定的地点停留以及在游戏区域内缓慢行驶，小汽车在步行者的领地中是客人①。"生活庭院"交通体系的意义在于居住区街道生活功能的理性回归。

上述西方国家居住区交通规划的理论，在我国1949年以后的居住区规划建设中得到了很好的体现。在1990年代小汽车未普遍使用前，人车混行一直是居住区规划中交通组织的主要方式，随着居民汽车拥有率的迅速上升，近年来人车分行的方式越来越受到青睐，甚至成为居住区规划中代表居住区环境和生活品质的时髦标签。但从我国的国情出发，多数学者并不提倡在居住区内完全推广人车分行的道路系统②。

笔者赞同以上学者的观点，同时认为，旧居住区更新更应立足于解决旧居住区交通存在的实际问题，针对旧居住区道路组织无序混乱、生活气息不足的现状，提出人车有机共存的旧居住区路网更新思路。即旧居住区路网更新规划应以保障行人安全、恢复道路空间的生活气息为目标，妥善安排机动车与步行交通系统，使旧居住区内所有居民能公平、共享旧居住区内的道路，实现人车有机共存的居住区交通系统。具体来说应从下文阐述的完善旧居住区内部交通微系统着手。

3）完善旧居住区内部交通微系统

按照活动范围来划分居民的日常活动，可将居民的日常活动粗略地划分为居住区内的活动和居住区外的活动两大类。其中居住区内的活动对于加强居民的社区归属感、促进居民交往有更重要的意义，故而这里接着论述居住区内部交通系统对促进居民交往的作用。

美国社会学家彼特·布劳认为："人们由于职业、社会地位和经济条件等方面的差异而分别隶属于不同的社会群体或阶层，人不能离群索居，且每个人均有着和其他人发生交往的迫切愿望"③。交往不仅发生在群体成员内部，而且人们还与群体外的成员进行交往，虽然内部群体交往比外部群体交往普遍，但群际交往会将一个社会结构的各个部分联系和整合在一起④。彼特·布劳的论述也体现了格兰诺维特的"弱关系"假设，群际交往虽不紧密，但能促进人们的宽容精神，增加彼此间接触的机会，它在不同群体之间建立了纽带联系，这对于社会整合来说是必需的。因此，各个群体在社会中的整合更多地取决于弱关系，正是这种松散的社会联系大大超越了人们亲近的社会圈子，从而使各群体之间能够建立起社会关系。

因此，旧居住区更新要关注的不仅是群内交往，更重要的是要关注不同群体之间交往行为的发生。旧居住区中的居民群体虽毗邻但相互疏离的特点更加突出，通过旧居住区更新促进各阶层之间的互融，其实质上是包含"群内互融"与"群际互融"两方面内容。"人们相互接触的次数和机会决定了社会交往的程度"⑤，作为居民接触和交往的空间载体，旧居住区道路设计的好坏直接影响居民交往行为发生的频率，为此，优化道路设计、完善路网结构就显得尤为重要。

① 扬·盖尔.交往与空间[M].何人可，译.北京：中国建筑工业出版社，2002
② 王彦辉.走向新社区：城市居住社区整体营造理论与方法[M].南京：东南大学出版社，2003
③ 彼特·布劳.不平等和异质性[M].王春光，谢圣赞，译.北京：中国社会科学出版社，1991
④ 彼特·布劳.不平等和异质性[M].王春光，谢圣赞，译.北京：中国社会科学出版社，1991
⑤ 彼特·布劳.不平等和异质性[M].王春光，谢圣赞，译.北京：中国社会科学出版社，1991

具体来说，主要有以下两点：其一，将旧居住区内不成系统、彼此隔离的道路系统进行适当衔接，打破各居住单元间彼此相互分离的分状态，最终形成完整有机的交通网络和道路交往空间；其二，结合公共绿地、公共活动场所、公共设施等的设置，为各阶层提供公共交往、交流的空间，减少不同阶层之间的隔阂，促进不同阶层间交往行为的发生；其三，理顺居住单元内部微循环道路系统，将微循环道路系统尽可能地与公共活动空间、建筑入口进行衔接，增加同一居住单元内的不同阶层之间交往的频率。可以说，旧居住区内部路网结构调整的目的不单纯是为了提升交通可达性，方便居民使用，更是要通过这些调整促进群际互融和群内互融，最终促进居住融合。这也正是下文通过社会形态更新中的"混合住区"理念来审视旧居住区更新的意义所在。

6.2.4 公共空间重构

（1）公共空间的内涵与特征

1）公共空间的内涵：公共空间的公共性

"公共空间"或称"公共领域"的概念是由德国哲学家尤尔根·哈贝马斯（Jurgen Habermas）在其著作《公共领域的结构转型：论资产阶级社会的类型》中提出。哈贝马斯认为："公共领域（Public Sphere）是指我们社会生活的领域，像公共议题、公共意见这样的事物可以在此形成。公共领域可以无偿向市民开放，市民的各种对话、商讨、意见形成构成公共领域的重要组成部分，作为个体的市民聚集到一起便形成了公众"[①]。根据哈贝马斯对公共空间的研究，公共空间最初发生于城市中的酒吧、咖啡屋、沙龙等城市中的公共休闲空间，在这里权贵阶层、知识分子、资产阶级等上层社会成员聚集在一起，讨论文学作品并逐渐延伸至整个政治领域。吴志强等认为："公共空间是指那些供城市居民日常生活和社会生活公共使用的室外空间"[②]。王彦辉认为："（社区）公共空间既包括社区内的公共物质空间环境和居民共同使用的生活服务设施，也包括地域社会文化观念的公共领域"[③]。总体来说，社区公共空间是城市公共空间的重要有机组成，是城市公共空间的一部分，它除了具有城市公共空间特征，又具有自身的内涵。

综上所述，就旧居住区而言，笔者认为："公共空间"是指居住区中可供居民自由进出，并提供居民日常活动（休憩、交流、运动等）的公共活动场所，其使用权归全体居民共同所有和共同负责，公共领域的整体就如同城市其他要素一样能够提高或损害我们居住的现实状况。为使本研究更为切实可行，这里所指的公共空间是指居住区内建筑以外的、供居民日常生活的公共活动场所，而不包括建筑内部的公共空间（如客厅等）。

旧居住区公共空间的核心在其"公共性"。公共空间既是旧居住区的物质性空间，也是社会性空间。公共空间不仅是旧居住区物质环境的重要组成，同时也是旧居住区对外展示其物质环境品质和形象的重要窗口，更是促进旧居住区居民公共生活、强化居民交往、增强居民住区归属感的重要场所。正如威廉·J.米切尔所言："一个场所是否真的属于公众，要看它是否实质性地向公众开放并乐于为公众服务，这一场所还应给予公众集会和行动自由的权利，同时公众也

---

① 尤尔根·哈贝马斯，曹卫东.公共领域的结构转型：论资产阶级社会的类型［M］.王晓珏，等译.上海：学林出版社，1999

② 吴志强，李德华.城市规划原理［M］.北京：中国建筑工业出版社，2010

③ 王彦辉.走向新社区：城市居住社区整体营造理论与方法［M］.南京：东南大学出版社，2003

能对其使用和未来发展进行支配和控制"[1]。而我国台湾学者夏铸九则将公共空间的"公共性"内涵概括为以下四种[2]：

① 公共性是一种批判性的公共言论，它关系到公民（居民）资格，在国家权力与市场经济私人利益之间，公共请议与市民论坛（Civic Forum）作为一种中介制度而作用；

② 公共性指涉及国家的管理，国家管理为公，相对而言，市场经济则为私；

③ 由自我授权的共同体重新界定的公共性；

④ 公共性是建造城市的象征展现，它必须具有不可或缺的政治原则，现代城市居住社区是市民社会的缩影，这就决定城市居住社区的公共空间不仅是物质性的，同时也是社会性的。

相对而言，赫曼·赫茨伯格（Herman Hertzberger）对"公共空间"内涵的界定则更为直白、简洁。他认为，"公共"与"私有"是同时存在的，而"公共"和"私有"的概念在空间范畴内可以用"集体的"（Collective）和"个体的"（Individual）这两个词来替换和表达。换种说法，你可以认为："公共的——对任何一个人在任何时间均可以进入的场所，而对它的维持则由集体负责；私密的——由某个人或某一特定群体决定是否可以进入的场所，对它的维持则由个人或某一特定群体"[3]。此外，赫曼·赫茨伯格还认为公共空间中的"公共"与"私密"是相对应的，可以相互转换、渗透而绝非极端对立[4]。例如：一个居住区的公共场所对于本居住区来说是开敞的、公共的，但对城市而言，它则是局部的、私有的，其权属是居住区的全体居民。因此，它们兼具"公共""私有"双重特性。由此，赫曼·赫茨伯格认为"公共性"和"私有性"概念的界定，可以被相对地理解为一系列空间单元特质，即渐次表现为进入性、共享性、责任性、私人产业和对特定空间单元的监管之间的关系。

2）公共空间的特征：公共空间的物化属性和社会属性

居住区的形成、发展与居民之间具有相似的生活背景、相近的文化观念、共同的心理归属以及共同的居住地域，这些均属于广义的"公共空间"范畴。而本书的公共空间，既包括居住区内的物质性公共空间，也包括地域社会、文化和群体行为的"公共"社会空间。正如Carr在《公共空间》一书中所言："居住区公共空间不仅是承载居住区居民户外生活的主要活动场所，也为户外空间中所发生的日常活动构筑了社会交往的平台，它使人们联合成社会"[5]。

关于"公共空间"或"公共领域"的论述，我们可以看到它与政治、经济、文化和社会结构的内在联系。根据马静[6]、陈竹[7]等学者的研究，笔者认为公共空间具备以下两个方面的属性：

首先，公共空间的物化属性。意即物质化空间，指居住区内人工建设的、具有一定几何形状的实体物质性空间，包括绿化、水面或人工物质要素构成的空间。良好的物质空间，不仅能起到美化居住区公共环境、提升空间品位等作用，还能增强居民对居住区的归属感、自豪感，更能增加不同阶层居民之间沟通交流的机会。

① 威廉·J. 米切尔. 比特之城 [M]. 范海燕，胡泳，译. 上海：三联书店，1999
② 夏铸九. 公共空间 [M]. 台北：艺术图书公司，1994
③ 赫曼·赫茨伯格. 建筑学教程：设计原理 [M]. 仲德崑，译. 天津：天津大学出版社，2008
④ 赫曼·赫茨伯格. 建筑学教程：设计原理 [M]. 仲德崑，译. 天津：天津大学出版社，2008
⑤ Carr S. Public Space [M]. Cambridge: Cambridge University Press, 1992
⑥ 马静. 郑州市增进交往的住区公共空间环境设计研究 [D]. 西安：西安建筑科技大学，2011
⑦ 陈竹，叶珉. 什么是真正的公共空间？——西方城市公共空间理论与空间公共性的判定 [J]. 国际城市规划，2009，24（3）：44-49，53

其次，公共空间的社会属性。意即社会群体和利用的空间，社会空间以物质空间为载体，承载着社会关系、社会要素和社会结构等。居住区公共空间承担着居民交往和日常社会生活需要等功能，同时也体现了居住空间的文化传承和历史内涵。

场所属性是指公共空间具有"社会属性"和"社会意义"双重属性而被居民广泛认可。居民在使用公共空间的过程，同时也是居民进行社会交往的过程。可以说，社会交往成就了社会空间，物质性空间为居民社会交往提供了交流的平台，即：物质性空间是社会空间的物质载体。居民在使用公共空间的过程中，因公共活动的不同赋予该使用空间具有特定的"社会意义"，并以此评价环境和做出反应。

（2）公共空间的系统建构

城市旧居住区的显著特征之一就是公共绿地、公共活动中心、休闲健身设施以及公共服务设施等公共空间较为缺乏与配置失衡。而高密度的住宅建筑以及私自违章搭建的建筑使得公共空间更为缺乏和支离破碎，导致居民在居住区内难以找到合适的场所进行散步、交流和游憩等，进而加剧居民之间相互隔阂和疏离的程度。为此，旧居住区公共空间优化应从旧居住区现状问题入手，尽可能地进行现状挖潜和局部调整，并将点、线、面三个空间层次进行结合，努力构建功能完善、层次分明、环境优美的公共空间系统，从而满足交往、游憩、休闲娱乐等日常生活需求。

1）点空间：化余留空间为公共交往空间

所谓余留空间主要包含两方面的含义：一是由于前期规划考虑不足或居民自发建设而在住宅建筑群体中产生的边角料或未充分利用的余留碎地。尤指住宅旁边的余留空间，如住宅山墙、绿地边角地带等，这类余留空间一般具有占地面积小、形状不规整、所在区位较为偏僻等空间特征；二是旧居住区在形成过程中产生的住宅与住宅南北向之间形成的余留空间、住宅组团内部的公共空间等。对于第一类余留空间相关学者多有研究，如住宅建筑与围墙之间的余留空间常规划为自行车库或机动车停车场，毗邻道路的零星余留空间常布置小型公共服务设施（如配电站、调压站、垃圾回收站等）。而本书主要侧重于第二类余留空间的改造与利用，其目的是将消极空间转换为积极空间，将余留空间转为促进居民交往、休憩、娱乐的公共交往空间。

通常而言，城市旧居住区每一构成单元（组团）的内部公共空间都尽量布置了绿地、广场、公共设施等，这些公共空间大部分是经过精心设计的空间，而单个单元（组团）之间零星分布的空间则是权属和功能属性模糊不清的余留空间，这类空间通常具有空间分布零散、规模较小、权属和功能属性模糊不清、荒废无用等特征，我们暂且称之为"点空间"。如果这类空间不加以合理利用，可以说就是旧居住区的一种消极空间。考察旧居住公共空间现状，这些余留空间或废弃不用、或杂草丛生、或被围墙分割，或被居民据为己有，成为居民废弃物品堆放甚至是违章搭建的场所。而这些空间又常在居民视线之外，极少被人注意，更容易成为滋生犯罪、火灾等不安全因素的重要场所。而正是这些零散的余留空间，最容易被加以活化利用，并成为旧居住区最有吸引力的公共交往的场所。对这类余留空间的利用措施有：通过广场、绿化、健身设施、环境小品等的精心设计，增加居民的使用频率，明确这类空间的功能属性，使其成为居民交往、娱乐、休憩的重要场所。此外，对这类空间的改造与利用，不仅能美化旧居住区环境，更重要的是通过这一空间的设置增进居民之间的交往，营造良好的居住氛围和融洽的居民关系，从而提高居民的生活质量和幸福指数。

2）线空间：街道生活的形成与培育

虽然从整体来看，旧居住区内部道路系统衔接不畅，混乱无序，但也总能找到一些各住宅组团（群体）之间共同使用的街巷道路——旧居住区（居住组团）外部街巷道路，尤其是分布在老城区的旧居住区较为普遍。在这样的街巷空间，通常行人和车辆较多，临街店面也会自发形成商业店铺，可以说，这样的街巷空间具备公共空间的基本特征。若能对这类线性空间加以整治或改造，则完全可以将其打造成为一条繁华、充满活力与生机的生活性街道，成为促进旧居住区（居住组团）之间有机融合的"黏合剂"。从这层意义上来说，对于这类街道的改造、整治和利用通常有异于甚至是超越于街道环境整治的层面，在改造内容和改造方式上更加注重有助于形成丰富多彩的街道生活，便于居民生活、休憩、娱乐、交往之用，使之成为一个可驻留、可观赏、可通行的复合型生活交往空间。

3）面空间：公共绿地与活动场地的塑造

这里所说的"面空间"，是指相对于前文所述的零星点状或街巷空间中规模较大、布置更为集中的公共绿地、广场或其他居民活动场地等。据笔者对南京市秦淮区的 74 个旧居住区进行现场踏勘调查后发现，旧居住区内最缺乏的就是此类规模较大的公共绿地和公共活动空间。在旧居住区内，只有集中和具有一定规模的公共开敞空间才能为居民提供多样性的休闲娱乐与交往环境。然而，旧居住区中大规模公共空间的形成通常受到很大程度的限制，其原因在于：一是旧居住区通常具有建筑密度大、违章建筑多等特征，鲜有大块空间可用于建设公共绿地和供居民交往的活动场地；二是通过简单的拆除违章建筑又难以形成大规模的公共空间。为此，要建设居民共享的大规模公共绿地和公共交往空间，就必须投入较大的人力、物力和财力。同时，需要结合旧居住区更新规模（用地布局）进行渐进式更新，如居民安置与公共设施建设需统筹考虑，在条件允许的情况下进行更新。

这里以德国柏林赫仁斯多夫旧居住区更新为例[①]（图 6-12），重点剖析这类公共空间（面空间）是如何利用。赫仁斯多夫旧居住区位于柏林的东北角，距离柏林市中心大约 15 km，占地面积约 200 hm²，共有 4 300 套住宅，容纳约 10 000名居民。该居住区建于 1970 年代末期，由民主德国建设，其目的是解决当时人口快速增长而造成的"住房紧缺"问题。限于当时住房短缺，为了建设更多的住房，政府对公共空间的建设考虑不足，造成居住区公共空间严重短缺。在

图 6-12　更新后的赫仁斯多夫旧居住区中心广场
资料来源：作者拍摄

① 陈浩.城市更新中的生态规划策略与实施［C］//加快可再生能源应用，推动绿色建筑发展：第六届国际绿色建筑与建筑节能大会论文集.北京：第六届国际绿色建筑与建筑节能大会，2010

对旧居住区更新前的问卷调查中，约有 90% 的居民认为居住区内缺少公共绿地或广场，可以说，公共空间的不足是赫仁斯夫住区诸多不满意因素中最为突出的一个方面。为了满足居民对公共空间的强烈诉求，更新方案拟将原有的小型广场周边的建筑进行拆除并异地重建，将腾出的用地开辟为居住区中心广场，并与现状广场进行统一规划，更新后的居住区广场面积达到了 13 250 m²，最大限度地满足当地居民对住区公共空间需求的利益诉求。

6.3　社会空间更新规划路径

6.3.1　居住区同质与异质的理性思辨

在行文之前，有必要先对同质社区、异质社区、混合居住模式三个相关概念进行阐释。其实，异质社区（混合社区）与同质社区（均质社区）之间是相对的概念。所谓社区同质或异质主要是指社区居民阶层的单一化或多元化，这里的阶层主要指不同的教育、收入、职业以及种族信仰等的各类具有社会差异的社会群体。通常来说，当居住区内某一阶层占绝对优势时，可称之为同质住区，反之，则称为异质住区。所谓混合居住模式，是指不同收入阶层、职业、文化背景等的社会群体，通过合理的空间组织，在邻里层面结合起来，形成相互补益、和谐共处、共同生活的一种居住区发展模式。尤其是对于城市低收入群体而言，混合居住模式使之不致被排除在城市主流社会生活之外，其实质是社会和谐、经济均衡发展在居住空间上的投影[①②]。

（1）同质性住区的社会性

在我国当前社会贫富分化日益严重的背景下，由之所引发的城市住区同质性不断加深，居住分离也成为一大社会特征。关于城市居住分离的研究可追溯到 20 世纪初期，伯吉斯（E.W. Burgess）、霍姆尔·霍伊特（Homer Hoyt）、哈里斯（C.D.Harris）等学者就提出了资本主义城市居住空间分离的同心圆和扇形模式[③]。赛林斯（Salins）运用生态学中的因子分析法，对美国四大城市进行了实证研究，结果表明：在城市发展过程的不同时空中，社会经济、家庭地位、种族地位在城市空间中分别呈现出扇形、同心圆状和簇状三种空间分布状态[④]。城市居住分离除在物质空间上呈现一定的表征之外，同时还具有一定的积极性和消极性。

居住分离的积极性主要表现在：

1）符合不同居民的择居意愿，居民更偏重于选择和自己具有相同背景和阶层的人居住在一起；

2）符合不同居民的自身需求和社会认同，居民根据自身的个性化需求选择"量身定制"的居住环境；

3）居民之间拥有相似的消费结构、生活方式，有利于提高公共设施的利用效率；

4）居民相似的社会背景、阶层以及价值观有利于建立密切的社区人际关系和社区精神。

居住分离的消极性主要表现在：

---

① 单文慧.不同收入阶层混合居住模式价值评判与实施策略［J］.城市规划，2001，25（2）：26–29，31

② 王玲隽.论上海边缘社区的和合发展［D］.上海：同济大学，2006

③ 单文慧.不同收入阶层混合居住模式价值评判与实施策略［J］.城市规划，2001，25（2）：26–39

④ 伊文思.城市经济学［M］.甘士杰，译.上海：上海远东出版社，1992

1）当同质性住区规模（包括用地规模和人口规模）超过一定限度时，居民之间不但不会认识更多的人，反而会选择消极逃避；

2）若同质住区内的邻里空间人口规模过大，反而会间接抑制居住共同体的凝结；

3）居住空间分离还容易引发一系列社会和空间问题，如：社会资源分配不均、阶层矛盾加深、社区衰败、社会疾病的集中传染与蔓延、基础设施重复建设等。

（2）异质性住区的社会性

国内外学者也对异质性混合居住模式的社会意义做了大量的理论研究。社会心理学家鲍格达斯（Bogardus）曾指出："城市个体间社会距离（Social Distance）越短，发生互动的可能性就越大。同样作为社会距离的一个因子——物理距离（Physical Distance）相距越近，一定程度上也会促进个体之间的互动"[①]。乌托邦的视角会迫使人们去思考不可想象的事，但有助于增强社会的转型意识和控制意识[②]。美国芝加哥大学查斯金（Robert J. Chaskin）教授从社会网络、社会控制、文化与行为、政治经济四个维度探讨了混合居住的必要性和可行性。他认为：

1）从社会网络维度来看，混合居住有利于下层人员获得更多的社会资本；

2）从社会控制维度来看，混合居住有利于建立一种非正式的社会控制机制，有利于居住区的安全管理和社会平衡发展；

3）从文化与行为维度来看，混合居住有利于降低因贫困聚集而造成的"贫困亚文化""底层文化"（Underclass culture）的影响，避免居住区贫困进一步循环和恶化；

4）从政治经济维度来看，混合居住有利于提高居住区的政治经济地位，使居住区有能力获取更好的居住环境和公共服务设施，以及业主统一意见行使业主的权利（表6-2）。

表6-2 同质住区与异质住区的优劣对比

居住区类型	安全性	舒适性	公建利用	内部交流	外部交流	开发管理
同质住区	中	良	差	中	优	中
异质住区	良	优	优	良	差	良

资料来源：作者调研数据

在实践层面，在社会极化、居住空间分异矛盾异常突出的西方发达国家，混合居住模式正在得到不同程度的倡导和实践。例如英国的 Milton Keynes 社区在利用"Home Zone"（家群）概念基础上，较好地将混合居住模式应用到居住区规划中（表6-3，图6-13）。而"新城市主义"的代表人物同样相信社会多元化社区的价值所在，他们认为：每一居住区都应配有5种左右不同类型的住宅，其目的是为了满足不同收入群体的居住需求，他们也试图通过多次实践来证明不同收入群体的人可以混合居住在同一居住区内。此外，美国住房与城市发展部（HUD）已经将不同收入阶层混合居住作为其根本的发展策略之一。

---

① 转引自：庄惠玲.社会总体和谐热点值得关注："市民心中的和谐社会"调查报告综合篇[R].上海经济最新动态，2006（12）：42-44

② 曼纽尔·卡斯泰尔.信息化城市[M].崔保国，等译.南京：江苏人民出版社，2001

表 6-3 **Milton Keynes 两个混合街区的不同住房比例**

住宅方式	Shanley Church End	Crown Hill
出租/共有住宅	388（28%）	383（39%）
低价住宅	484（35%）	370（38%）
高价住宅	422（30%）	139（14%）
独立住宅（非常昂贵）	93（7%）	90（9%）
总计	1 387（100%）	982（100%）

资料来源：Hugh Barton.Sustainable communities: The potential for eco-neighborhoods［M］. London：Earth Scan Publications Ltd., 2000: 162

我国众多学者也对异质性混合居住模式的社会意义做了大量的理论研究。田野等通过实地调查数据，运用社会网络理论中社会资本和社会距离分析方法，验证混合居住模式在减少社会距离等方面具有较多的优点和一定的可行性。同时，认为混合居住模式使中低收入阶层更容易获得社会资本以及高收入群体的情感性、工具性帮助，有利于实现居民安居乐业和社会和谐发展[1]。边燕杰通过实证研究发现[2]：1）个体之间的社会资本和社会网络总量相差很大；2）社会资本的差异可以从阶层地位、社会关联度、物质环境等多维度去进行探索，但阶层地位和社会关联度两个维度尤为重要；3）社会资本的优势可以为其

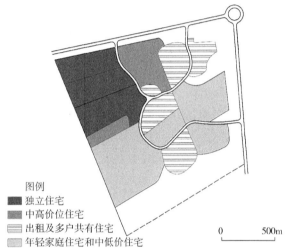

图例
■ 独立住宅
■ 中高价位住宅
▤ 出租及多户共有住宅
▥ 年轻家庭住宅和中低价住宅

0 500m

图 6-13 **Milton Keynes 社区的居住混合布局**
资料来源：Hugh Barton.Sustainable communities：The potential for eco-neighborhoods［M］. London：Earth Scan Publications Ltd., 2000：162

拥有者产生主观和客观的效应。客观上，社会资本可以为其拥有者带来经济收入上的回报；主观上，社会资本可以提高拥有者的社会经济地位的评估。

通过以上研究，笔者认为，居住混合模式有助于解决不同社会阶层隔离、促进不同阶层居民社会交往和社会融合，进而促进城市的和谐和均衡发展具有重要的现实意义。尤其是对现阶段的我国言，城市居住空间分异格局尚未完全形成，居住观念和居住行为模式的差异尚未根深蒂固之时，通过旧居住区更新这一契机鼓励不同阶层混合居住，使低收入阶层的生活环境质量得以改善和提高，社会地位和经济能力得以提升。

当然，混合居住的实施必须要以科学、深入的社会调查研究为基础，需要相应的更新规划引导以及政府管理部门明确、详细的政策、资金等方面的鼓励与支持，其中尚有太多课题需要

---

① 田野，栗德祥，毕向阳.不同阶层居民混合居住及其可行性分析［J］.建筑学报，2006（4）：36-39
② 边燕杰.城市居民社会资本的来源及作用：网络观点与调查发现［J］.中国社会科学，2004（3）：136-146

进一步探讨，例如：混合居住的异质性是不是就意味着不同收入群体、不同阶层的居民可以以任意比例混居于同一居住区？还是应以某一阶层为主导，以保证该居住区居民的行为模式、价值观以及社区文化的相对清晰？不同阶层的收入差距是否需要一定的控制，以防止两极分化的出现？不同收入阶层在居住区空间中如何分布较为合理？等等。

6.3.2　居住区人口构成及其空间分布相关研究

正如前文所述，虽然混合居住被众多城市规划专家和学者认为是一种理想的居住模式，存在诸多价值和优点，但也受到众多质疑，争论的焦点主要集中在混合居住的社会效果方面。有学者认为，混合居住在物质空间接近后并没有起到促进不同阶层居民之间的交往，相对应的也就没能产生有效的社会融合；相反，邻里阶层之间社会特性相差太大反而会成为不同居民之间交往的障碍，进一步强化居民矛盾，甚至会造成社会冲突。我国众多学者的研究也进一步证实了这种担忧确实存在。如李强等[1]通过对混合住区案例进行研究后发现，两个旧居住区相互毗邻，并属于同一更新项目，且由同一个居委会管理，但两者之间却以高高竖起的铁栏杆完全地被隔开了，两个旧居住区的居民形同陌路、互不相识。同时研究认为，旧居住区内部也存在明显的居住空间分异，居民之间的社会距离不断扩大、疏离感也在不断增强；胡小强等[2]研究发现，混合住区内部高收入群体对低收入群体存在明显的心理排斥，并且收入越高、住房条件越好的居民对居住区的满意度越低。

由此可见，以往混合居住的相关理论和实践并没有从根本上解决居住融合的问题，并在一定程度上失去了居住融合的目标，混合居住的作用与意义也就不复存在。不同阶层居民在居住区层面的整合与融合是混合住区得以顺利实现的重点与难点所在。促进居住融合需要立足于综合的研究视角，前文已从土地开发强度控制、住区功能优化、道路系统组织架构、公共空间重构等物质空间层面进行了重点探讨。但是，讨论不同阶层居民之间的居住融合，不可避免地要触及旧居住区的主体——居民自身的研究。为此，这也是笔者接下来需要继续探讨旧居住区人口构成及其空间分布的原因所在。

正是因为意识到混合住区居民之间容易发生抵触或冲突，故而研究开始转向混合住区中的居民构成问题。相关研究认为：首先，混合住区中的居民构成不是随意的，而是应有一个数量占多数的主导阶层，以这一阶层的行为模式和价值观来规范和引导本居住区的居民行为。为此，这就涉及哪一阶层人群来担当这一主导阶层？各阶层居民的比例应该如何分配？以及不同阶层群体社会差异度的控制等问题；其次，混合住区中的居民收入不宜相差过大，并且在居住区中应设置一个中间收入层次的过渡性居民群体。

在混合居住的实施层面，相关研究也提出了具体的混合居住模式。苏振民等提出两种混合居住模式，即分别按照"中间阶层＋高收入阶层"和"中间阶层＋低收入阶层"的混合形式形成两类居住区，两类居住区相互联系形成更大规模的居住区，两个居住区公用部分开敞空间和公共服务设施。根据中间阶层的需求和价值观来确定居住区建设标准，同时政府应对低收入阶

① 李强，李洋.居住分异与社会距离［J］.北京社会科学，2010（1）：4-11
② 胡小强，李玲，林太志，等.混合居住社区内部分异实证研究［C］//中国城市规划学会.规划创新：2010中国城市规划年会论文集.重庆：重庆出版社，2010

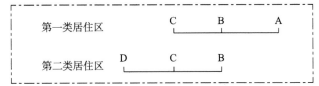

图 6-14 混合居住户型分配模式
资料来源：笔者绘制

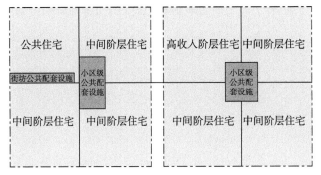

图 6-15 混合居住模式

资料来源：汪思慧，冉凌风.居住分异条件下的和谐社区规
划策略研究 [J].规划师，2008（24）：60-62

层提供住房补贴。规划可根据不同城市的实际情况规定不同的住宅户型指标体系，如第一类居住区户型分别为 A、B、C 三种户型，第二类居住区的户型分别为 B、C、D 三种户型（A、B、C、D 户型的建筑面积逐渐增大），同时规定两类居住区中 B 和 C 户型占比不低于 50%，以确保中间阶层在居住区中的主导地位[①]（图 6-14）。这一分类混合居住模式的依据是：中间阶层代表着保守、温和的意识形态，对其生存状况有较高的满意度，因此中间阶层在居住区中占据主导地位时，在一定程度上可以保持居住区的稳定性，并且收入差距不大的居民之间可以更容易地相互沟通；分类混合居住的目的在于避免收入水平差别较大的阶层之间毗邻并置，此举可以充分发挥中间阶层的稳定与缓冲作用，减少阶层之间的相互排斥。此后，汪思慧等根据这一思想将其转化为具体的规划布局方式[②]（图 6-15）。沈杰等通过对美国住房政策及其不同阶层混合居住社区实例进行探讨，按居住区主体结构异质性的不同将其划分为 5 种混合居住模式（表 6-4），从区域的差异性和主体结构的异质性两个层面分别对 5 种混合模式及其价值理念做出评价，并就混合居住中的"如何混合"提出初步构想[③]。

表 6-4 混合居住的五种模式

构成	模式	描述	混合情况	
			房屋比例	收入构成（%AMI）
100%商品房 ↑ ↓ 100%经济适用房	高收入混合模式	商品房，少量中等收入群体	80% 商品房 20% 限价房	>100% >80%
	中收入混合模式	商品房，少量低收入群体	80% 商品房 20% 供给住房	>100% >50%
	平均混合模式	商品房和经济适用住房、低收入和贫困群体	33% 商品房 33% 限价房 33% 供给住房	>100% >60% >30%
	低收入混合模式	少量的商品房；低收入群体	20% 商品房 80% 供给住房	>100% 30%~60%

① 苏振民，林炳耀.城市居住空间分异控制：居住模式与公共政策 [J].城市规划，2007，31（2）：45-49
② 汪思慧，冉凌风.居住分异条件下的和谐社区规划策略研究 [J].规划师，2008（24）：60-62
③ 沈杰，蔡强新，江佳遥.关于混合居住主体结构异质性的探讨 [J].建筑学报，2009（8）：78-81

续表

构成	模式	描述	混合情况	
			房屋比例	收入构成（%AMI）
	贫困群体混合模式	经济适用房；贫困群体	50% 限价房 50% 供给住房	< 80% < 30%

资料来源：沈杰，蔡强新，江佳遥.关于混合居住主体结构异质性的探讨 ［J］.建筑学报，2009（8）：78-81

通过以上关于混合住区人口构成的研究，我们可以发现：对于混合住区中的不同阶层群体的构成比例，相关研究均没有给出明确的结论，但均明确需遵循以下两个原则：一是认为混合住区内不同阶层居民的构成比例不应随意分布，而是应该有一个相对主导的阶层；二是不同阶层之间应呈梯度分布，避免差别过大的阶层相邻设置而引起冲突和歧视。

对于旧居住区更新而言，笔者认为更不应该机械地选择某一固定的混合比例，而是要根据不同的旧居住区实际情况来综合确定不同阶层居民构成的合适比例范围，通过持续渐进式的更新来引导旧居住区居民构成不断接近这一相对理想的居民构成比例范围，避免出现旧居住区两极分化（绅士化与低端化）现象的发生。此外，与新建混合居住区不同，旧居住区更新应更关注不同阶层居民空间分布形态的调整，其最终目的是保持并进一步优化旧居住区居民异质性的现状，通过调整人口构成及其空间分布促进居住融合与旧居住区的可持续发展。

6.3.3 有机混合的空间模式分析和模型建构

（1）冲突界面

如图 6-16 所示，在每两个相邻区域之间，等级之间的落差均在 2 级以上，相邻的两者之间均可能产生不同程度的冲突或矛盾，尤以中部 5 个单元之间的落差最大，其矛盾最为突出。在这样的混合居住情况下，很难保证相邻两个居住组团之间不产生社会矛盾和冲突。其原因在于：首先，两个相邻居住组团之间落差十分明显，居民在生活方式、生活水平、资源占有方式、价值观念以

$R4$	$R6$	$R1$	$R2$	$R5$	$R3$

注：R_X 代表不同的居住阶层
和群体形成的居住单元
图 6-16 无机并置模型示意图
资料来源：作者绘制

及文化信仰等方面存在诸多不同，由此而引发的社会矛盾和冲突不可避免。此外，在相邻两个居住组团之间，往往会形成一种无形的、潜在的冲突点、线或面，在某一时刻，甚至是在不经意间，这种潜在的冲突会因为某个偶然的事件而瞬间爆发，从而不利于城市的和谐发展与稳定。其次，在居住区各项活动中，由于各阶层之间的立场、话语形式、社会服务、利益诉求等的差异性，旧居住区更新规划难以达成一致的效果，地方政府在管理和公共设施配套方面也存在一定的困难。再次，体现在空间形态上，各居住单元之间参差不齐的空间形态也可能是导致旧居住区混乱局面的重要因素，同时也对城市的整体风貌和旧居住区可持续发展产生重大影响。

（2）楔入公共介质和柔性分异

在由多个"同质居住组团"构成的异质型住区中，由于不同阶层的生活方式、价值观念等方面的差异性，不同阶层之间必然存在一定的隔阂，如何促进不同阶层之间的社会交往以实现居住和社会融合，是一个值得探讨的问题。在旧居住区层面，促进不同阶层之间的交往和理解，

需要通过物质空间环境和公共活动来塑造，即需要通过增加居民之间接触的"介质"，这里的介质可以是公共绿地、广场、公共活动中心、商业等公共性的功能或空间。

形成同质与异质型居住区有机构成空间模式，需要遵循梯度差异的原则，形成柔性分异，避免落差较大的群体混合居住。例如：可以把中产阶层居住组团作为低收入阶层居住组团和高端阶层居住组团的缓冲区，在一定程度上可以避免社会冲突的发生。

（3）有机混合发展模型的构建

在以上混合住区更新理念的基础上，笔者构建了旧居住区内不同社会群体居住空间关系整合的思路：一方面要立足于居民的视角要求住区的同质性，强调旧居住区精神实质、促进居民归属感和凝聚力，保持居住区的同质化；另一方面又要从社会和谐的视角要求居住区的异质性，消除社会空间分异、阶级对立，实现社会不同阶层的交往与融合。

为此，基于上述关于冲突界面、楔入公共介质和柔性分异的理论分析，笔者构建了混合居住的"梯度空间模型"和"楔入介质模型"，其核心思想就是实现旧居住区更新后的"局部同质"与"整体异质"的多元混合和就地平衡，最终实现不同阶层、功能与形态合理共存的旧居住区更新目标。

1）梯度空间模型

在旧居住区内部要避免收入水平差距过大的群体混合居住，适当考虑不同群体混合居住的发展模式。在城市层面，形成不同群体居住区呈现马赛克镶嵌状布局，即"大混居、小聚居"的空间布局模式，并适当控制更新后的居住区规模（图6-17）。此外，也可以把中产阶级居住区作为缓冲地带适当拆分大面积弱势群体居住区，避免因阶层差距过大而发生社会冲突。这就要求在各阶层之间，按照排序建构居住空间秩序，适当减少相邻地区的贫富落差，从而减少社会矛盾。

R_4	R_6	R_1	R_2	R_3	R_5	R_7

R_1	R_2	R_3	R_4	R_5	R_6	R_7

注：R_X 代表不同的居住阶层和群体形成的居住单元
图 6-17　梯度空间模型示意图
资料来源：作者绘制

2）楔入介质模型

如图6-18所示，在具有一定落差的不同阶层居住单元之间适当楔入一些必需的其他功能用地或公共开敞空间，在一定程度上起到过渡和缓冲的作用，减少具有较大落差的阶层之间的冲突点和冲突面。

R_1	R_2	C	R_5	R_4	C	R_3
R_1	R_2	C	G	C	R_5	R_6

R_1	R_2	G	M	G	R_5	R_6
R_1	G	R_3	G	R_5	G	R_7

注：RX 代表不同的居住阶层和群体形成的居住单元；C、G、M 表示不同功能的用地
图 6-18　楔入介质模型示意图
资料来源：作者绘制

3）和谐共生模型

如图6-19所示，城市旧居住区更新要综合运用梯度空间模型和楔入介质模型，组合形成不

同阶层和谐共生的居住空间关系。

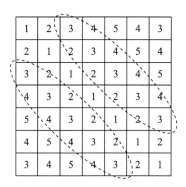

图 6-19　和谐共生模型示意图
资料来源：作者绘制

6.3.4　混合住区人口构成及空间分布调整策略

美国社会学家彼特·布劳（Peter Blau）认为："在大多数社会结构变迁中，社会流动会引起社会变迁。居住迁移作为社会流动的一种重要方式，无疑会对社会结构的变化具有一定的促进作用"[1]，这就为我们通过旧居住区更新来合理控制人口规模（通常需要通过合理引导居民迁移手段），并最终实现旧居住区合理的人口阶层结构提供依据。

（1）居民阶层类型及其比例调整

正如前文所述，社会特性差异较大的阶层之间容易产生相互排斥，而旧居住区更新应致力于减少这一排斥，并促进居民之间的融合。根据上文研究，可从居住区阶层类型调整方面来实现居民融合这一社会目标。彼特·布劳在其关于住区异质性的研究中还指出："社会交往取决于人们之间接触的机会，而社会交往促进社会关系的建立"。接触的机会越多，人们发生偶遇交往的概率就越大，其中有些偶遇交往可能会进一步发展为正式交往，从而带来亲密的社会交往的增加；住区异质性越大，不同阶层成员间发生偶然社会接触的机会就越多，即异质性的不断增加提高了阶层交往的可能性[2]。这一论点可以说明旧居住区更新应注意在保持旧居住区居住主体异质性的基础上对人口构成比例进行合理调整。

另一方面，还可以从异质性对不同阶层群体间排斥的影响来理解。异质性会减少居住区中"小群体"的显著性，这就如同一种鲜艳的颜色在白色的背景下比它在一幅多彩的图案中更要醒目一样，因为存在许多的小群体，就使得其他群体极有可能与这些群体发生群际交往。异质性可以增加类别参数之间群际交往的可能性，从而削弱该参数的特色和歧视外群体的倾向。正如K.戴维斯研究发现，族际通婚在有两个以上种族的社会里更为普遍，这就可以推知，异质性的增加会使不同阶层居民交往增多，从而削弱抑制与外群体成员进行社会交往的内群体压力，由此减少对外群体的歧视，即异质性越大，群体之间的排斥将会越小，而群际交往则越频繁[3]。

彼特·布劳的理论可以很好地解释混合居住的优越性。不论是政府管理人员、规划师还是

---

① 彼特·布劳.不平等和异质性［M］.王春光，谢圣赞，译.北京：中国社会科学出版社，1991
② 彼特·布劳.不平等和异质性［M］.王春光，谢圣赞，译.北京：中国社会科学出版社，1991
③ 彼特·布劳.不平等和异质性［M］.王春光，谢圣赞，译.北京：中国社会科学出版社，1991

居民，都不希望大规模的同质性住区在城市中普遍存在，因为它会抑制不同阶层之间的交往，形成社会隔离和居住分异。而混合住区的异质性则促进不同阶层之间的社会交往，有利于实现居住融合。对于城市旧居住区更新而言，既要保持和维护旧居住区内居民构成的异质性，还需要针对其不合理之处做出适当调整和优化，即通过调整旧居住区内不同居民群体类型的数量和比例，来减少群体间的歧视，促进不同主体之间的交往与融合。例如：根据苏振民[①]等人的研究，如果两个阶层发生了严重排斥或对立，可以通过引入其他中间阶层来缓解这一矛盾的显著性。而这种调整最终还需要落实到物质空间上，即可以通过旧居住区更新这一契机，来适当控制与引导更新部分的住宅户型类别，从而吸引所希望的群体购买和入住，以达到改善旧居住区阶层类型构成的目的。

要想实现居民的有机融合，那么旧居住区内不同阶层居民的合理比例是一个值得讨论的重要问题。从我们前面的分析可知，虽然不能以某一固定的比例来取代混合住区居民构成的多样性，但可以根据每一个待更新旧居住区的实际情况来确定居民构成的合适比例，然后通过持续、渐进式的更新方式逐渐引导居民构成不断接近这一相对理想的居民构成比例范围，以避免旧居住区发展的同质化倾向。具体可采取以下三个措施：

1）通过对旧居住区的居住环境的改善和公共设施配套的提档升级，避免高收入群体从旧居住区内大规模迁出。通常来说，高收入群体对居住环境和配套设施水平相对要求较高，当居住环境和配套设施不能满足其居住需求时，高收入群体会逐渐搬离该居住区，由此引发旧居住区进一步的物质性衰败和社会空间分异的加重。因此，改善旧居住区居住环境和公共设施配套水平，是保持旧居住区居民构成多样性的重要前提。

2）通过对不同功能用地的有机混合来调整旧居住区人口构成比例，如在旧居住区内建设办公建筑、高档公寓等，可有效吸引白领阶层就近入住。

3）通过对旧居住区的局部更新来调整旧居住区人口构成比例等。

（2）不同阶层空间分布形态调整

通过更新逐步改变旧居住区内不合理的居民群体空间分布状态，使不同阶层的居民和谐共存，这对于旧居住区可持续发展和维护社会公平具有重要的现实意义。

正如前文所述，差别较大的两个相邻阶层毗邻居住，容易产生冲突和矛盾。王玲慧在研究上海边缘地区空间分异中认为两个差别较大的阶层混合居住容易产"冲突界面"，她认为：大城市边缘地区不同收入阶层空间分布存在着无机并置的情况（参见图6-16），在每两个相邻区域之间，尤其是落差在两个等级以上，均可能存在不同程度的冲突和矛盾。

对于城市旧居住区而言也存在着这样隐形的"冲突界面"，虽然阶层差别并不如大城市边缘地区空间分异那般明显，但这样无机并置的空间布局模式在我国大部分城市也普遍存在。旧居住区更新由于受到旧居住区自身和周边现状条件双重因素的制约，因此也只能是在一定程度上的改善与渐进式实施来实现更新的社会目标——居住融合。根据以上笔者提出的理论模型，意味着需要将现状居住组团"解构"为若干个小规模的"同质组团"，然后再将多个"同质组团"重构形成新的"异质住区"。然而，这种实现同质与异质就地平衡的更新方式实施起来具有一定的难度。为此，旧居住区更新需要在深入研判现状居民构成的基础上做出适度调整，同时将以

---

① 苏振民，林炳耀.城市居住空间分异控制：居住模式与公共政策［J］.城市规划，2007，31（2）：45-49

上提出的不同社会阶层居住空间整合的理论模型应用于旧居住区更新之中，具体实施措施如下：

1）确定适宜的更新目标。旧居住区不同阶层空间分布调整应首先根据旧居住区人口构成现状和旧居住区未来发展方向，合理确定旧居住区人口构成类型及其不同阶层人口构成的适宜比例范围，即：更新后的旧居住区以哪一阶层为主最为合适？需要哪些收入阶层参与混合？各阶层人口构成的比例是多少？等等。在此基础上，分析旧居住区现状不同阶层空间分布的特点及存在的问题，合理确定旧居住区空间分布形态调整的目标。这将为随后的旧居住区更新实施提供依据和方向，避免了旧居住区更新仅注重物质空间的更新而忽视了社会空间的更新，同时也避免旧居住区未来盲目发展状况的出现。旧居住区更新不同于新建混合住区，要受到多重因素的制约，因此更新目标的确定要同时兼顾居民构成的合理性和未来实施的可行性。

2）渐进式的更新过程。旧居住区自身的特点也就决定其更新实施不可能一蹴而就，而必然是一个渐进式调整、动态发展、逐渐接近目标的过程。城市更新以实现"经济、社会和谐发展、环境改善"为目标，但最终也需要通过物质空间手段来实现这一更新目标，旧居住区更新也尚且如此。旧居住区人口构成调整最终也需要落实到旧居住区物质空间形态上，而社会空间形态调整就是逐步提出剔除不适合旧居住区发展的"旧质"，植入与旧居住区未来发展相符的"新质"，即通过渐进式更新使旧居住区空间形态趋于更为合理、有机的过程。根据旧居住区自身及其周边地块发展的需要，同时结合城市更新发展的契机，如危旧房改造、公共设施建设、产业结构调整等，使旧居住区人口构成空间形态调整的目标得以逐步实现。这一更新过程均是在旧居住区整体发展目标框架下通过渐进式更新实现的，与以往的城市旧居住区更新存在着本质上的区别。

3）灵活的更新方式。"冲突界面"的存在是旧居住区不同阶层产生社会矛盾和冲突的重要根源之一[①]，旧居住区更新就是要通过调整旧居住区中不合理的居民群体空间分布形态，减少甚至是消除这种"冲突界面"的存在，避免社会矛盾的进一步产生。不同阶层的空间形态的调整主要是通过具有过渡和缓冲作用的中间"介质"来实现，具体可包括植入介质和培育介质两种方法。

① 植入介质。引入介质是指在两个阶层特性相差较大的居住单元（组团）间植入中间阶层群体，以减少阶层间的落差和矛盾冲突的发生。或者植入其他功能建筑、公共空间、绿化等来柔化冲突界面。为此，介质的植入可以是某一个或某几个居住单元，也可以是其他功能的建筑（办公、无污染的小型工业建筑等）、公共开敞空间（广场、公共绿地等）或公共设施（商业、文化、教育等公共设施等）。

② 培育介质。通常情况，旧居住区在上一轮更新结束后短期内再次进行更新或局部更新的余地较小，仅依靠引入介质来实现旧居住区空间形态调整也不切实际，这时可适当通过培育介质这种方式来实现旧居住区空间形态调整这一目的。培育介质实际上是降低旧居住区各单元之间阶层差距的一种更新方式，即通过物质空间调整实现旧居住区内人口构成的多样化，以减少与相邻高收入阶层之间的差距，最终实现各收入阶层的有机融合。

广义的介质培育主要包含物质环境改造方面的内容，通过对旧居住区物质环境的更新，从而使旧居住区价值得到一定的提升，在住房交易市场中就会吸引更多的较高收入者购买和入住，

---

① 王玲慧.论上海边缘社区的和合发展［D］.上海：同济大学，2006

这样旧居住区的人口构成将得到一定程度的改善；狭义的介质培育主要是指对住宅建筑的更新，包括住宅加层改造、户型合并以及户型扩建等。相对广义的介质培育而言，狭义的介质培育是一种更为积极的更新改造方式，可以通过旧居住区功能的完善、户型的合并以及增加住宅层数等方式增加户型数量，通过这一更新方式可以吸引高收入群体入住，从而实现优化旧居住区人口构成这一目标。

住宅户型改造是住宅改造研究中数量最多的一类，针对早期住宅设计中存在的住宅面积小、设计不合理、户型不成套（无独立厨房、卫生间等）等难以满足居民日常生活的住宅户型，在结构允许的情况下，通过增加户型面积、居住空间数量以及完善住宅功能等方式，达到旧住宅持续利用的目的。住宅户型改造主要包括水平方向或垂直方向的住宅建筑扩建、户型合并等方法。

住宅户型更新改造无论是在更新方式还是在更新技术方面都达到了较为成熟的程度，近年来，相关学者也以图示化的方式对我国旧住宅建筑的更新方法进行系统的总结和归纳[1][2][3][4]，但对于更新方法的适用范围和实施的可行性未做进一步研究。然而，部分在技术层面具有一定可行性的更新方法，在实施层面也存在一定的难度，如：住宅户型合并就意味着部分居民需要搬迁和重新安置，至于什么样的阶层需要迁出、什么样的阶层可以迁入等类似问题，这就需要我们根据旧居住区更新的目标来做出决定。笔者认为：旧居住区更新不仅仅是停留在纯粹的物质空间层面的更新和技术改造，更应走出拆除或保留的狭隘视野，立足于旧居住区社会问题的解决，物质层面的更新只是解决社会问题的具体手段或方法之一。只有这样，更新才具有针对性，更新实施才具有一定的可行性。为此，本书将"住宅"作为旧居住区人口构成的介质，通过对住宅户型的更新，使旧居住区人口阶层构成趋于合理，减少居住单元间的阶层落差，促进和加强不同阶层之间的交往和认同，增强居民对旧居住区的归属感，最终实现旧居住区的可持续发展。

总体来说，介质培育有以下三种方式：其一，通过对旧居住区内的面积较小的相邻户型进行合并，形成整体较为均质的混合居住形式；其二，以某一具体楼层为单位进行更新，如：顶层增加户型数量，其功能可做居住、办公等，以满足大部分年轻人的就业或居住需求，或将底层改造为老年公寓等；其三，以某一栋住宅或某几栋住宅为单位实施更新，完善住宅功能、增加居住面积，形成"小聚居、大混居"的混合居住单元。

狭义的介质培育的更新方式与介质布局形式可见表6-5、表6-6。

① 张磊.基于循环经济的城市既有住宅更新改造环境绩效分析和潜力评价［D］.西安：西安建筑科技大学，2013
② 秦洛峰，魏薇.江南城镇住宅模式与改造更新发展研究［J］.建筑学报，2007（11）：88-91
③ 桑小琳，邓雪娴.多层住宅的改造：旧住宅可持续发展的对策［J］.建筑学报，2005（10）：41-43
④ 徐艳红.上海市中心城区旧住宅更新改造模式研究［D］.上海：复旦大学，2009

表 6-5 介质培育更新方式

更新方式		图示	更新内容与特征
合并	水平合并	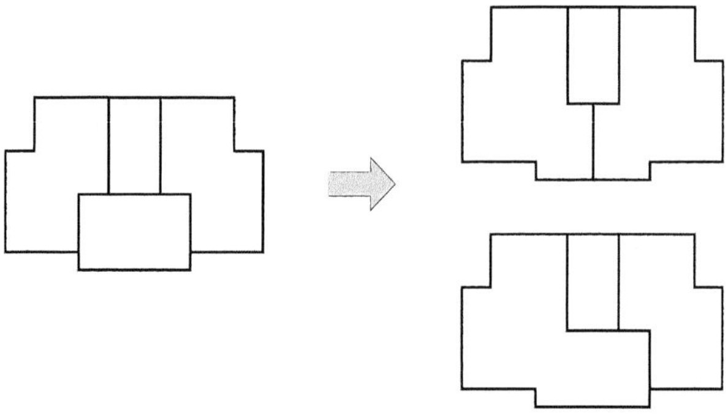  三户并两户	改变套型划分方式,增加居住面积
		两户并一户	
	垂直合并	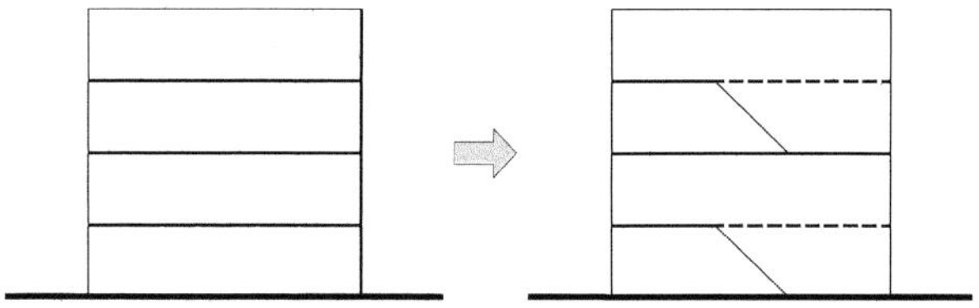	
扩建	水平扩建	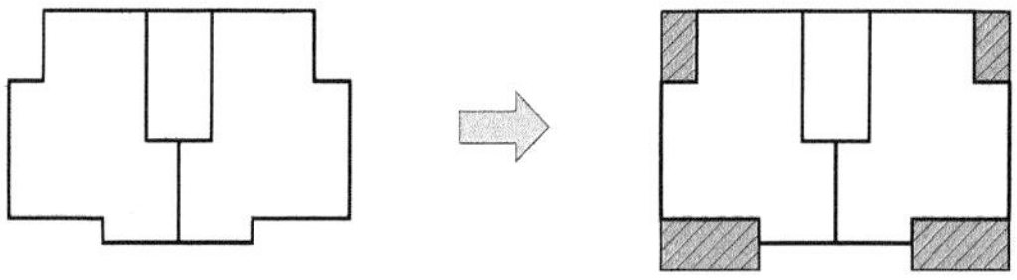 平面图	加大进深、增加面积或增加功能房间
		剖面图	
	垂直扩建	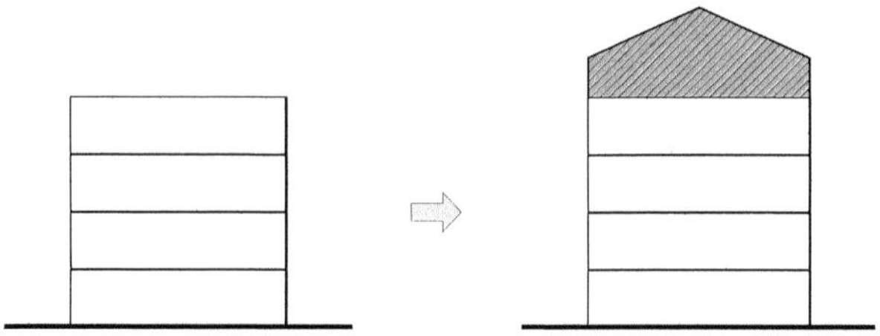	顶层加层、增加户数

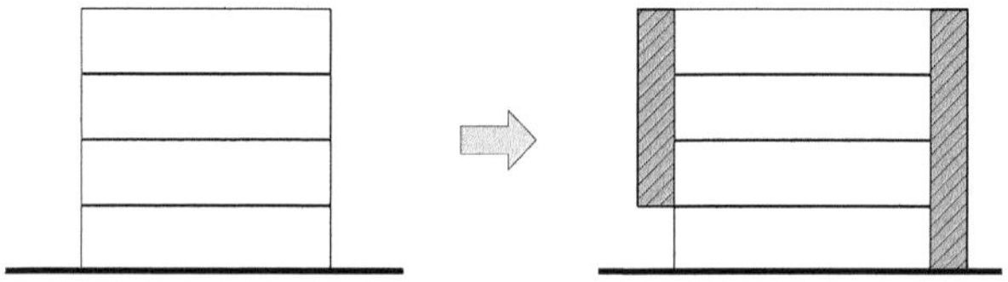

资料来源：作者绘制

表 6-6　介质布局形式

布局形式	散点式		集中式	
图示				

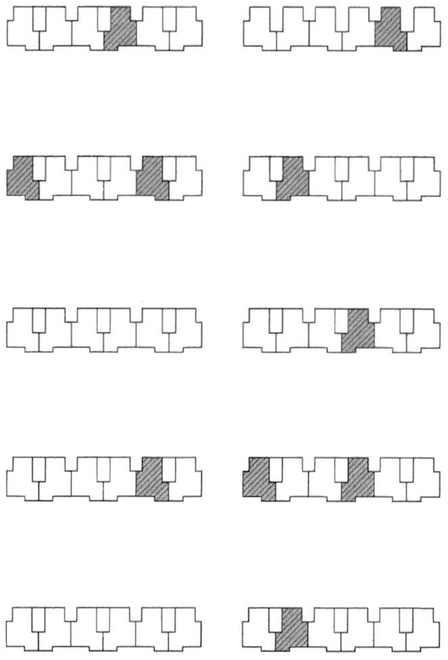

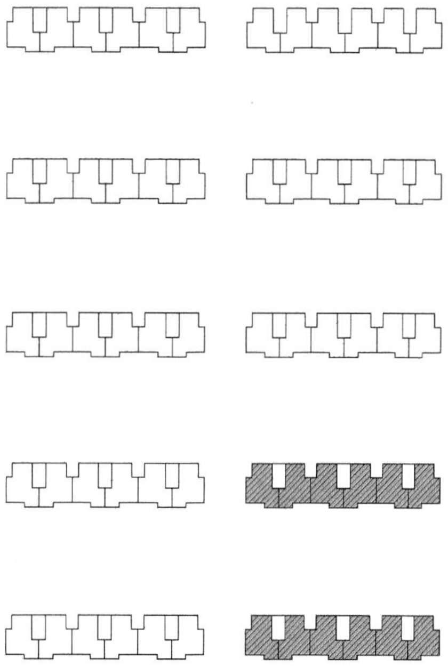

资料来源：作者绘制

6.4　本章小结

　　本章主要是在前文研究的基础上，以"评价"为媒介提出我国旧居住区更新的规划路径。更新规划路径的制定主要秉承以下原则：使物质形态更新成为社会形态更新的空间载体，同时结合物质形态更新使社会形态更新在城市旧居住区空间上予以落实。

　　首先，从"整体"层面提出了我国旧居住区更新的总体思路。本书从空间上对旧居住区的更新单元进行了界定，提出正确处理旧居住区建筑实体的存留以及旧居住区空间异质性的保持是实现城市旧居住区有机更新的前提。

　　其次，从"物质空间"层面提出我国旧居住区更新的规划路径。主要包括：1）土地开发强度控制方面：引入"低冲击开发"的思路和理念对旧居住区用地强度进行合理分配。2）旧居住区功能优化方面：提出居住区更新的目的不是要将其功能"纯净化"，旧居住区功能调整应在保持功能多样性的前提下，改变其功能混杂的现状，最终实现旧居住区多样性功能的有机融合；全面考察旧居住区当前存在的多种功能对旧居住区的作用和影响，分析这些功能的结合是否有利于旧居住区总体效益的发挥，不要因局部利益而损害旧居住区的整体利益；旧居住区内存在的多种功能应做适当分离，使其之间相互支持而非相互制约；适当考虑将部分居住功能置换为其他从属功能，以满足旧居住区自身发展和居民日常生活的需求。3）道路系统组织架构方面：从多种交通方式并存、人车有机共存、完善旧居住区内部交通微循环三个层面提出了旧居住区更新的道路系统组织架构。4）公共空间重构方面：提出从点空间——化余留空间为公共交往空间、线空间——街道生活的形成与培育、面空间——公共绿地与活动场地的塑造三个空间层次营造层次清晰、功能完善的旧居住区公共空间系统。

最后，从"社会空间"层面提出我国旧居住区更新的规划路径。研究认为居住混合模式对于解决不同社会阶层隔离、促进不同阶层居民社会交往和社会融合，进而促进城市的和谐和均衡发展具有深远意义。继而笔者构建了旧居住区更新的混合居住的梯度空间模型、楔入介质模型以及和谐共生模型，在此基础上，提出混合住区人口及空间分布调整策略，主要包括：1）居民阶层类型及其比例调整策略：通过改善旧居住区的居住环境和公共设施配套，避免高收入群体大规模迁出；通过不同功能用地的混合来调整旧居住区人口构成比例；通过旧居住区局部更新来调整旧居住区人口构成比例等。2）不同阶层空间分布形态调整策略：确定适宜的更新目标——根据旧居住区现状及未来发展方向确定旧居住区居民的主导阶层、哪些阶层参与混合以及各阶层的人口构成比例等问题；渐进式的更新过程——根据旧居住区自身及其周边地块发展的需要，同时结合城市更新发展契机，使旧居住区人口构成空间形态调整的目标得以逐步实现；灵活的更新方式——通过"植入介质"和"培育介质"两种方式来调整旧居住区中不合理的居民群体空间分布形态，减少甚至是消除不同阶层群体冲突和矛盾的发生。

第七章　结语与展望

7.1　主要研究结论

本书尝试以旧居住区的使用者——"居民的需求"和"价值取向"为出发点，运用评价学、城市社会学、环境心理学、统计学等相关领域内的经验和成果，以理论联系实践的研究方法，全面深入地探索了我国旧居住区更新的评价理论、方法和体系建构，并以评价为媒介提出了我国城市旧居住区更新的规划路径，并形成如下结论：

（1）对我国旧居住区更新历程、特征及问题进行系统归纳和总结

根据我国计划经济时期以及转型中的社会主义市场经济体制下城市建设与规划机制的特点，将我国旧居住区更新历程划分为以下四个阶段：1）计划经济时期为生产型城市服务的旧居住区更新（1949—1978 年）；2）改革开放初期向生产领域转变的旧居住区更新（1978—1998 年）；3）市场经济时期资本导向的旧居住区更新（1998—2010 年）；4）旧居住区更新的价值转向：公平与效率的新均衡（2010 年以后）。通过对我国旧居住区更新历程的梳理，归纳和总结了当前我国旧居住区更新的主要特征、问题与矛盾以及产生问题的原因。可以说，我国当下的旧居住区更新方式和更新产生的结果并不是由单一要素造成的，具有一定的历史维度，旧居住区更新发展总是与其所处的社会政治、经济发展和文化水平存在着内在的统一。

（2）构建我国旧居住区更新的现状调查与评价体系

将城市社会学中关于社会调查的基本原理和方法引入到旧居住区更新现状调查与评价之中，从居民对更新的态度、现存住宅状况、公共设施、总体环境、社会人文环境五个层面，系统化地构建了我国旧居住区更新的现状综合评价体系，并根据该评价体系的特点，采用了德尔菲法（Delphi）和改进的层次分析法（AHP）确定了指标体系的权重。在现状综合评价体系构建和权重设置的基础上，初步确定了城市旧居住区更新现状评价模型，该模型概念清晰、方法简便，便于实际应用，为旧居住区更新现状问题诊断、更新时序判断、更新方式选择提供了必要的判别依据。最后，笔者选取了南京市秦淮区御河新村、御道街 34 号、扇骨里三个旧居住区为例进行了实证研究，验证了该评价体系和评价模型具有一定的合理性、科学性和可行性。

（3）构建我国旧居住区更新的使用后评价体系

从使用者需求和价值取向的视角出发，借助使用后评价的基本原理和方法，结合国内外相关研究成果及问卷调查，从住宅使用性能、公共设施配套、公共环境、交通设施、住区安全与管理、社会人文环境六个层面构建了旧居住区更新的使用后评价体系。在具体评价过程中注重定性与定量相结合，以定量分析为主的技术策略，积极引入统计分析（均值分析、相关分析、因子分析）、层次分析、判断矩阵、模糊评价等多种量化评价技术手段来提高评价过程的科学性

和可靠性。最后，结合合肥市西园新村更新工程实践进行了使用后评价实证研究，实证研究以实验为基础，实验过程中应用到的数据采集方法、分析原理、计算方法均具有普适性，实验过程具有再现性，分析结果正确、可靠。

（4）以"评价"为媒介提出我国城市旧居住区更新的规划路径

旧居住区更新不是一个单向发展的线性系统，而是一个螺旋发展的环形系统，需要对旧居住区更新前的现状存在问题进行诊断，以及对更新使用后的效果及其产生的影响进行验证、衡量以及评价，以此对下一轮的更新规划设计进行控制和反馈，针对现存问题和居民的现实需求提出合理的更新对策和建议，这才是旧居住区更新项目的全生命周期。基于此，本书以"评价"为媒介提出了未来我国城市旧居住区更新的规划路径，更新规划路径的制定主要秉承以下原则：使物质形态更新成为社会形态更新的载体，同时社会形态更新的论述结合物质形态更新规划路径在城市旧居住区空间上的落实。具体更新规划路径可归纳为：

1）从"整体"层面提出了我国城市旧居住区更新的思路，主要包括更新单元规模的界定、正确处理旧居住区建筑实体的存留以及旧居住区空间异质性的保持三个层面。

2）从"物质空间"层面提出了我国城市旧居住区更新的规划路径，主要从空间结构优化、土地开发强度控制、旧居住区功能优化、道路系统组织架构、公共空间重构五个层面展开具体论述。

3）从"社会空间"层面提出了我国城市旧居住区更新的规划路径。首先，对居住区同质性与异质性进行了探讨，认为居住混合模式有助于解决不同社会阶层隔离、促进不同阶层居民社会交往和社会融合，进而促进城市的和谐和均衡发展等具有重要现实意义。其次，对居住混合模式中的居民构成、分配比例、社会差异度控制、空间落实等问题展开了研究，并初步构建了混合居住的梯度空间模型、楔入介质模型以及和谐共生模型。最后，本书提出了混合住区人口构成及空间分布调整策略，为旧居住区更新规划合理引导与控制居民迁移，保持旧居住区合理的人口阶层结构提供了依据。

7.2　本书创新点

（1）将评价学的基本理论和方法引入到旧居住区更新中

建构了层次化的旧居住区更新综合评价框架，包括旧居住区更新前的现状评价（事前评价）、更新中的规划评价（事中评价）、更新使用后评价（事后评价）三个阶段，从而为旧居住区更新研究注入更多的理性思维和技术方法，同时也为旧居住区更新规划策略和相关政策制定提供技术支撑。

（2）运用层次分析、模型分析、模糊评价等量化方法系统研究旧居住区更新

针对现有旧居住区更新事前、事后评价中存在的问题，本书运用层次分析、模型分析、模糊评价等量化方法建立评价体系，进而为旧居住区更新前后的问题诊断、更新时序选择、更新策略制定等提供必要的判定依据。

（3）以"评价"为基础提出旧居住区更新的规划路径

研究以"使用者需求和价值取向"为出发点，建立科学的评价机制，以期通过评价解决旧居住区更新理论到实践的衔接问题。具体更新规划路径主要包括旧居住区更新的总体思路、物

质空间更新规划路径、社会空间更新规划路径三个层面。

7.3 研究展望

（1）缺乏对更新规划评价（事中评价）的研究

正如之前研究，根据旧居住区更新项目实施的周期性特征，可将旧居住区更新评价划分为更新前的现状评价（事前评价）、更新中的规划评价（事中评价）、更新使用后评价（事后评价）三个阶段。限于时间和篇幅有限以及自身专业能力的限制，本书只对旧居住区更新前的现状评价以及更新使用后评价进行了重点研究，缺少对旧居住区更新规划评价（事中评价）的研究，这有待在后续的研究中进一步补充和完善。

（2）评价体系架构有待进一步改进与完善

本书在文献研究和实地调查的基础上，借鉴了国内外旧城更新评价相关研究成果，分别构建了城市旧居住区更新前的现状评价体系和更新使用后评价的评价体系。在相关研究相对缺失的情况下，笔者更多地关注于评价框架的初步搭建，而该评价体系的各个组成部分还有很多需待优化、细化的空间，如评价指标的确定、评价方法的优选、指标权重的设置等，这些都需要多方评价主体数据的采集、整理以及更多项目评价的实证检验来加以改进和完善。此外，评价指标体系中的指标项和指标权重不可能一成不变，随着不同地域的经济、社会、环境、居住水平的差异以及居民生活水平的不断提高，评价指标也会存在不断地增加或删减，指标权重亦会不断地进行调整和修订。

（3）提高评价指标权重和指标赋值的准确性

对于旧居住区更新评价体系来说，评价指标权重分值确定和指标赋值也是一个评价体系能够成立的关键，评价权重设置的合理性也将直接决定最终评价结果的准确性、科学性，势必也会影响到更新决策的正确性。而本书采用德尔菲法（Delphi）和改进的层次分析法（AHP）来确定指标权重，虽然相对科学、合理，但主要是依靠现有数据、问卷调查和专家经验，这必然带有较强的主观性和不确定性。为此，后续研究需进一步完善权重确定时数据的采集和整理，使评价权重分值和指标赋值的准确性进一步提高。

参考文献

英文文献

［1］Robertson K A. Pedestrianization strategies for downtown planners: Skywalks versus pedestrian malls［J］. Journal of the American Planning Association, 1993, 59(3): 361-370

［2］Kotze N, Mathola A. Satisfaction levels and the community's attitudes towards: Urban renewal in alexandra, Johannesburg［J］. Urban Forum, 2012, 23(2):245-256

［3］Sassen S. The state and the new geography of power［J］. The Ends of Globalization: Bringing Society Back In, 2000, 1(1): 49-65

［4］Gibbs D.Urban sustainability and economic development in the United Kingdom: Exploring the contradictions［J］. Cities, 1997, 14(4): 203-208

［5］Couch C, Dennemann A. Urban regeneration and sustainable development in Britain: The example of the Liverpool Ropewalks Partnership［J］. Cities, 2000, 17(2): 137-147

［6］Ng M K. Quality of life perceptions and directions for urban regeneration in Hong Kong［M］//Social Indicators Research Series. Dordrecht: Springer Netherlands, 2005: 441-465

［7］Kotze N, Mathola A. Satisfaction levels and the community's attitudes towards urban renewal in alexandra, Johannesburg［J］.Urban Forum, 2012, 23(2): 245-256

［8］Treu M C. Urban conditions impacting on the perception of security. A few Italian case studies［J］. City, Territory and Architecture, 2016, 3(1): 1-13

［9］Winston N. Regeneration for sustainable communities? Barriers to implementing sustainable housing in urban areas［J］. Sustainable Development, 2010, 18(6): 319-330

［10］Garner C. Housing: Underpinning sustainable urban regeneration［J］.Public Money & Management, 1996, 16(3): 15-20

［11］Baing A S, Wong C. Brownfield residential development: What happens to the most deprived neighbourhoods in England?［J］. Urban Studies, 2012, 49(14): 2989-3008

［12］Randolph B, Freestone R. Housing differentiation and renewal in middle-ring suburbs: The experience of Sydney, Australia［J］. Urban Studies, 2012, 49(12): 2557-2575

［13］Collier C G. The role of micro-climates in urban regeneration planning［J］. Municipal Engineer, 2011, 164(2): 73-82

［14］Pugh T A M, MacKenzie A R, Davies G, et al. A futures-based analysis for urban air quality remediation［J］. Proceedings of the Institution of Civil Engineers-Engineering Sustainability, 2012,

165(1): 21-36

［15］Sanson A, Hemphill S A, Smart D. Connections between temperament and social development: A review［J］. Social Development, 2004, 13(1): 142-170

［16］Park S. The social dimension of urban design as a means of engendering community engagement in urban regeneration［J］. URBAN DESIGN International, 2014, 19(3): 177-185

［17］Langstraat J W. The urban regeneration industry in leeds: Measuring sustainable urban regeneration performance［J］. Earth&Environment, 2006(2): 167-210

［18］Potter J. Evaluating regional competitiveness policies: Insights from the new economic geography［J］. Regional Studies, 2009, 43(9): 1225-1236

［19］Hemphill L, Berry J, McGreal S. An indicator-based approach to measuring sustainable urban regeneration performance: Part 1, conceptual foundations and methodological framework［J］. Urban Studies, 2004, 41(4): 725-755

［20］Lee G K L, Chan E H W. A sustainability evaluation of government - led urban renewal projects［J］. Facilities, 2008, 26: 526-541

［21］Lee G K L, Chan E H W. Evaluation of the urban renewal projects in social dimensions［J］. Property Management, 2010, 28(4): 257-269

［22］Colantonio A, Dixon T.Towards best practice and a social sustainability framework［M］// Urban Regeneration and Social Sustainability. Oxford: Wiley-Blackwell, 2011: 207-239

［23］Colantonio A, Dixon T, Ganser R, et al. Measuring socially sustainable urban regeneration in Europe［R］. Oxford: Oxford Brookes University, 2009

［24］Forouhar A, Hasankhani M. Urban renewal mega projects and residents' quality of life: Evidence from historical religious center of mashhad metropolis［J］. Journal of Urban Health, 2018, 95(2): 232-244

［25］Mishra S A, Pandit R K, Saxena M. Urban regeneration and social sustainability of indore city［M］// Understanding Built Environment. Singapore: Springer Singapore, 2016: 109-124

［26］Gold J R, Gold M M. Olympic cities: Regeneration, city rebranding and changing urban agendas［J］. Geography Compass, 2008, 2(1): 300-318

［27］Trono A, Zerbi M C, Castronuovo V. Urban regeneration and local governance in Italy: Three emblematic cases［M］// Local Govermment and Urban Govemance in Europe. Cham: Springer International Publishing, 2016: 171-192

［28］Wolfram M. Assessing transformative capacity for sustainable urban regeneration: A comparative study of three South Korean cities［J］. Ambio, 2019, 48(5): 478-493

［29］Nisha B, Nelson M. Making a case for evidence-informed decision making for participatory urban design［J］. URBAN DESIGN International, 2012, 17(4): 336-348

［30］Mendoza-Arroyo C, Vall-Casas P. Urban neighbourhood regeneration and community participation: An unresolved issue in the Barcelona experience［M］//M² Models and Methodologies for Community Engagement. Singapore: Springer Singapore, 2014

［31］Rismanchian O, Bell S. Evidence-based spatial intervention for the regeneration of deteriorating urban areas: A case study from Tehran, Iran［J］. URBAN DESIGN International, 2014, 19(1): 1−21

［32］Boisseuil C. Governing ambiguity and implementing cross−sectoral programmes: Urban regeneration for social mix in Paris［J］. Journal of Housing and the Built Environment, 2019, 34(2): 425−440

［33］Cete M, Konbul Y. Property rights in urban regeneration projects in Turkey［J］. Arabian Journal of Geosciences, 2016, 9(6): 1−11

［34］Batuman B, Erkip F. Urban design: or lack thereof: as policy: the renewal of Bursa Doğanbey District［J］. Journal of Housing and the Built Environment, 2017, 32(4): 827−842.

［35］Cornelius N, Wallace J. Cross−sector partnerships: City regeneration and social justice［J］. Journal of Business Ethics, 2010, 94(1): 71−84

［36］Park S. The social dimension of urban design as a means of engendering community engagement in urban regeneration［J］. URBAN DESIGN International, 2014, 19(3): 177−185.

［37］Cinderby S. How to reach the 'hard−to−reach': The development of participatory geographic information systems (P−GIS) for inclusive urban design in UK cities［J］. Area, 2010, 42(2): 239−251

［38］Ristea A, Valeriu I, Stegăroiu I, et al. Commercial facilities and urban regeneration［J］. The AMFITEATRU ECONOMIC journal, 2010, 12(27): 99−114

［39］Tuan Y F. Geography, phenomenology, and the study of human nature［J］. Canadian Geographer / Le Géographe Canadien, 1971, 15(3): 181−192

［40］Sluka N A,Tikunov V S. The Geographical Size Index for Ranking and Typology of Cities ［J］. Social Indicators Research, 2019, 144(9): 981−997

［41］Tuan Y F. A view of geography［J］. Geographical Review, 1991, 81(1): 99

［42］Soja E W. Thirdspace: Journeys to Los Angeles and other real−and−imagined places［J］. Capital & Class, 1998, 22(1): 137−139

［43］Lefebvre H. The production of space［M］.Oxford：Wiley−blackwell, 1991

［44］Harvey D. Justice, nature and the geography of difference［M］. Oxford: Wiley−blackwell, 1997

［45］Khorasani M, Zarghamfard M. Analyzing the impacts of spatial factors on livability of peri−urban villages［J］. Social Indicators Research, 2018, 136(2): 693−717

［46］Harvey D. Social justice and the city［M］. Georgia：University of Georgia Press, 2002

［47］Abbott S. Social capital and health: The role of participation［J］. Social Theory & Health, 2010, 8(1): 51−65

［48］Calthorpe P. The next American metropolis:Ecology, community, and the American dream ［M］. Princeton: Princeton Architectural Press, 1993

［49］Gálvez Ruiz D, Diaz Cuevas P, Braçe O, et al. Developing an index to measure sub−municipal level urban sprawl［J］. Social Indicators Research, 2018, 140(3): 929−952

［50］Crane R, Chatman D G. Traffic and sprawl: Evidence from US commuting, 1985 to 1997

［EB/OL］.［2017-09-16］. http://www-pam.usc.edu/volume6/v6i1a3s1.html

［51］Cecchini M, Zambon I, Pontrandolfi A, et al. Urban sprawl and the 'olive' landscape: Sustainable land management for 'crisis' cities［J］. Geo Journal, 2019, 84(1): 237-255

［52］Smith S R. Social services and social policy［J］. Society, 2007, 44(3): 54-59

［53］Long H L. Themed issue on "land use policy in China" published in land use policy［J］. Journal of Geographical Sciences, 2014, 24(6): 1198

［54］Zhou X G, Moen P. Explaining life chances in China's economic transformation: A life course approach［J］. Social Science Research, 2001, 30(4): 552-577

［55］Huang Y Q. The road to homeownership: A longitudinal analysis of tenure transition in urban China (1949-94)［J］. International Journal of Urban and Regional Research, 2004, 28(4): 774-795

［56］Wang Y P, Murie A. Social and spatial implications of housing reform in China［J］. International Journal of Urban and Regional Research, 2000, 24(2): 397-417

［57］Maslow A H. A theory of human motivation［J］. Psychological Review, 1943, 50(4): 370-396

［58］Clark E. The rent gap and urban change: Case studies in Malmo 1860-1985［EB/OL］. ［2018-03-05］. https://www.researchgate.net/publication/298641743 The rent gap and urban change case studies in Malmo 1860-1985

［59］Harvey D. From managerialism to entrepreneurialism: The transformation in urban governance in late capitalism［J］. Geografiska Annaler: Series B, Human Geography, 1989, 71(1): 3-17

［60］Webber R. Extracting value from the city: Neoliberalism and urban redevelopment［J］. Antipode, 2002, 34(3): 519-540

［61］Chu Y H. Re-engineering the developmental state in an age of globalization: Taiwan in defiance of neo-liberalism［J］. The China View, 2002, 2(1): 29-59

［62］Brant W.North-south: A program for survival［J］.The Geographical Journal, 1981, 147(3): 298-306

［63］Barney G O. The global 2000 report to the president of the U. S.［M］. New York: Pergamon Press, 1980

［64］Berke P, Godschalk D, Kaiser E,et al. Urban land use planning［M］. Chicago: University of Ilinois Press, 2006

［65］Haughton G. Developing sustainable urban development models［J］. Cities, 1997, 14(4): 189-195

［66］Stephen M, Wheeler. Planning for sustainability［M］. New York: Routledge Press, 2004

［67］Godschalk D R. Land use planning challenges: Coping with conflicts in visions of sustainable development and livable communities［J］. Journal of the American Planning Association, 2004, 70(1): 5-13

［68］Roberts P. Environmentally sustainable business: A local and regional perspective［M］. London: Paul Chapman, 1995

［69］Jacobs, J. The death and life of great American cities［M］.New York: Vintage Books, 1992

［70］Kunstler J H.The geography of nowhere：The rise and decline of American's man-made landscape［M］.New York: Simon and Schuster, 1993

［71］Oliver G. The limitless city: A primer on the sprawl debate［M］.Washington: Island Press, 2002

［72］Galster G, Hanson R, Ratcliffe M R, et al. Wrestling Sprawl to the Ground: Defining and measuring an elusive concept［J］. Housing Policy Debate, 2001, 12(4): 681-717

［73］Haight D.A process for the development of sustainable Canadian communities［D］.Guelph: University of Guelph, 2001

［74］Hsine R. Guidelines and principles for sustainable community design［D］. College Station: Florida A&M University, 1996

［75］Lee Y J. Context and components of sustainable communities：Cases study of Taipei, Taiwan［J］. Journal of Environmental Psychology, 2006(10): 192-208

［76］Portney K E. Taking sustainable cities seriously［M］.Cambridge: The MIT Press, 2003

［77］Roberts P, Sykes H.Urban regeneration: A handbook［M］.London: SAGE Publications of London, 1999

［78］Hartman C. Relocation: Illusory promises and no relief［J］. Virginia Law Review, 1971, 57(5): 745

［79］Wassenberg F. Demolition in the Bijlmermeer: Lessons from transforming a large housing estate［J］. Building Research & Information, 2011, 39(4): 363-379

［80］Harvey D. The limits to capital［M］.Chicago: University of Chicago Press, 1982

［81］Harvey D. Social justice, postmodernism and the City［J］. International Journal of Urban and Regional Research, 1992, 16(4): 588-601

［82］Peter Hall .Cities of tomorrow［M］.Cambridge：Blackwell Publishers LTD, 2002

［83］Innes J E. Planning theory's emerging paradigm: Communicative action and interactive practice［J］. Journal of Planning Education and Research, 1995, 14(3): 183-189

［84］Healey P. The communicative turn in planning theory and its implications for spatial strategy formation［J］. Environment and Planning B-planning & Design, 1996, 23(2): 217-234

［85］Healey P. Collaborative planning: Shaping places in fragmented societies［M］.Basingstoke：Macmillan, 1997

［86］Forester J. Deliberative planning in perspective［J］.Planning Theory, 2003, 2(2): 101-123

［87］Healey P. Building institutional capacity through collaborative approaches to urban planning［J］. Environment and Planning A, 1998, 30(9): 1531-1546

［88］Khakee A. Evaluation and planning: Inseparable concepts［J］. Town Planning Review, 1998, 69(4): 359

［89］Alexander E R, Faludi A.Evaluation in planning：Evolution and prospects［M］. England, USA: Ashagte, 2006

［90］Mehdipanah R, Malmusi D, Muntaner C, et al. An evaluation of an urban renewal program and its effects on neighborhood resident's overall wellbeing using concept mapping [J]. Health & Place, 2013, 23:9–17

[91] Lichfield N, Barbanente A, Borri D, et al. Evaluation in planning [M]. Dordrecht: Springer Netherlands, 1998

[92] Alexander E R. Rationality revisited: Planning paradigms in a post-postmodernist perspective [J]. Journal of Planning Education and Research, 2000, 19(3): 242–256

[93] Oliveira V, Pinho P. Measuring success in planning: Developing and testing a methodology for planning evaluation [J]. Town Planning Review, 2010, 81(3): 307–332

[94] Khakee A. Evaluation and planning: Inseparable concepts [J]. Town Planning Review, 1998, 69(4): 359

[95] Jiang J X, Wan N F. A model for ecological assessment to pesticide pollution management [J]. Ecological Modelling, 2009, 220(15): 1844–1851

[96] Bromley R D F, Tallon A, Thomas C J. City centre regeneration through residential development: Contributing to sustainability: [J]. Urban Studies, 2005, 42(13): 2407–2429

[97] Conroy M M, Berke P R. What makes a good sustainable development plan? An analysis of factors that influence principles of sustainable development [J]. Environment and Planning A, 2004, 36(8): 1381–1396

[98] Ying X. Combining AHP with GIS in synthetic evaluation of eco-environment quality: A case study of Hunan Province, China [J]. Ecological Modelling, 2007, 209(2/3/4): 97–109

[99] Zhuang T Z, Xu P P, Wang F. Study on success factors of sustainable urban renewal [J]. Journal of the American Planning Association, 2015(12): 36–45

[100] Pressman J, Wildavsky A. Implementation [M]. Berkeley: University of California Press, 1973

[101] Himadi B, Kaiser A J. The modification of delusional beliefs: A single-subject evaluation [J]. Behavioral Interventions, 1992, 7(1): 1–14

[102] Talen E. Do plans get implemented? A review of evaluation in planning [J]. Journal of Planning Literature, 1996, 10(3): 248–259

[103] Talen E. After the plans: Methods to evaluate the implementation success of plans [J]. Journal of Planning Education and Research, 1996, 16(2): 79–91

[104] Connerly E, Muller N. Evaluating housing elements in growth management comprehensive plans [M]. Newbury Park: Sages, 1993

[105] Wegener M. Operational urban models state of the art [J]. Journal of the American Planning Association, 1994, 60(1):17–29

[106] Berke P R, Conroy M M. Are we planning for sustainable development? An evaluation of 30 comprehensive plans [J]. Journal of The American Planning Association, 2000, 66(1): 21–33

[107] Schoennagel T, Nelson C R, Theobald D M, et al. Implementation of National Fire Plan treatments near the wildland-urban interface in the western United States [J]. PNAS, 2009, 106(26): 10706–10711

［108］Couch C, Dennemann A. Urban regeneration and sustainable development in Britain: The example of the Liverpool Ropewalks Partnership ［J］. Cities, 2000, 17(2): 137−147

［109］Hill M. A goals−achievement matrix for evaluating alternative plans ［J］. Journal of the American Institute of Planners, 1968, 34(1): 19−29

［110］Teo E A L, Lin G M. Building adaption model in assessing adaption potential of public housing in Singapore ［J］. Building and Environment, 2011, 46(7): 1370−1379

［111］Gibberd J. Assessing sustainable buildings in developing countries − The sustainable building assessment tool (SBAT) and the sustainable building lifecycle (SBL) ［EB/OL］.［2017−07−09］. https://www.researchgate.net/publication/306177756 Assessing sustainable buildings in developing countries−The sustainable building assessment tool SBAT and the sustainable building lifecycle SBL

［112］Fischer C S. Toward a subcultural theory of urbanism ［J］. American Journal of Sociology, 1975, 80(6): 1319−1341

［113］Uitermark J. "Social mixing"and the management of disadvantaged neighbourhoods: The Dutch policy of urban restructuring revisited ［J］. Urban Studies, 2003, 40(3): 531−549

［114］Henson R K, Kogan L R, Vacha−Haase T. A reliability generalization study of the teacher efficacy scale and related instruments ［J］. Educational and Psychological Measurement, 2001, 61(3): 404−420

［115］Preiser W F E, Rabinowitz H Z, White E T. Post−occupancy evaluation ［M］.New York：Van Nostrand Reinhold Company, 1988

［116］Peterson S R. Retrofitting existing housing for energy conservation：An economic analysis ［J］. Building Science Series, 1974(9): 65−71

［117］Whyte W H. The social life of small spaces ［J］. The Conservation Foundation, 1980(15): 65−86

［118］Henson R K, Kogan L R, Vacha−Haase T. A reliability generalization study of the teacher efficacy scale and related instruments ［J］. Educational and Psychological Measurement, 2001, 61(3): 404−420

［119］Hu L, Benler P M. Evaluating model fit. In：Hoyle RH ed. Structural equation modeling concepts and applications, Thousand Oaks ［M］. CA: Sage, 1995

［120］Simmonds D, Coombe D. Transport effects of urban land−use change ［J］. Traffic Engineering and Control, 1997, 38(12): 660−665

［121］Kitamura R , Mokhtarian P, Laidet L.A micro−analysis of land use and travel in five neighborhoods in the SanFrancisco bay area ［J］.Transportation, 1997(24): 125−158

［122］Muñiz I, Galindo A. Urban form and the ecological footprint of commuting: The case of Barcelona ［J］. Ecological Economics, 2005, 55(4): 499−514

［123］Crilly M, Mannis A. Sustainable urban management system ［M］. London: E & FN Spon, 2005

［124］Carr S. Public space ［M］. Cambridge: Cambridge University Press, 1992

［125］Barton H.Sustainable communities: The potential for eco-neighborhoods［M］.London: Earth Scan Publications Ltd., 2000

中文专（译）著

［126］阳建强.西欧旧城更新［M］.南京：东南大学出版社，2012

［127］吴良镛.北京旧城与菊儿胡同［M］.北京：中国建筑工业出版社，1994

［128］吴良镛.人居环境科学导论［M］.北京：中国建筑工业出版社，2001

［129］舒新城.辞海（索引本，第六版）［M］.上海：上海辞书出版社，2009

［130］斯蒂芬·P.赖斯，吉尔·瓦伦丁.当代地理学要义：概念、思维与方法［M］.黄润华，译.北京：商务印书馆，2008

［131］简·雅各布斯.美国大城市的死与生：纪念版［M］.金衡山，译.南京：译林出版社，2006

［132］刘易斯·芒福德.城市发展史：起源、演变和前景［M］.宋俊岭，倪文彦，译.北京：中国建筑工业出版社，2000

［133］吕俊华.中国现代城市住宅：1840-2000［M］.北京：清华大学出版社，2003

［134］胡俊.中国城市：模式与演进［M］.北京：中国建筑工业出版社，1995

［135］商俊峰.改革的困点与兴奋点：三波九折话房改［M］.珠海：珠海出版社，1998

［136］林毅夫，蔡昉，李周.中国的奇迹：发展战略与经济改革（增订版）［M］.上海：上海三联书店上海人民出版社，1999

［137］阳建强，吴明伟.现代城市更新［M］.南京：东南大学出版社，1999

［138］蔡德容.中国城市住宅体制改革研究［M］.北京：中国财政经济出版社，1987

［139］胡毅，张京祥.中国城市住区更新的解读与重构：走向空间正义的空间生产［M］.北京：中国建筑工业出版社，2015

［140］A.H.马斯洛.动机与人格［M］.许金声，程朝翔，译.北京：华夏出版社，1987

［141］诺克斯，平奇.城市社会地理学导论［M］.柴彦威，等译.北京：商务印书馆，2005

［142］叶浩生.心理学理论精粹［M］.福州：福建教育出版社，2000

［143］唐纳德·沃特森，艾伦·布拉特斯.城市设计手册［M］.刘海龙，译.北京：中国建筑工业出版社，2006

［144］大卫·沃尔特斯.设计先行：基于设计的社区规划［M］.张倩，邢晓春，潘春燕，译.北京：中国建筑工业出版社，2006

［145］新都市主义协会.新都市主义宪章［M］.杨北帆，译.天津：天津科学技术出版社，2004

［146］刘大威，王彦辉.城镇宜居住区整体营造理论与方法［M］.南京：东南大学出版社，2013

［147］陈宇.城市景观的视觉评价［M］.南京：东南大学出版社，2006

［148］秦寿康.综合评价原理与应用［M］.北京：电子工业出版社，2003

［149］马俊峰.评价活动论［M］.北京：中国人民大学出版社，1994

［150］田蕾.建筑环境性能综合评价体系研究［M］.南京：东南大学出版社，2009

［151］周国艳.城市规划评价及其方法：欧洲理论家与中国学者的前沿性研究［M］.南京：东南大学出版社，2013

［152］吴志强，蔚芳.可持续发展中国人居环境评价体系［M］.北京：科学出版社，2004

［153］张京祥.西方城市规划思想史纲［M］.南京：东南大学出版社，2005

［154］段进.空间研究11：城市重点地区空间发展的规划实施评估［M］.南京：东南大学出版社，2013

［155］魏闽.历史建筑保护和修复的全过程：从柏林到上海［M］.南京：东南大学出版社，2011

［156］李和平，李浩.城市规划社会调查方法［M］.北京：中国建筑工业出版社，2004

［157］文化，马忠才.社会研究方法实例分析［M］.北京：中国社会科学出版社，2014

［158］朱小雷.建成环境主观评价方法研究［M］.南京：东南大学出版社，2005

［159］聂梅生，秦佑国，江亿，等.中国绿色低碳住区技术评估手册［M］.北京：中国建筑工业出版社，2011

［160］顾朝林，甄峰，张京祥.集聚与扩散：城市空间结构新论［M］.南京：东南大学出版社，2000

［161］娄策群.社会科学评价的文献计量理论与方法［M］.武汉：华中师范大学出版社，1999

［162］邱均平，文庭孝.评价学理论方法实践［M］.北京：科学出版社，2010

［163］刘启波，周若祁.绿色住区综合评价方法与设计准则［M］.北京：中国建筑工业出版社，2006

［164］杜栋，庞庆华，吴炎.现代综合评价方法与案例精选［M］.北京：清华大学出版社，2008

［165］帕特里克·格迪斯.进化中的城市：城市规划与城市研究导论［M］.李浩，吴骏莲，译.北京：中国建筑工业出版社，2012

［166］风笑天.现代社会调查方法［M］.武汉：华中科技大学出版社，2001

［167］肯尼斯·D.贝利.现代社会研究方法［M］.许真，译.上海：上海人民出版社，1986

［168］雷翔.走向制度化的城市规划决策［M］.北京：中国建筑工业出版社，2003

［169］侯典牧.社会调查研究方法［M］.北京：北京大学出版社，2014

［170］章俊华.规划设计学中的调查分析法与实践［M］.北京：中国建筑工业出版社，2005

［171］开彦，王涌彬.绿色住区模式：中美绿色建筑评估标准比较研究［M］.北京：中国建筑工业出版社，2011

［172］李睿煊，李香会，张盼.从空间到场所：住区户外环境的社会维度［M］.大连：大连理工大学出版社，2009

［173］浅见泰司.居住环境评价方法与理论［M］.高晓路，张文忠，李旭，等译.北京：清

华大学出版社，2006

［174］程建权．城市系统工程［D］.武汉：武汉测绘科技大学，1999

［175］吴明隆.SPSS 统计应用实务［M］.北京：中国铁道出版社，2000

［176］克莱尔·库珀·马库斯，卡罗琳·弗朗西斯．人性场所：城市开放空间设计导则［M］.俞孔坚，孙鹏，王志芳，等译.北京：中国建筑工业出版社，2001

［177］刘先觉．现代建筑设计理论：建筑结合人文科学、自然科学与技术科学的新成就［M］.北京：中国建筑工业出版社，2000

［178］常怀生．建筑环境心理学［M］.北京：中国建筑工业出版社，1990

［179］杨公侠．视觉与视觉环境［M］.上海：同济大学出版社，1985

［180］林玉莲，胡正凡．环境心理学［M］.北京：中国建筑工业出版社，2000

［181］浅见泰司．居住环境评价方法与理论［M］.高晓路，张文忠，李旭，等译.北京：清华大学出版社，2006

［182］方述诚，汪定伟．模糊数学与模糊优化［M］.北京：科学出版社，1997

［183］吴明隆.SPSS 统计应用实务［M］.北京：中国铁道出版社，2000

［184］阿瑟·梅尔霍夫．社区设计［M］.谭新娇，译.北京：中国社会出版社，2002

［185］段进．城市空间发展论［M］.南京：江苏科学技术出版社.1999

［186］王彦辉．走向新社区：城市居住社区整体营造理论与方法［M］.南京：东南大学出版社，2003

［187］简·雅各布斯．美国大城市的死与生［M］.金衡山，译.南京：译林出版社，2006

［188］张鸿雁．侵入与接替：城市社会结构变迁新论［M］.南京：东南大学出版社，2000

［189］沈磊，孙洪刚．效率与活力：现代城市街道结构［M］.北京：中国建筑工业出版社，2007

［190］扬·盖尔．交往与空间［M］.何人可，译.北京：中国建筑工业出版社，2002

［191］彼特·布劳．不平等和异质性［M］.王春光，谢圣赞，译.北京：中国社会科学出版社，1991

［192］尤尔根·哈贝马斯．公共领域的结构转型：论资产阶级社会的类型［M］.曹卫东，王晓珏，译.上海：学林出版社，1999

［193］吴志强，李德华．城市规划原理［M］.北京：中国建筑工业出版社，2010

［194］威廉·J.米切尔．比特之城［M］.范海燕，胡泳，译.上海：三联书店，1999

［195］夏铸九．公共空间［M］.台北：艺术图书公司，1994

［196］赫曼·赫茨伯格．建筑学教程：设计原理［M］.仲德崑，译.天津：天津大学出版社，2008

［197］诺伯舒兹．场所精神：迈向建筑现象学［M］.施植明，译.武汉：华中科技大学出版社，2010

［198］伊文思．城市经济学［M］.甘士杰，译.上海：上海远东出版社，1992

［199］曼纽尔·卡斯泰尔．信息化城市［M］.崔保国，译.南京：江苏人民出版社，2001

［200］徐明前.上海中心城旧住区更新发展方式研究［D］.上海：同济大学，2004

［201］程晓曦.混合居住视角下的北京旧城居住密度问题研究［D］.北京：清华大学，

2012

[202] 刘晶. 旧城空间肌理控制体系研究 [D]. 北京：北京建筑工程学院，2012

[203] 刘勇. 旧住宅区更新改造中居民意愿研究 [D]. 上海：同济大学，2006

[204] 郝瑞生. 我国北方大中型历史文化名城中旧城居住区更新研究 [D]. 北京：北京建筑大学，2015

[205] 王毅. 南京城市空间营造研究 [D]. 武汉：武汉大学，2010

[206] 曲蕾. 居住整合：北京旧城历史居住区保护与复兴的引导途径 [D]. 北京：清华大学，2004

[207] 黄健文. 旧城改造中公共空间的整合与营造 [D]. 广州：华南理工大学，2011

[208] 张明欣. 经营城市历史街区 [D]. 上海：同济大学，2007

[209] 康红梅. 城市基础设施与城市空间演化的互馈研究 [D]. 哈尔滨：哈尔滨工业大学，2012

[210] 张伟. 西方城市更新推动下的文化产业发展研究：兼论对中国相关实践的启示 [D]. 济南：山东大学，2013

[211] 康建博. 工矿城市社区空间老化与人口老龄化的相关性研究 [D]. 徐州：中国矿业大学，2015

[212] 袁晓勐. 城市系统的自组织理论研究 [D]. 长春：东北师范大学，2006

[213] 黄慧明. 1949 年以来广州旧城的形态演变特征与机制研究 [D]. 广州：华南理工大学，2013

[214] 孙晓飞. 快速发展时期的大城市中心城区更新规划研究：以天津市中心城区为例 [D]. 天津：天津大学，2010

[215] 闵一峰. 城市房屋拆迁补偿制度的经济学研究 [D]. 南京：南京农业大学，2005

[216] 何鹤鸣. 旧城更新的政治经济学解析. 南京：南京大学建筑与城市规划学院，2013

[217] 邵慰. 城市房屋拆迁制度研究：新制度经济学的思考 [D]. 长春：东北财经大学，2010

[218] 胡娟. 旧城更新进程中的城市规划决策分析 [D]. 武汉：华中科技大学，2010

[219] 陈晓虹. 日常生活视角下旧城复兴设计策略研究 [D]. 广州：华南理工大学，2014

[220] 徐建. 社会排斥视角的城市更新与弱势群体 [D]. 上海：复旦大学，2008

[221] 邓堪强. 旧城更新不同模式的可持续性评价：以广州为例 [D]. 武汉：华中科技大学，2011

[222] 张祥智. "有机·互融"：城市集聚混合型既有住区更新研究 [D]. 天津：天津大学，2014

[223] 徐建. 社会排斥视角的城市更新与弱势群体 [D]. 上海：复旦大学，2008

[224] 蔡易恬. 1979 年至今广州市居住区空间序列研究 [D]. 广州：华南理工大学，2013

[225] 朱玲. 旧住区人居环境有机更新延续性改造研究 [D]. 天津：天津大学，2013

[226] 王朝红. 城市住区可持续发展的理论与评价：以天津市为例 [D]. 天津：天津大学，2010

［227］杨雪芹. 基于可持续发展的城市设计理论与方法研究［D］. 武汉：华中科技大学，2008

［228］刘玉婷. 中国转型期城市贫困问题研究：社会地理学视角的南京实证分析［D］. 南京：南京大学，2003

［229］田轶威. 基于低碳目标的杭州既有城市住区改造策略与方法研究［D］. 杭州：浙江大学，2012

［230］吕晓田.“宜居重庆”背景下旧居住区改造综合评价研究：以人民村片区为例［D］. 重庆：重庆大学，2011

［231］蒋楠. 近现代建筑遗产保护与适应性再利用综合评价理论、方法与实证研究［D］. 南京：东南大学，2013

［232］张磊. 基于循环经济的城市既有住宅更新改造环境绩效分析和潜力评价［D］. 西安：西安建筑科技大学，2013.

［233］兰继斌. 关于层次分析法优先权重及模糊多属性决策问题研究［D］. 成都：西南交通大学，2006

［234］裘鸿菲. 中国综合公园的改造与更新研究［D］. 北京：北京林业大学，2009

［235］黄翼. 广州地区高校校园规划使用后评价及设计要素研究［D］. 广州：华南理工大学，2014

［236］金璐. 基于居民需求的居住区建成环境评价研究：以合肥市幸福里小区为例［D］. 合肥：合肥工业大学，2014

［237］刘启波. 绿色住区综合评价的研究［D］. 西安：西安建筑科技大学，2005

［238］陈向荣. 我国新建综合性剧场使用后评价及设计模式研究［D］. 广州：华南理工大学，2013

［239］王任重. 综合性医院住院环境使用后评价研究［D］. 广州：华南理工大学，2012

［240］黄翼. 广州地区高校校园规划使用后评价及设计要素研究［D］. 广州：华南理工大学，2014

［241］金琳. 国内外工程项目后评价的比较分析［D］. 杨凌：西北农林科技大学，2010

［242］张为先. 基于使用后评价的城市公园更新设计研究［D］. 重庆：重庆大学，2012

［243］刘慧. 城市居住区宜居性及其评价体系建构的研究［D］. 合肥：合肥工业大学，2010

［244］訾晓军. 我国现代城市居住区内部交通设计研究［D］. 天津：天津大学，2008

［245］王丽洁. 对生态住区的实态调查与探讨［D］. 天津：天津大学，2004

［246］马静. 郑州市增进交往的住区公共空间环境设计研究［D］. 西安：西安建筑科技大学，2011

［247］王玲慧. 论上海边缘社区的和合发展［D］. 上海：同济大学，2006

［248］徐艳红. 上海市中心城区旧住宅更新改造模式研究［D］. 上海：复旦大学，2009

［249］阳建强. 城市化中后期城市中心的功能转型与空间重构：以常州旧城中心区为例［J］. 城市规划学刊，2013（5）：87-93

［250］黄斌，吕斌，胡垚.文化创意产业对旧城空间生产的作用机制研究：以北京市南锣鼓巷旧城再生为例［J］.城市发展研究，2012，19（6）：86-90，97

［251］郭广东，黄清跃.旧城改造中人口合理容量研究：以福建安溪县老城区为例［J］.福建工程学院学报，2006，4（3）：318-322

［252］张杰，庞骏.频繁调控与失效中的旧城土地制度反思［J］.城市发展研究，2008，15（2）：92-98

［253］蒋群力.旧城居住区空间肌理初探［J］.建筑学报，1993（3）：6-10

［254］戴慎志.旧城基础设施规划与建设对策［C］// 中国城市规划学会.高速城镇化进程中的规划建设问题：2002年中国城市规划年会论文集.厦门：2002年中国城市规划年会，2002

［255］侯晓蕾，郭巍.关注旧城公共空间·城市微空间再生［J］.北京规划建设，2016（1）：57-63

［256］崔琪.历史城区平房区公共服务设施配套研究：以北京旧城为例［C］// 中国城市规划学会.城市时代，协同规划：2013中国城市规划年会论文集.青岛：2013中国城市规划年会，2013

［257］黄涛.条块分割管理制度下的旧城基础设施更新问题［J］.山西建筑，2009，35（10）：8-10

［258］马晓龙，吴必虎.历史街区持续发展的旅游业协同：以北京大栅栏为例［J］.城市规划，2005，29（9）：49-54

［259］樊华，盛鸣，肇新宇.产业导向下存量空间的城市片区更新统筹：以深圳梅林地区为例［J］.规划师，2015，31（11）：110-115

［260］庄建伟，相秉军.传承优秀文化复兴传统产业：苏州历史文化名城转型发展的重要环节［J］.城市规划，2014，38（5）：42-45，49

［261］孙施文，周宇.上海田子坊地区更新机制研究［J］.城市规划学刊，2015（1）：39-45

［262］孙萌.后工业时代城市空间的生产：西方后现代马克思主义空间分析方法解读中国城市艺术区发展和规划［J］.国际城市规划，2009，24（6）：60-65

［263］刘青昊，李建波.关于衰败历史城区当代复兴的规划讨论：从南京老城南保护社会讨论事件说起［J］.城市规划，2011，35（4）：69-73

［264］李艳玲.对美国城市更新运动的总体分析与评价［J］.规划师，2001（6）：77-84

［265］李和平，惠小明.新马克思主义视角下英国城市更新历程及其启示：走向"包容性增长"［J］.城市发展研究，2014，21（5）：85-90，109

［266］董玛力，陈田，王丽艳.西方城市更新发展历程和政策演变［J］.人文地理，2009，24（5）：42-46

［267］胡毅.对内城住区更新中参与主体生产关系转变的透视：基于空间生产理论的视角［J］.城市规划学刊，2013（5）：100-105

［268］李建波，张京祥.中西方城市更新演化比较研究［J］.城市问题，2003（5）：68-71，49

［269］赵民，孙忆敏，杜宁，等.我国城市旧住区渐进式更新研究：理论、实践与策略

[J].国际城市规划,2010,25(1):24-32

[270] 郭巧华.从城市更新到绅士化:纽约苏荷区重建过程中的市民参与[J].国际城市规划,2013(2):87-95

[271] 甘欣悦.公共空间复兴背后的故事:记纽约高线公园转型始末[J].上海城市规划,2015(1):43-48

[272] 陈秉钊.旧城更新中的辩证观和系统论[J].城市规划汇刊,1996(4):1-4

[273] 邵玉宁.老龄化浪潮下城市居住区更新策略探讨:由日本适老化团地再生引发的思考[C]//中国城市规划学会.规划60年:成就与挑战 2016中国城市规划年会论文集.沈阳:2016年中国城市规划年会,2016

[274] 阳建强,杜雁,王引,等.城市更新与功能提升[J].城市规划,2016,40(1):99-106

[275] 蒋涤非,龚强,王敏.紧凑城市理念下的"三旧"改造模式研究:以湛江市为例[J].东南学术,2013(6):77-83

[276] 李涛,许成安."双轨制"垄断与城乡间土地征收拆迁补偿差异研究[J].经济理论与经济管理,2013(8):24-33

[277] 程大林,张京祥.城市更新:超越物质规划的行动与思考[J].城市规划,2004,28(2):70-73

[278] 李志刚,吴缚龙.转型期上海社会空间分异研究[J].地理学报,2006,61(2):199-211

[279] 赵燕菁.土地财政:历史、逻辑与抉择[J].城市发展研究,2014,21(1):1-13

[280] 冯玉军.权力、权利和利益的博弈:我国当前城市房屋拆迁问题的法律与经济分析[J].中国法学,2007(4):39-59

[281] 陈浩,张京祥,林存松.城市空间开发中的"反增长政治"研究:基于南京"老城南事件"的实证[J].城市规划,2015,39(4):19-26

[282] 叶超.人文地理学空间思想的几次重大转折[J].人文地理,2012,27(5):1-5,61

[283] 何舒文,邹军.基于居住空间正义价值观的城市更新评述[J].国际城市规划,2010,25(4):31-35

[284] 张京祥,胡毅.基于社会空间正义的转型期中国城市更新批判[J].规划师,2012,28(12):5-9

[285] 汪平西.基于基因植入理念的传统古镇的保护与开发:以淮南上窑古镇保护规划为例[J].城市问题,2017(3):43-48

[286] 邓智团.空间正义、社区赋权与城市更新范式的社会形塑[J].城市发展研究,2015,22(8):61-66

[287] 严若谷,闫小培,周素红.台湾城市更新单元规划和启示[J].国际城市规划,2012,27(1):99-105

[288] 朱轶佳,李慧,王伟.城市更新研究的演进特征与趋势[J].城市问题,2015(9):30-35

[289] 吴志强, 刘朝晖. "和谐城市"规划理论模型 [J]. 城市规划学刊, 2014 (3): 12-19

[290] 俞孔坚, 李迪华, 韩西丽. 论"反规划"[J]. 城市规划, 2005, 29 (9): 64-69

[291] 何深静, 刘臻. 亚运会城市更新对社区居民影响的跟踪研究: 基于广州市三个社区的实证调查 [J]. 地理研究, 2013, 32 (6): 1046-1056

[292] 段义孚. 人文主义地理学之我见 [J]. 地理科学进展, 2006, 25 (2): 1-7

[293] 唐历敏. 人文主义规划思想对我国旧城改造的启示 [J]. 城市规划汇刊, 1999 (4): 1-3

[294] 石崧, 宁越敏. 人文地理学"空间"内涵的演进 [J]. 地理科学, 2005, 25 (3): 340-345

[295] 方可. 简·雅各布斯关于城市多样性的思想及其对旧城改造的启示: 简·雅各布斯《美国大城市的生与死》读后 [J]. 国际城市规划, 2009, 24 (S1): 177-179

[296] 吴良镛. 关于北京市旧城区控制性详细规划的几点意见 [J]. 城市规划, 1998, 22 (2): 6-9

[297] 赵燕菁. 存量规划: 理论与实践 [J]. 北京规划建设, 2014 (4): 153-156

[298] 周岩, 王学勇, 苏婷, 等. 街区制与封闭社区制规划的对比研究 [J]. 道路交通与安全, 2016 (4): 18-23

[299] 洪亮平, 赵茜. 走向社区发展的旧城更新规划: 美日旧城更新政策及其对中国的启示 [J]. 城市发展研究, 2013, 20 (3): 21-24, 28

[300] 罗思东. 战后美国城市改造对社会公正的侵蚀 [J]. 城市问题, 2004 (1): 66-69

[301] 黄晓燕, 曹小曙. 转型期城市更新中土地再开发的模式与机制研究 [J]. 城市观察, 2011 (2): 15-22

[302] 冯立, 唐子来. 产权制度视角下的划拨工业用地更新: 以上海市虹口区为例 [J]. 城市规划学刊, 2013 (5): 23-29

[303] 卢源. 论旧城改造规划过程中弱势群体的利益保障 [J]. 现代城市研究, 2005, 20 (11): 22-26

[304] 任绍斌. 城市更新中的利益冲突与规划协调 [J]. 现代城市研究, 2011, 26 (1): 12-16

[305] 张京祥, 殷洁, 罗小龙. 地方政府企业化主导下的城市空间发展与演化研究 [J]. 人文地理, 2006, 21 (4): 1-6

[306] 万艳华, 卢彧, 徐莎莎. 向度与选择: 旧城更新目标新论 [J]. 城市发展研究, 2010, 17 (7): 98-105, 118

[307] 程大林, 张京祥. 城市更新: 超越物质规划的行动与思考 [J]. 城市规划, 2004, 28 (2): 70-73

[308] 邱建华. "绅士化运动"对我国旧城更新的启示 [J]. 热带地理, 2002, 22 (2): 125-129

[309] 曲蕾. 旧城"绅士化过程"中的城市管理策略 [J]. 城市与区域规划研究, 2010 (1): 172-183

[310] 张平宇. 城市再生: 我国新型城市化的理论与实践问题 [J]. 城市规划, 2004, 28

（4）：25-30

［311］曾文，吴启焰.我国城市住房供给的路径及其依赖：以昆明市为例［J］.城市问题，2012（11）：87-93

［312］李路路，苗大雷，王修晓.市场转型与"单位"变迁再论"单位"研究［J］.社会，2009，29（4）：1-25

［313］刘天宝，柴彦威.地理学视角下单位制研究进展［J］.地理科学进展，2012，31（4）：527-534

［314］陈艳萍，赵民.我国城镇住房制度改革及政策调控回顾与思考：基于经济、社会、空间发展的综合视角［J］.城市规划，2012，36（12）：19-27

［315］吴亚非，郭庆汉.住房制度改革的回顾与反思［J］.社会科学动态，1999（11）：40-44

［316］李侃桢，何流.谈南京旧城更新土地优化［J］.规划师，2003，19（10）：29-31

［317］刘玲玲，冯懿男.分税制下的财政体制改革与地方财力变化［J］.税务研究，2010（4）：12-17

［318］耿慧志.论我国城市中心区更新的动力机制［J］.城市规划学刊，1999（3）：27-31，14

［319］宋伟轩，吴启焰，朱喜钢.新时期南京居住空间分异研究［J］.地理学报，2010，65（6）：685-694

［320］袁雯，朱喜钢，马国强.南京居住空间分异的特征与模式研究：基于南京主城拆迁改造的透视［J］.人文地理，2010，25（2）：65-69

［321］黄莹，黄辉，叶忱，等.基于GIS的南京城市居住空间结构研究［J］.现代城市研究，2011，26（4）：47-52，68

［322］黄文炜，魏清泉.香港市区重建政策对广州旧城更新发展启示［J］.城市规划学刊，2007（5）：97-103

［323］张更立.变革中的香港市区重建政策：新思维、新趋势及新挑战［J］.城市规划，2005，29（6）：64-88

［324］张磊."新常态"下城市更新治理模式比较与转型路径［J］.城市发展研究，2015，22（12）：57-62

［325］郭湘闽.土地再开发机制约束下的旧城更新困境剖析［J］.城市规划，2008，32（10）：42-49

［326］董宏伟，王磊.美国新城市主义指导下的公交导向发展：批判与反思［J］.国际城市规划，2008，23（2）：67-72

［327］王丹，王士君.美国"新城市主义"与"精明增长"发展观解读［J］.国际城市规划，2007，22（2）：61-66

［328］马强，徐循初."精明增长"策略与我国的城市空间扩展［J］.城市规划学刊，2004（3）：16-22

［329］李王鸣，刘吉平.精明、健康、绿色的可持续住区规划愿景：美国LEED-ND评估体系研究［J］.国际城市规划，2011，26（5）：66-70

［330］吕斌.可持续社区的规划理念与实践［J］.国际城市规划，1999（3）：2-5

［331］袁媛，吴缚龙，许学强.转型期中国城市贫困和剥夺的空间模式［J］.地理学报，2009，64（6）：753-763

［332］杨沛儒.生态容积率（EAR）：高密度环境下城市再开发的能耗评估与减碳方法［J］.城市规划学刊，2016（3）：61-70

［333］刘勇.上海旧住区居民满意度调查及影响因素分析［J］.城市规划学刊，2010（3）：98-104

［334］陈浮.城市人居环境与满意度评价研究［J］.城市规划，2000，24（7）：25-27，53

［335］李建军，谢宝炫，马雪莲，等.宜居城市建设中旧住宅区更新宜居评价体系构建［J］.规划师，2012，28（6）：13-17

［336］孙施文，周宇.城市规划实施评价的理论与方法［J］.城市规划学刊，2003（2）：15-20，27.

［337］王宗军.综合评价的方法、问题及其研究趋势［J］.管理科学学报，1998（1）：73-79

［338］X.P.法别洛.评价的真理性问题［J］.哲学译丛，1984（6）：26-31

［339］陈衍泰，陈国宏，李美娟.综合评价方法分类及研究进展［J］.管理科学学报，2004，7（2）：69-79

［340］虞晓芬，傅玳.多指标综合评价方法综述［J］.知识丛林，2004（11）：119-121

［341］王吉勇，李江，胡盈盈，等.转型期下的城市更新评价体系构建：以深圳为例［C］//城市规划和科学发展：2009中国城市规划年会论文集.天津：2009中国城市规划年会，2009

［342］梁鹤年.公众（市民）参与北美的经验与教训［J］.城市规划，1999，23（5）：49-53

［343］汪坚强.“民主化”的更新改造之路：对旧城更新改造中公众参与问题的思考［J］.城市规划，2002，26（7）：43-46

［344］汪平西.大数据时代的城市规划变革与创新研究［C］//2015中国城市规划年会论文集.贵阳，2015：522-531

［345］刘垚，田银生，周可斌.从一元决策到多元参与：广州恩宁路旧城更新案例研究［J］.城市规划，2015，39（8）：101-111

［346］宋彦，李超骕.美国规划师的角色与社会职责［J］.规划师，2014，30（9）：5-10

［347］郭湘闽.超越困境的探索：市场导向下的历史地段更新与规划管理变革［J］.城市规划，2005，29（1）：14-19，29

［348］孙施文，周宇.城市规划实施评价的理论与方法［J］.城市规划学刊，2003（2）：15-20，27

［349］袁也.城市规划评价的类型与范畴［J］.城市规划学刊，2016（6）：38-43

［350］吴硕贤.建筑学的重要研究方向：使用后评价［J］.南方建筑，2009（1）：4-7

［351］宁越敏，查志强.大都市人居环境评价和优化研究：以上海市为例［J］.城市规划，1999（6）：15-20

［352］庞雅颂，王琳.区域生态安全评价方法综述［J］.中国人口·资源与环境，2014，24

（3）：340-343

［353］苏建忠，罗裕霖.城市规划现状调查的新方式［J］.城市规划学刊，2009（6）：79-83

［354］赵亮.城市规划社会调查报告选题分析及教学探讨［J］.城市规划，2012，36（10）：81-85

［355］李建军，谢宝炫，马雪莲，等.宜居城市建设中旧住宅区更新宜居评价体系构建［J］.规划师，2012，28（6）：13-17

［356］沈巍麟，王元丰.既有住宅改造前评价系统［J］.建筑科学，2008，24（10）：16-22

［357］张京祥，陈浩.南京市典型保障性住区的社会空间绩效研究：基于空间生产的视角［J］.现代城市研究，2012，27（6）：66-71

［358］沈巍麟，王元丰.既有住宅改造前评价系统［J］.建筑科学，2008，24（10）：16-22

［359］朱小雷，吴硕贤.基于建成环境主观评价的设计决策分析：结合珠海莲花路商业步行街环境评价调查分析［J］.规划师，2002，18（9）：71-74，88

［360］刘明，李莉，田铁刚，等.可拓学理论在住宅建筑综合性能评价中的应用［J］.辽宁工程技术大学学报（自然科学版），2007，26（1）：65-67

［361］高志坚，刘晓君.住宅性能评价组合赋权方法研究［J］.西安建筑科技大学学报（自然科学版），2010，42（6）：877-882

［362］罗玲玲，陆伟.POE研究的国际趋势与引入中国的现实思考［J］.建筑学报，2004（8）：82-83

［363］张帆，邱冰.基于日常生活视角的城市开放空间评价：以南京市为例［J］.城市问题，2014（9）：16-21

［364］朱小雷.旧城社区公共街角空间的使用后评价［J］.华中建筑，2011（10）：78-81

［365］Friedman A，Zimring.环境设计评估的结构：过程方法［J］.新建筑，1990，27（2）：32-36

［366］覃事妮.论园林项目后评估的现实意义［J］.林业建设，2005（2）：38-40.

［367］朱小雷，吴硕贤.使用后评价对建筑设计的影响及其对我国的意义［J］.建筑学报，2002（5）：42-44

［368］陈青慧，徐培玮.城市生活居住环境质量评价方法初探［J］.城市规划，1987，11（5）：52-58

［369］吴硕贤.音乐厅音质综合评价［J］.声学学报，1994，19（5）：382-393

［370］周春玲，张启翔，孙迎坤.居住区绿地的美景度评价［J］.中国园林，2006，22（4）：62-67

［371］宁先锋，胡晶，黄明，等.湖南工程学院新校区主教学楼使用后评价研究［J］.中外建筑，2015（1）：116-119

［372］夏海山，钱霖霖.城市轨道交通综合体商业空间调查及使用后评价研究［J］.南方建筑，2013（2）：59-61

［373］石金莲，王兵，李俊清.城市公园使用状况评价（POE）应用案例研究：以北京玉渊潭公园为例［J］.旅游学刊，2006，21（2）：67-70

[374] 芦建国, 孙琴. 火车站站前广场使用状况的调查研究: 以南京火车站站前广场为例 [J]. 建筑学报, 2008 (1): 34-37

[375] 张志斌, 曹琦. 城市山体公园使用后评价: 以兰州五泉山公园为例 [J]. 西北师范大学学报 (自然科学版), 2010, 46 (5): 114-119

[376] 孟妍君, 秦鹏, 王伟烈. 白云山风景区摩星岭景观使用后评价研究 [J]. 湖北农业科学, 2015, 54 (16): 4100-4103

[377] 魏薇, 王炜, 胡适人. 城市封闭住区环境和居民满意度特征: 以杭州城西片区为例 [J]. 城市规划, 2011, 35 (5): 69-75

[378] 陈青慧, 徐培玮. 城市生活居住环境质量评价方法初探 [J]. 城市规划, 1987, 11 (5): 52-58

[379] 盛学良, 彭补拙, 王华, 等. 生态城市建设的基本思路及其指标体系的评价标准 [J]. 环境导报, 2001 (1): 5-8

[380] 周红波, 姚浩, 卜庆. 城市既有住区改造绿色施工技术模糊综合评价 [J]. 施工技术, 2007, 36 (5): 52-55

[381] 吴岩, 戴志中. 基于群体多样性的住区公共服务空间适老化调查研究 [J]. 建筑学报, 2014 (5): 60-64

[382] 卜雪旸. 当代西方城市可持续发展空间理论研究热点和争论 [J]. 城市规划学刊, 2006 (4): 106-110

[383] 林红, 李军. 出行空间分布与土地利用混合程度关系研究: 以广州中心片区为例 [J]. 城市规划, 2008, 32 (9): 53-56

[384] 韦亚平, 潘聪林. 大城市街区土地利用特征与居民通勤方式研究: 以杭州城西为例 [J]. 城市规划, 2012, 36 (3): 76-84, 89

[385] 谢玲丽. 美国社区中的非政府组织 [J]. 探索与争鸣, 1998 (6): 38-39

[386] 陈竹, 叶珉. 什么是真正的公共空间? 西方城市公共空间理论与空间公共性的判定 [J]. 国际城市规划, 2009, 24 (3): 44-49, 53

[387] 陈浩. 城市更新中的生态规划策略与实施 [C] // 第六届国际绿色建筑与建筑节能大会论文集. 北京: 第六届国际绿色建筑与建筑节能大会, 2010: 282-292

[388] 单文慧. 不同收入阶层混合居住模式: 价值评判与实施策略 [J]. 城市规划, 2001, 25 (2): 26-29, 39

[389] 田野, 栗德祥, 毕向阳. 不同阶层居民混合居住及其可行性分析 [J]. 建筑学报, 2006 (4): 36-39

[390] 边燕杰. 城市居民社会资本的来源及作用: 网络观点与调查发现 [J]. 中国社会科学, 2004 (3): 136-146

[391] 李强, 李洋. 居住分异与社会距离 [J]. 北京社会科学, 2010 (1): 4-11

[392] 胡小强, 李玲, 林太志, 等. 混合居住社区内部分异实证研究 [C] // 规划创新: 2010 中国城市规划年会论文集. 重庆: 2010 中国城市规划年会, 2010: 1-11

[393] 苏振民, 林炳耀. 城市居住空间分异控制: 居住模式与公共政策 [J]. 城市规划, 2007, 31 (2): 45-49

［394］汪思慧，冉凌风.居住分异条件下的和谐社区规划策略研究［J］.规划师，2008（24）：60-62

［395］沈杰，蔡强新，江佳遥.关于混合居住主体结构异质性的探讨［J］.建筑学报，2009（8）：78-81

［396］秦洛峰，魏薇.江南城镇住宅模式与改造更新发展研究［J］.建筑学报，2007（11）：88-91

［397］桑小琳，邓雪娴.多层住宅的改造：旧住宅可持续发展的对策［J］.建筑学报，2005（10）：41-43

［398］中华人民共和国建设部、中华人民共和国国家质量监督检验检疫总局.住宅性能评定技术标准：GB/T 50362—2005［S］.北京：中国建筑工业出版社，2006

［399］国家住宅与居住环境工程中心.健康住宅建设技术要点［S］.北京：中国建筑工业出版社，2004

［400］中国房地产研究会人居环境委员会.可持续发展绿色住区建设导则［S］.北京：中国建筑工业出版社，2011

附录

附录 I

城市旧居住区更新现状调查与评价调查问卷表

调查时间：　　年　　月　　日　　　调查地点：

您好！我们是东南大学建筑学院的学生，正在进行一项关于旧居住区现状调查与评价的调查研究，想了解您对本居住区现存状况的看法和评价。答案无所谓对与错，我们只想了解您的真实想法，您的意见将成为我们掌握本居住区现状的第一手资料，并为下一步居住区更新决策和更新规划设计提供直接的依据。感谢您的合作与参与！

一、您的情况

1. 您的年龄是：

（1）20 岁以下　（2）20–35 岁　（3）35–50 岁　（4）50–65 岁　（5）65 岁以上

2. 您的性别是：

（1）男（2）女

3. 您的职业是：

（1）机关、企事业人员　（2）公司职员　（3）个体职业　（4）服务员　（5）学生

（6）退休　（7）其他

4. 您的学历是：

（1）小学　（2）初中　（3）高中　（4）专科　（5）本科及以上

5. 您的平均月收入：

（1）2 000 元以下　（2）2 001–3 000 元　（3）3 001–4 000 元　（4）4 000 元以上

6. 您在本居住区的住房是：

（1）私房（2）公房（3）租房

7. 家庭常住人口是：

（1）1 人　（2）2 人　（3）3 人　（4）4 人及以上

二、您对本居住区现状评价进行打分

请您在评价等级上进行打分，满分为 10 分。其中：非常不满意 =1 分；较不满意 =3 分；一般 =5 分；较满意 =7 分；非常满意 =10 分。您也可以选择自由打分，如您的评价介于"较满意"与"非常满意"之间，可打 8 分。

一级指标	分值	二级指标	分值	基本指标	分值
居民对更新的态度 B1		居民对现状旧居住区的满意状况 C1		对住宅质量的满意状况 D1	
				对公共设施配套的满意状况 D2	
				对旧居住区环境的满意状况 D3	
		更新后的预期 C2		市场价值的提升 D4	
				室内外环境的提升 D5	
				住宅物理寿命的延长 D6	
				维护成本的降低 D7	
				更新时间 D8	
				更新期间生活的不便 D9	
现存住宅状况 B2		结构的安全性 C3		住宅历史使用状况 D10	
				住宅外观质量 D11	
				住宅的抗震设防 D12	
		设计的灵活性 C4		单元平面 D13	
				住宅户型 D14	
公共设施 B3		服务配套设施方便程度 C5		服务配套设施方便程度 D15	
		公共设施配套 C6		公共服务设施 D16	
				市政服务设施 D17	
				生活服务设施 D18	
总体环境 B4		室内环境 C7		日照、自然采光 D19	
				自然通风 D20	
				防水、防潮 D21	
				噪声和隔音控制 D22	
		室外环境 C8		绿化及景观环境 D23	
				停车方便度 D24	
				公共活动空间 D25	
社会人文环境 B5		历史文化价值的延续 C9		历史文化价值的延续性 D26	
		邻里关系和社会情感归属 C10		邻里关系 D27	
				居民归属感 D28	
您对本居住区现状的总体评价：					

B1、B2、B3、B4、B5 五大评价因子中，请按重要程度进行排序（由高到低填写字母）：
①②③④⑤

C1~C10 的 10 个评价因子中，请写出 6 个您认为最重要的因子（由高到低填写字母）：
①②③④⑤⑥

D1~D28 的 28 个评价因子中，请写出 6 个您认为最重要的因子（由高到低填写字母）：
①②③④⑤⑥

附录 II

城市旧居住区更新使用后评价调查问卷表

调查时间： 年 月 日 调查地点：

您好！我们是东南大学建筑学院的学生，正在进行一项关于旧居住区更新后使用状况的调查研究，想了解您对本居住区更新后的总体看法和评价。答案无所谓对与错，我们只想了解您的真实想法，您的意见将成为提高居住区总体环境和下一轮居住区更新所需的第一手资料。感谢您的合作与参与！

一、您的情况

1. 您的年龄是：

（1）20 岁以下（2）20-35 岁（3）35-50 岁（4）50-65 岁（5）65 岁以上

2. 您的性别是：

（1）男（2）女

3. 您的职业是：

（1）机关、企事业人员 （2）公司职员 （3）个体职业 （4）服务员 （5）学生
（6）退休 （7）其他

4. 您的学历是：

（1）小学 （2）初中 （3）高中 （4）专科 （5）本科及以上

5. 您的平均月收入：

（1）2 000 元以下 （2）2 001-3 000 元 （3）3 001-4 000 元 （4）4 000 元以上

6. 您在本居住区的住房是：

（1）私房 （2）公房 （3）租房

7. 家庭常住人口是：

（1）1 人 （2）2 人 （3）3 人 （4）4 人及以上

二、更新意向调研

（1）您认为本住区哪几方面最需要更新？请排序（最需要为 1，最不需要为 5）

① 住宅使用性能改善；② 公共设施配套完善；③ 公共环境提升；④ 交通设施优化；⑤ 住区安全与管理强化；⑥ 社会人文环境提升

1 2 3 4 5 6

（2）若对住宅使用性能方面进行更新，您认为以下哪几方面最需要更新？请排序

① 住宅单元；② 住宅套型；③ 住宅设备设施；④ 住宅节能；⑤ 住宅安全

1 2 3 4 5

（3）若对公共设施配套方面进行更新，您认为以下哪几方面最需要更新？请排序

① 服务配套设施方便程度；② 公共服务设施；③ 市政服务设施；④ 生活服务设施

1 2 3 4

（4）若对公共环境方面进行整治，您认为以下哪几方面最需要整治？请排序

① 住宅外观造型及色彩；② 环境卫生；③ 绿化及景观环境；④ 公共活动空间

1　2　3　4

（5）若对交通设施方面进行整治，您认为以下哪几方面最需要整治？请排序

① 公共交通通达度；② 住区停车方便度；③ 住区内部交通组织

1　2　3

（6）若对安全与管理方面进行整治，您认为以下哪几方面最需要整治？请排序

① 住区安全；② 住区管理

1　2

（7）若对社会人文环境进行强化，您认为以下哪几方面最需要强化？请排序

① 住区辨识度；② 住区活动组织；③ 邻里关系；④ 公众参与程度

1　2　3　4

三、您对本居住区更新使用后的总体状况进行打分

请您在评价等级上进行打分，其中非常不满意：1分；较不满意：3分；一般：5分；较满意：7分；非常满意：9分。您也可以在"备注"栏发表相应的看法或提出改进措施。

一级指标	您的评价等级（得分）	二级指标	您的评价等级（得分）	备注
A 住宅使用性能		A1 住宅单元		
		A2 住宅套型		
		A3 住宅设备设施		
		A4 住宅节能		
		A5 住宅安全		
B 公共设施配套		B1 服务配套设施方便程度		
		B2 公共服务设施		
		B3 市政服务设施		
		B4 生活服务设施		
C 公共环境		C1 住宅外观造型及色彩		
		C2 环境卫生（道路、开敞空间的清洁度）		
		C3 绿化及景观环境		
		C4 公共活动空间		
D 交通设施		D1 公共交通通达度		
		D2 住区停车方便度		
		D3 住区内部交通组织		

一级指标	您的评价等级（得分）	二级指标	您的评价等级（得分）	备注
E 住区安全与管理		E1 住区安全		
		E2 住区管理		
F 社会人文环境		F1 住区辨识度（风貌特征）		
		F2 住区活动组织		
		F3 邻里关系		
		F4 公众参与程度		
您对本居住区更新使用后状况的总体评价：				

ABCDEF 六大评价因子，请按重要程度进行排序（由高到低填写字母）：
①②③④⑤⑥

A1~F4 的 22 个评价因子中，请写出 6 个您认为最重要的因子（由高到低填写字母）：
①②③④⑤⑥